# 金属结构件制造优化方法及应用

饶运清　孟荣华　著

华中科技大学出版社
中国·武汉

# 内容简介

本书主要介绍金属结构件制造中若干优化问题的数学建模、求解方法及其工程应用。全书共9章。第1章为绪论,简要介绍金属结构件的生产流程、相关优化问题及其国内外研究概况。第2~8章为本书主体部分,主要围绕金属结构件制造过程中有关下料优化、生产调度优化及两者的综合优化问题展开研究,分别介绍了结构件制造过程中的型材下料优化与钢板下料规划问题的数学模型、求解方法与应用算例,结构件从原材料切割下料、机械加工到焊接组合等主要制造工艺过程的生产调度优化模型、求解方法与应用算例,以及考虑下料优化与生产调度问题的综合优化模型与求解方法。第9章介绍了基于本书理论研究成果开发的用于金属结构件生产的制造优化平台 SmartPlatform 及其在工程机械制造行业中的两个典型应用案例。

本书可供从事机械制造、工业工程、企业管理等专业的研究人员和工程技术人员阅读,也可作为上述相关专业研究生的选修课教材和参考书。

**图书在版编目(CIP)数据**

金属结构件制造优化方法及应用/饶运清,孟荣华著.—武汉:华中科技大学出版社,2022.6
ISBN 978-7-5680-8241-9

Ⅰ.①金… Ⅱ.①饶… ②孟… Ⅲ.①金属结构-结构构件-制造 Ⅳ.①TG113.25

中国版本图书馆 CIP 数据核字(2022)第 077645 号

**金属结构件制造优化方法及应用**　　　　　　　　　　　饶运清　　孟荣华　著
Jinshu Jiegoujian Zhizao Youhua Fangfa ji Yingyong

---

策划编辑:万亚军
责任编辑:罗　雪
封面设计:原色设计
责任监印:周治超
出版发行:华中科技大学出版社(中国·武汉)　　　　电话:(027)81321913
　　　　　武汉市东湖新技术开发区华工科技园　　　　邮编:430223
录　　排:华中科技大学惠友文印中心
印　　刷:武汉科源印刷设计有限公司
开　　本:710mm×1000mm　1/16
印　　张:16.75
字　　数:355 千字
版　　次:2022 年 6 月第 1 版第 1 次印刷
定　　价:78.00 元

---

# 前　　言

　　金属结构件是重型机械产品的重要部件,广泛应用于机械、船舶、桥梁、建筑等行业。金属结构件种类繁多,产品结构复杂,制造周期长,原材料成本在产品成本构成中占比大,而且往往采用多品种小批量的生产模式,这些特点使得金属结构件的制造过程较为复杂,其制造成本与生产效率一直是相关行业持续关注的热点。以工程机械为例,其消耗的总材料70%以上都源自金属结构件。然而,由于技术、管理及传统习惯等原因,目前制造优化技术在我国金属结构件制造中的应用还非常有限,基本处于起步阶段,很多企业仍然采用传统生产模式,制约了相关行业的发展。在金属结构件制造中,如何通过优化技术的应用来提高生产效率、降低制造成本,是所有金属结构件制造企业所面临的共同课题。

　　原材料下料优化与各制造工序的生产调度优化是金属结构件制造优化技术的核心内容。金属结构件所消耗的金属原材料主要有钢板与型材,其下料优化对于节省原材料、降低产品成本具有直接而重要的意义。金属结构件的制造环节包含切割下料、机械加工、折弯成形、焊接组合等多种不同类型的制造工艺,生产过程中的工件涉及分形、变形、组形等多种形态变化,各类工艺车间的生产调度模式迥异,而且各车间之间的工艺关联度高,产品齐套性要求严,这些都给金属结构件的生产调度优化带来了很大的挑战,传统通用的调度方法不能完全适用于金属结构件制造场景。目前,对于结构件制造过程中多类复杂调度问题,缺乏较为成熟的理论方法与优化工具,生产过程中极易出现因生产现场混乱而导致的产品延期交付等问题,因此非常有必要对金属结构件制造过程进行科学合理的生产调度与协同,从而改善产品齐套性,减少在制品库存,提高生产效率,缩短产品生产周期。

　　本书作者所在团队从20世纪90年代初开始对下料优化问题进行研究,是国内较早开展该领域研究的团队之一,其研发成果在实际生产中得到成功应用。近年来,在工业和信息化部智能制造专项、国家自然科学基金等项目的支持下,作者团队结合不断发展的智能优化技术,对包括下料优化技术在内的金属结构件制造中的若干优化问题及其制造执行系统(MES)进行了较为系统而深入的研究,并与相关企业紧密合作,在重型机器、工程机械、专用车辆、港口机械、钢结构、船舶、桥梁、变压器等制造行业开展应用研究,取得了较大的经济效益和社会效益。本书是作者团队近年来在金属结构件制造优化领域相关理论研究与应用成果的总结,主要内容涉及下料优化、生产调度优化及两者的综合优化方法等,以及基于这些研究成果所开发的相关软件系统及其应用情况。

　　本书的研究工作先后得到了工业和信息化部智能制造专项(工信厅装函〔2017〕468号)"轨道交通盾构机智能制造新模式"子课题"基于三维研发平台的自动套料系统"、中央高校基本科研业务费专项资金资助项目"基于迁移学习的典型重工行业智能套料理论与方法研究"(2019kfyXKJC043)、三峡大学开放实验室基金项目"复杂水电机械结构件焊接过程智能调度优化研究"(2017KJX10)、国家自然科学基金项目"基于迁移学习和知识复用的智能套料理论与方法研究"(51975231)、宜昌市科学技术局自然科学研究项目"板材套料与切割并行机调度协同优化研究"(A20-3-008)等项目,以及若干企业横向合作课题的支持。此外,在研究成果的应用验证及实际应用方面还得到了诸多实施企业的大力支持,感谢他们为本书的相关研究,特别是在制造优化平台的实用化方面提供的帮助和宝贵建议。

　　感谢作者所在课题组的博士研究生周玉宇、戚得众等,以及硕士研究生祝胜兰、曹德列、吕亚军、孙鑫、熊焕鑫等,他们富有价值的研究工作为本书的撰写提供了大量素材。感谢徐佳泰、杨飘若、关锋、向宠宠、孙艾文、李金雄等研究生为本书的文字校订所做的工作。特别感谢本书参考文献的作者们,感谢华中科技大学出版社的支持,感谢万亚军编辑为本书的出版所付出的努力。

　　作为探索性研究成果,本书难免存在疏漏与不足之处,敬请行业内专家和广大读者不吝批评指正。

作　者

2022 年 1 月

# 目　　录

# 第1章 绪 论

焊接技术的发展,使得金属结构件的性能越来越好、造价越来越低,从而被广泛地应用于工程机械、重型机器、船舶、桥梁、建筑等众多领域。以工程机械为例,其消耗的总材料70%以上都源自金属结构件。然而,由于技术、管理以及传统习惯等原因,目前制造优化技术在我国金属结构件制造中的应用还非常有限,基本处于起步阶段,很多企业仍然采用传统生产加工模式,制约了相关行业的发展。在金属结构件制造中,如何提高生产效率、提高钢材利用率、降低生产成本,是所有有关制造企业所面临的共同课题。

## 1.1 金属结构件制造流程及特点

金属结构件制造流程涵盖从板材入场,到排样、切割下料、零件加工、结构件焊接、防腐、结构件组装等工序,其中切割下料、零件加工、结构件焊接是最主要的工序,其生产调度是金属结构件制造运行优化的核心(如图 1-1 所示)。

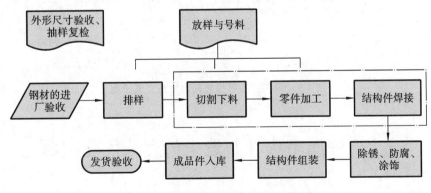

图 1-1 金属结构件制造主要工艺流程

一般而言,金属结构件制造模式具有如下特点:

(1) 采用订单式单件小批量生产方式。生产订单可重复性较低,需根据客户的要求制定每个订单的生产方式,生产中涉及的零部件数量较多,生产过程中存在很多不可预测的因素,比如由于缺件或者零件的质量缺陷而导致的停工较多,造成订单生产的总工期较长。

（2）需要在短时间内准确评估订单成本。特别是在涉及招投标时，合理估计订单的生产成本非常重要。估计价格是投标时定价的依据，报价过高会导致企业错失中标机会，报价过低又会给企业造成不必要的损失。因此，快速准确地预估订单成本，评估企业自身的生产能力，报出既有竞争力又有盈利空间的投标价格，对于成功签约以及促进企业的可持续发展具有重要意义。

（3）订单不仅需要提前约定价格，还需要明确交货期。通常情况下，客户在签订订单合同时，需要安排好交货期，制造企业需要准确合理地预估订单完工时间和成本。传统方法往往是凭经验估计交货时间，难免造成误差，或者对于一些订单不敢承接，给企业带来经济损失。

（4）结构件在生产过程中以其物料清单（bill of material，BOM）为基础，制造BOM则由结构件产品的设计 BOM 转化得到，结构件与其零部件之间存在单级或多级支配关系。图 1-2 分别给出了结构件为单级 BOM 和多级 BOM 结构时的示例。在实际生产过程中，计划部门以部件为单位安排生产计划。

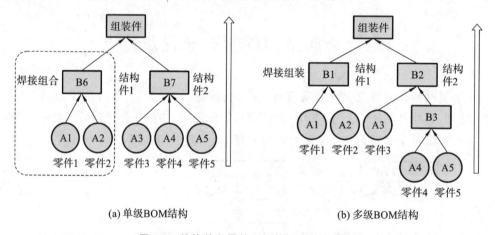

(a) 单级BOM结构　　　　　　　　　　　(b) 多级BOM结构

图 1-2　结构件和零件之间的支配关系示例

# 1.2　金属结构件制造中的有关优化问题

金属结构件制造中的优化问题大致包括如下四个方面：产品制造工艺优化问题，包括产品零部件加工工艺优化与结构件焊接和装配工艺优化；生产计划与调度优化问题，包括生产计划批次优化与车间生产调度优化；原材料下料优化问题，包括一维型材下料优化和二维钢板下料优化；库存优化问题，包括原材料库存优化、在制品库存优化、成品库存优化等。本书主要研究金属结构件制造中的原材料下料优化问题和车间生产调度优化问题。

## 1.2.1　原材料下料优化问题

金属结构件制造中所用到的金属原材料主要有型材与板材,下料优化的目的是提高原材料利用率,降低产品制造成本,以及优化切割方式,提高切割效率与切割质量。下料优化在金属结构件生产中具有以下几个方面的意义:

(1)节约原材料与人工成本。实际生产中的下料生产,当零件的数量和种类较少时,可用人工方法解决。比如型材下料是将零件从长到短排序,然后依次在原材料上切割,直到无法切割出任何零件为止,余料作废,这种人工下料方法浪费十分严重。钢板套料人工计算复杂,耗费大量精力,而且很容易出错。当零件数量较多时,上述人工下料方法原材料利用率较低,资源浪费严重,导致生产成本上升。利用计算机优化下料不仅可以大幅度提高原材料利用率,节约原材料成本,而且可以节省大量人工成本。

(2)提高切割效率,改善切割质量。采用优化切割技术,通过切割路径优化不仅可以有效缩短切割空行程、辅助切割行程甚至实际切割行程,提高切割的顺畅性,提高切割效率,而且可以改善因热切割而导致的工件变形,提高切割质量。此外,还可通过综合考虑材料利用率与生产效率,对切割下料方式进行合理规划,实现两者的均衡与综合优化。

(3)方便生产管理。采用IT技术进行计算机下料优化不仅可以节约原材料与人工成本,提高切割效率,而且可以很好地对下料生产进度、原材料利用及其余料情况进行实时管理,相较之前的人工管理更加准确和可靠,可获得综合经济效益。

### 1. 型材下料优化问题

型材下料问题属于一维下料问题,也称为线材下料,是指针对单一长度规格或者多种长度规格的若干型材原材料,将其切割成多种长度规格的型材零件,每种零件数量若干,通过优化零件下料顺序,使得原材料的利用率尽可能高,废料尽可能少。

一维下料的定义为:给定一定数量和长度规格的线材(如管材或型材),要求从线材长度方向切割出一定数量和种类的毛坯(各类毛坯的长度不一,数量要求也不同),如何进行优化排样,即确定各个毛坯在各根线材上的切割顺序,使消耗的线材总长度最少。例如,给定根数不限的一批管材,其长度均为10 m,现需要从上述管材中切割出一批长度分别为4 m、3 m和2 m的三种毛坯,各种毛坯的数量分别为10件、20件、30件,通过优化排样确定这60件毛坯在每根用到的管材上的切割顺序,使消耗的管材总长度(或数量)最少。上述管材下料问题示意图如图1-3所示。

型材下料问题根据原材料的不同情况又可以分为:等长原材料的型材下料问题和多规格不等长原材料的型材下料问题。等长原材料情况一般假定原材料足够多,能够完全满足切割需求;多规格原材料情况则是假定每种原材料的数量是有限的,但所有原材料的总长度满足切割需求。根据目标函数的不同,型材下料优化主要分为两种情况:一种是以原材料消耗的总根数最少为目标函数,另一种是以产生的废料最

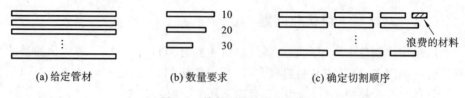

　　　(a) 给定管材　　　　　(b) 数量要求　　　　　(c) 确定切割顺序

**图 1-3　管材下料问题示意图**

少为目标函数。

　　型材下料问题是一类经典的组合优化问题,从计算的复杂度上看,该问题是 NP 难问题(多项式复杂程度的非确定性问题),即在多项式时间内找不到最优解。当型材下料问题是单一原材料情况,零件种类和数量较少时,可以用穷举法、线性规划方法、分支定界法等运筹学方法求解;但当原材料有多种规格,且零件种类和数量较多时,切割方式数量呈爆炸式增长,问题的复杂性剧增,找到最优的切割方式的组合几乎不可能,即不能在多项式时间内找到最优解,因此,通常采用近似算法求出问题的满意解或者近似最优解。

**2. 板材下料优化问题**

　　板材下料问题属于二维下料问题,是指在给定的板材上排放多种不同规格的零件,研究如何在这些零件既不相互重叠,又不超出板材边界,并且满足零件工艺约束的情况下,尽可能多地排放零件,以最大限度地提高板材利用率。传统的板材下料方法产生大量边角余料,以及切割下料过程处于无序状态,从而使得下料生产效率低,板材浪费严重,不利于金属结构件制造的降本增效。

　　板材下料问题包含下料问题和切割问题两个方面,而下料问题又分为矩形件下料问题和异形件下料问题,这三个问题均为 NP 完全类的组合优化问题。在大多数情况下,组合优化问题的解空间庞大,其复杂度随着问题规模的增大而迅速上升,特别是涉及几何计算时,算法复杂度递增。板材下料问题需要考虑到多种约束条件以及几何组合,其理论研究涉及线性规划、动态规划、启发式算法以及智能搜索算法等多种理论,其中智能搜索算法已经成为二维下料问题的主要求解方法。

　　1) 矩形件下料优化问题

　　矩形件下料就是在给定的材料区域内找出矩形零件的最优排放,使得材料利用率最高。该类问题计算复杂度很高,是目前最复杂、最困难的 NP 完全问题之一,至今还没有找到求取最优解的算法,常用的求解算法有精确算法、启发式算法和元启发式算法等。该类问题在机械制造、造纸加工、印刷等行业中广泛存在,图 1-4 所示为一个典型的矩形件优化排料示意图。

　　2) 异形件下料优化问题

　　在异形件下料问题中,一个图形或更多的大图形,无论是板材还是空间,必须要分成小部件来处理。不过,决定分成零件以及从哪个大部件来分是个极难的组合问题。图 1-5 所示是典型的异形件优化下料示意图。

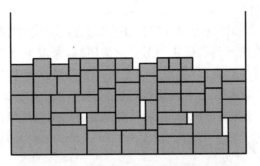

图 1-4 矩形件优化排料示意图

图 1-5 异形件优化下料示意图

目前常用的解决不同类型的异形件排料问题的算法有几种:临界多边形(NFP)法用于确定排料的几何可行性;基于线性规划压缩模型的算法用于局部优化;元启发式算法用于全局优化;模拟退火算法用于引导搜索基于线性规划压缩模型的邻域结构中的解空间。

3)切割路径优化问题

切割路径优化问题的数学描述如下:设有 $n$ 个零件,$C=\{C_1,C_2,\cdots,C_n\}$,每两个零件之间的距离为 $D(C_i,C_j)$,其中 $C_i,C_j \in C(1 \leqslant i,j \leqslant n,$ 且 $i \neq j)$,求 $\min\left\{\sum_{i=1}^{n-1}D(C_{I(i)},C_{I(i+1)}) + D(C_{I(n)},C_{I(1)})\right\}$ 的切割序列:$\{C_{I(1)},C_{I(2)},\cdots,C_{I(n)}\}$,其中 $I(1),I(2),\cdots,I(n)$ 是对应 $1,2,\cdots,n$ 的一个全排列。

切割路径优化问题类似旅行商问题(TSP),对于 $n$ 座城市的 TSP,存在着 $(n-1)!$ 条不同旅行路径。若采用穷举法求解,其时间复杂度为 $O(n!)$。已经证明,TSP 属于 NP 完全问题,同样切割问题也属于 NP 完全问题,它的解也只能是近似最优解。而且,钢板切割中的路径优化问题还需要考虑很多的实际工艺约束,比如碰撞避让、切割热变形等,比一般的 TSP 更为复杂。

### 3. 下料规划问题

所谓下料规划,是指针对给定的下料任务,考虑如何安排下料计划(包括零件计划与原材料计划),在满足材料优化利用要求的同时,考虑下料零件优先级以满足产品齐套性与交付期等生产需求,考虑减少套料模板数量以提升下料生产效率等综合生产优化目标等。本书研究的下料规划问题主要包括三个方面:针对下料零件的分组规划,针对套料模板的套料规划,以及针对原材料的钢板规格优化。

## 1.2.2 车间生产调度优化问题

金属结构件生产调度优化,是指在多品种少批量的生产模式下,针对金属结构件的切割下料、机械加工、折弯加工、焊接加工等工艺车间,制订合理的工序级排产计划,使其某些生产性能指标(如产品制造周期、在制品库存、制造成本等)达到优化。车间生产调度优化的目的是提高金属结构件的制造效率,缩短产品交付周期,降低综合制造成本。以下简要阐述金属结构件的主要生产调度过程、生产调度特点以及生产调度存在的主要问题。

### 1. 金属结构件主要生产调度过程

金属结构件的主要生产调度过程如下。

首先是钢板/型材的切割下料阶段,为多台具有相同功能、不同效率的并行机调度,并行机的类型和速度不一定完全一样,且切割的钢板/型材类型也会不同,钢板/型材只能在约束范围内的切割机上加工。

其次是零件的加工阶段,为流水车间调度。在该阶段需要考虑前后约束,需要切割车间对应的下料完毕才能开始加工,另外还需要考虑焊接件的齐套性,尽量满足属于同一构件的零件在同一时间或者间隔较短的时间内完工。

然后是焊接阶段,其生产特点为复杂流水车间调度,同时焊接流水车间也存在多台机器共同工作的情形;焊接件生产需要考虑所含零件的前序作业生产情况,只有前序作业全部完工之后,焊接件的焊接生产才能开始,同时还需尽量在最短时间内完成焊接工作。焊接阶段负责连接机加工车间与组装车间,是中间阶段,具有承上启下的作用。因此对机加工车间和焊接车间的生产调度进行优化至关重要。

结构件最后的组装是以焊接阶段的完工时间为基础,可以与前期生产阶段独立开来进行考虑。鉴于已有许多关于组装(装配)调度方面的研究文献,因此本书重点针对切割车间、机加工车间和焊接车间各自的生产特点及协同调度优化问题进行研究。

综上所述,金属结构件生产调度主要属于混合流水调度问题:切割阶段是具有相同功能的并行机调度问题,为一个工件(套料钢板或型材)对应多个产品的生产制造;机加工阶段是流水调度问题,对切割阶段的产品进行排产调度;焊接阶段为多机器可以同时操作同一工件的流水调度问题,是多个零件对应同一目标产品的装配式制造。金属结构件生产调度问题与一般车间调度问题最大的不同在于加工的对象在流转的过程中是变化的。如图 1-6 所示,切割阶段需要对钢板等原材料下料进行调度排产,一般钢板上包含多个零件(如图中板材 1 切割后生成零件 A1 和 A3,板材 2 生成零件 A2、A4、A5),钢板切割之后分形为机加工阶段的调度对象零件,焊接阶段需要对焊接结构件进行调度排产,结构件由多个零件构成(焊接件 B1 由 A1 和 A2 焊接得到,焊接件 B2 由 A3、A4、A5 焊接生成)。

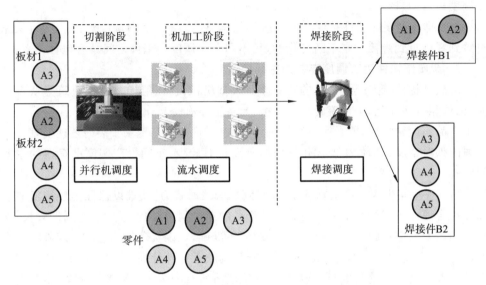

图 1-6　金属结构件制造过程中工件变化示意图

**2. 金属结构件生产调度特点**

金属结构件生产为典型的离散制造,其生产特点为多品种、单件小批量生产,重复性低,同时又是按订单设计、按订单组织生产。结构件的设计处于主产品(例如桥梁、大型机器等)设计的下游,但是,结构件的制造却处于主产品制造的上游。结构件的设计与制造只能被动接受所应用产品中的工程更改。

与现有的生产调度相比,金属结构件的生产调度具有如下特点:

(1) 研究的车间对象不同。现有生产调度问题的理论研究主要面向单一车间环境,主要研究优化某一车间内部生产效率或者生产成本,仅考虑该单独车间的利益最大化(如切割下料车间主要考虑材料利用率最大化);而结构件的生产调度涉及多个车间的协同,是多个具有工序关系的纵向车间之间相互配合,共同完成某一复杂产品的生产。因此,在安排生产调度时,需要协同整个生产系统的所有车间排产,通过各车间的生产协作实现最终产品的最大完工时间最小化或者综合成本最小化等目标。

(2) 零件加工与装配式加工并存。切割车间为单一工件对应多个目标产品的生产,且并行机的切割速度是由切割机和工件材料共同确定的;而焊接车间为典型的装配式制造,为多个工件对应一个目标产品的生产,与节拍相对固定的汽车等大批量流水生产不同,焊接工序的大部分时间是辅助时间,需要单独考虑准备时间和吊装时间。

（3）约束关系复杂。结构件制造车间协同生产调度不仅考虑生产过程中的工艺约束条件，还需要根据零配件的供需和齐套性关系，调整各原材料/零件/焊接件在每个车间的生产顺序和进度，以缩短待件时间，保证生产过程的持续稳定运行。另外，结构件产品可能存在单级或多级 BOM 结构，多级 BOM 结构件的齐套性问题也需要在调度过程中进行考虑。

（4）排产调度的工件是变化的。金属结构件生产中，生产调度对象（工件）从原材料到零件再到焊接件是不断变化的，且不同车间调度的工件之间具有包含关系。

**3. 金属结构件生产调度存在的主要问题**

金属结构件制造企业加工的产品涉及大型机械设备、船舶、桥梁、建筑等众多行业，构件相对多样化，工序流转较为复杂，且各工序有交叉作业情况，生产中经常出现加工产品不配套情况，或者完成数量统计不准确，可能直到现场安装时才能发现。目前国内外对金属结构件生产优化方面的研究相对较少，车间生产调度上存在的主要问题有：

（1）各车间生产调度主要依靠人工经验，既费时费力，又难以保证排产调度的准确性与合理性。例如在重型金属结构件产品制造过程中，主产品的制造周期较长，现阶段利用人工进行调度排产，预估生产周期不准确，难以实现优化生产。现阶段的生产环境中，不能确定订单的生产周期，生产计划缺乏零件计划和工序计划。生产管理人员和调度人员在编制生产计划时，不一定能将所有的影响因素考虑周全，生产周期预估的准确性不高。

（2）各车间之间缺乏有效的调度协同。每个车间安排生产时首先考虑的是本车间的局部利益，如往往以本车间的最小化完工时间为目标，对前后车间生产的协调性考虑较少，从而造成全局损失。例如，前导车间提供的零件不配套，导致后续焊接车间停工待料。现阶段各车间生产中主要依靠车间主任之间的个别沟通，缺乏统一协调，无法达到各车间的整体全局优化。出现问题时，也无法对各车间进行责任划分与确认。

（3）缺乏下料成本与生产效率的综合优化。传统的金属结构件制造运作方式往往是将原材料下料优化与车间生产调度运行优化各自分开考虑，不能实现材料成本与生产效率的均衡与综合优化。

（4）缺乏制造运行优化信息化平台的支撑。由于缺乏数字化技术支撑，在生产信息的采集、传递和反馈上依靠人工，生产过程透明度差，管理人员无法准确获得各生产阶段的具体情况。例如，产品配套件的信息需要依靠工人统计，工作量大，会导致无法精准及时掌握所有零件的生产情况，出现物料遗漏，造成焊接工序的停工待料；焊接件包含的所有零件全部到达才能开始加工，在前期的机加工车间没有考虑后期生产的连续性，即使一个很小的零件，也会导致焊接部分的长时间待工，进而延长订单的总完工时间，最终造成现场积压在制品零部件过多的不良后果。

为了能让金属结构件车间生产管理有序可控,减少人为原因造成的损失,让构件工序透明化、易追溯,作业人员和设备日工作量更加明确可控,需尽快实现车间数字化、信息化管理,实现数字化制造。为了解决结构件产品在制造过程中的调度优化及产品生产周期的合理预估问题,本书将主要针对大型结构件制造中的切割车间、机加工车间和焊接车间调度优化、多车间协同调度优化,以及原材料下料与生产调度综合优化等问题展开研究。

# 1.3　相关优化技术国内外研究概况

## 1.3.1　下料优化技术

下料问题(cutting stock problem)也称为排样问题、排料问题、套料问题或装箱问题,是指在给定的原材料区域内找出待排零件的非重叠最优排布方案,使得材料利用率最高,或者浪费的材料最少。下料问题广泛存在于机械、钢结构、建筑、门窗、电子、船舶、桥梁、家具、服装、皮革、纸制品、玻璃等行业的生产加工领域。通过下料优化可以提高材料利用率,减少材料浪费,从而带来巨大的经济效益和社会效益。因此,对下料优化技术的研究和应用开发一直是学术界和工业界关注的重点问题之一。

Wäscher 等[1]从维度、零件种类、原材料种类、零件形状、工艺约束等角度对下料问题进行了总结与归纳,如图 1-7 所示。根据该分类法则,纵向上将下料问题按维度划分为一维下料、二维下料和三维下料问题,横向上将下料问题按其在实际工程应用中的特点又分别按下料零件种类、原材料种类、下料零件形状、下料零件工艺约束等多种维度划分成多个变种问题。在下料问题的研究中,将其按下料维度、零件形状、工艺约束来分类得到比较广泛的认可。

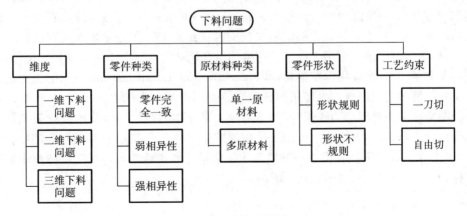

**图 1-7　下料问题分类**

按下料维度,可将下料问题分为一维下料、二维下料和三维下料问题。一维下料和二维下料问题是在生产实践中广泛存在的两类下料问题,金属结构件制造中的型材下料属于一维下料问题,钢板下料属于二维下料问题。显然,由于零件几何形状上的复杂性,二维下料问题比一维下料问题的求解难度更大,特别是复杂不规则形状零件的二维下料,一直以来都是学术界研究的热点问题之一。除机械制造中常见的金属板材切割下料外,服装布料裁剪、皮革裁剪、板式家具开料等裁切加工都属于二维下料问题。有关二维下料问题的系统介绍可参阅本书作者饶运清[2]的学术专著《智能优化排样技术及其应用》。

下料问题是一类典型的组合优化问题,且广泛存在于生产实践中,因此下料问题在国外很早就得到了研究。早在 1939 年,Kantorovich[3]就开始讨论一维下料问题。20 世纪 60 年代初,Gilmore 和 Gomory[4-7]发表了四篇知名论文,提出了用线性规划方法来解决一维和二维下料问题,并对多维下料问题进行了阐述。随着下料问题的不断发展,在 1988 年巴黎举行的 EURO IX/TIMS XXVIII 国际会议上,专门成立了欧洲下料问题兴趣小组(EURO special interest group on cutting and packing,ESICUP),有专门网站 http://www. euro-online. org/websites/esicup/,该网站全面收集了下料问题的测试数据和大量文献。时至今日,下料问题牵涉到许多学科和行业,包括计算机科学、运筹学、数理逻辑、管理学、工程学、组合优化、数学和机械制造等学科和领域。数十年来,许多学者发表了大量关于下料问题的文章和著作,取得了很多成果,但下料问题作为 NP 完全问题,复杂难解,同时由于实际下料生产中存在各种约束条件,因此至今也没有通用的标准方法来求解。

迄今为止,对下料优化问题的研究主要还是从算法角度进行的,一个优秀的下料算法往往是多种方法的综合。例如对于二维下料而言,目前国际上的主流算法是基于智能计算的定序算法与基于临界多边形几何运算的启发式定位算法相结合的混合算法。目前智能下料优化技术已取得了很好的研究成果,国际上也出现了一些较为成熟与广泛应用的商业排样软件,但在排样效率和材料利用率方面离实际需求还是存在一定差距,特别是当问题规模较大,零件图形复杂或较为特殊,或者存在一定的工艺约束时,全自动下料优化的结果往往不能达到预期效果。随着人工智能技术的发展,机器学习已经在包括三维装箱在内的组合优化问题研究中有所应用。例如,本章参考文献[8]首次应用深度强化学习(deep reinforcement learning,DRL)方法解决一类三维装箱问题。该三维装箱问题以装箱表面积最小为优化目标,以装箱物品的装箱顺序这一关键因素为决策变量,采用深度强化学习与指针网技术进行装箱顺序的优化。试验表明,上述优化方法的优化效果优于启发式算法,三维装箱利用率提高了 5%。本书作者团队目前亦在开展基于强化学习和迁移学习的智能排样技术研究和探索,这可能是一个值得关注的方向。

## 1.3.2　生产调度优化技术

1954 年由 Johnson[9]发表的论文被调度研究人员公认为第一篇研究经典排序问

题的论文,作者第一次提出了两机流水车间的求解算法。现在国内外学者[10-11]对生产企业制造车间的排产调度进行了大量的理论研究,现有研究根据生产的特点,将调度问题分为并行机调度[12]、流水车间调度[13]、作业车间调度[14]等,以及在此基础上发展起来的混合流水调度[15]、柔性作业车间调度[16]、分布式车间调度[17]等经典优化问题,但是在实际应用过程中,车间的生产调度更加复杂,往往是多种调度优化类型的组合,也有研究人员开始关注实际调度车间以及具有某些特点的车间。王芳[18]针对制造过程的碳排放优化问题进行了柔性流水车间调度问题的研究。戚得众[19]在金属件生产过程中的生产批量优化、零件下料分组优化、加工排程优化等几个方面进行了研究,用鲁棒优化方法制订金属结构件生产批量计划;构建了一种能够描述零件形状特征的零件特征矩阵;提出了多种排料方案下带工艺约束多目标加工排程优化模型。薛冬娟[20]研究了复杂装备制造企业生产过程中的齐套性问题,建立了零件齐套分析模型,建立了多层监控模式,从生产计划方面提出了全局协调和局部协调的动态协调机制。相比其他车间调度研究来说,对结构件车间调度问题的研究相对较少,针对金属结构件制造过程中切割、机加工与焊接等车间协同调度方面的文献更少。

**1. 并行机调度**

本书研究的切割车间调度,具有并行机调度问题(parallel machine scheduling problem,PMSP)特征,该问题已经引起了大量研究人员(Root[21]、Shim 和 Kim[22]、Mokotoff[23]、Liu 和 Kozan[24])的关注。因为该类调度实际应用的广泛性,越来越多的研究人员(Tang 等[25]、Tseng 等[26]、Liao 和 Su[27])关注实际车间的 PMSP。

描述 PMSP 如下:假设有 $n$ 个不相关工件构成的集合 $N$,需要在具有相同加工功能的 $m(m<n)$ 台机器组成的集合 $M$ 上加工,每个工件 $j=1,2,\cdots,n$ 必须在 $m$ 台并行机的其中一台上加工,且只能选择一台加工;每台机器同一时间只能加工一个工件;另外,只要工件在选择的机器上开始加工,在完工之前就不能中断。根据机器的不同,Graham 等[11]将 PMSP 更进一步地划分为以下几种类型:①相同 PMSP $(P)$[28]:各并行机是相同的机器,各工件不管在哪台机器上加工,加工时间 $p_i$ 是确定的固定值;②同类 PMSP$(Q)$[29]:不管加工哪个工件,每台加工机器都有各自确定的加工速度,也就是说,工件 $i$ 的加工时间由加工机器 $j$ 的速度 $v_i$ 确定;③不相关 PMSP$(R)$[30]:机器的加工时间均不同且不相关,因此,加工时间 $\{p_{ij}\}$ 矩阵需要提前确定。很多人已经对 PMSP 进行了研究,其中 Beezão 等[31]解决了最小化最大完工时间的具有特殊加工时间和工具约束的确定 PMSP,并对其进行了求解;Villa, Vallada 和 Fanjul-Peyro[32]利用启发式算法求解了带有额外稀缺资源的不相关 PMSP。实际上随着工厂规模的扩大,经常有新机器增加,很大程度上前后购买的机器型号不一样,实际工厂的调度问题经常是多种 PMSP 的混合。

板材下料问题(Alem 等[33]、Mobasher 和 Ekici[34])作为一个独立的优化问题,受到越来越多研究人员(Kallrath 等[35]、Melega 等[36])的关注。但是,这些研究也仅仅关注了单独的排样任务,并没有考虑排样后板材在并行机上的排产调度问题,该问题的产品交货期和完工时间均非常重要。Yuen[37]、Giannelos 和 Georgiadis[38] 研究了切割板材在多并行机上的调度问题,分别采用了分支定界法和启发式算法进行求解,但是尚未发现用智能算法求解板材切割下料车间并行机调度问题方面的文献报道。

**2. 流水车间调度**

结构件机加工车间的调度为流水车间调度问题(flow-shop scheduling problem,FSP)。标准的 FSP 包括 $n$ 个工件(或者任务)(集合 N),工件必须按照一定的顺序在 $m$ 台机器(或者阶段)(集合 M)上加工,所有的工件在各机器上的加工顺序相同。需要确定工件在机器上的加工顺序,以使需要求解的目标最优。FSP 作为一类经典调度问题,已经被许多学者研究了很多年。自该问题提出以来,许多研究人员(Osman 和 Potts[39];Pan 等[40];Lee,Cheng 和 Lin[41];Xie 等[42])都对 FSP 进行了建模与求解的理论研究。Murata,Ishibuchi 和 Tanaka[43] 为 FSP 提出了一种多目标遗传算法进行求解,考虑了最小化总完工时间、最小化总拖期和最小化总流经时间。Ribas,Leisten 和 Framiñan[44] 对已有的混合 FSP 文献进行了整理,从问题的特征和产品约束以及求解方法两个方面对已有研究进行分类对比,并对以后的研究提出了建议。Ruiz 和 Vázquez-Rodríguez[45] 描述混合 FSP 为每个阶段有多台并行机的 FSP,对 200 多篇与混合 FSP 有关的文章进行了综述整理,分析得出总完工时间和总流经时间是研究较多的问题目标。Zheng 和 Wang[46] 为 FSP 提出了改进的遗传算法(GA),利用著名的 NEH 策略产生初始解,并改进了进化策略,利用数值算例对比证明其有效性。Fernandez-Viagas,Perez-Gonzalez 和 Framinan[47] 为最小化完工时间的混合 FSP 提出了一种新的解的表达方式,为该问题的研究开辟了一种新的思路。

近几年,也有相当数量的研究(Che,Kats 和 Levner[48];Cheng 和 Wang[13];Ribas,Companys 和 Martorell[49])开始关注实际车间应用中的 FSP。Fattahi,Hosseini 和 Jolai[50] 考虑的是一个两阶段产品生产系统,包括机加工阶段和装配阶段,其中机加工阶段考虑了混合流水调度的生产情况。Kim,Zhou 和 Lee[51] 研究了再制造系统,包括分解车间、并行的流水调度再生产车间和并行的装配车间;首先需要分配生产车间,另外还需要安排各工件的生产顺序。金属结构件制造中的机加工车间调度问题为一般 FSP,而焊接车间调度问题为多机器共同操作同一工件的特殊 FSP。

**3. 焊接车间调度**

焊接生产是结构件制造过程中的重要工序,相关研究包括航空航天产品的结构件生产[52]、船舶结构件制造[53] 以及汽车结构件焊接[54] 等。对于重型结构件制造企业来说,如何在保证焊接件质量的前提下,提高焊接件生产的效率,是需要研究的主要问题。不管是从理论角度还是从工程应用角度,专门针对焊接车间调度问题(welding flow-shop scheduling problem,WFSP)的研究文献较少。

WFSP 为典型的多阶段流水调度问题,与其他 FSP 的不同之处在于机器-工件约束,亦即一台焊机同一时刻仅能加工一个焊接件,而单个焊接件却能被多台焊机同时加工[55,56]。该问题是基于带吊装时间的 FSP 的扩展,已有研究的调度模型不能直接应用于 WFSP 的求解。Kim 等[57]、樊坤等[58]、Zhong[59]、Lu 等[60]研究人员已经开始关注焊接调度问题。Tu[61]提出了一种新的产品调度或者控制技术,并提出了一种关于船舶网络焊接生产线闭环产品调度控制系统。Lu 等[62]从能源消耗等几个目标出发求解了焊接的调度最优化问题。但是,这些研究焊接调度的文献中,一般假设焊接零件是已经准备好的,在实际的生产车间中,焊接件是否可以开始生产,取决于前序工序是否完工。已有文献没有将机加工调度和焊接调度同时考虑,而考虑单车间的最优化调度结果并不能达到整体的最优。

**4. 多车间协同调度**

现阶段国内外比较关注协同调度问题。例如,陈伟达和李剑[63]基于供应链研究了协同生产调度问题。吕晓燕[64]、周力[65]的博士课题研究了协同制造环境下制造执行系统(MES)制造任务的管理方法,并为其计划排产设计了新的方法。李亚白[66]在其博士论文中分析了协同 MES 的概念并综述了其优点,最后设计开发了制造执行原型系统,具有良好的可集成性和可重构性。Bhatnagar,Pankaj 和 Suresh[67]总结分析了协同调度问题的相关文献,为纵向集成的多车间协同安排生产计划建立了一个数学模型,这样可以保证产品和库存决策可以在多个车间之间达到整体的最优。Tang 等[68]针对钢铁铸造行业的集成化制造进行了研究;Behnamian 和 Ghomi[69]将多车间调度的相关文献按车间环境进行了整理分类,并对综述文献进行了量化对比,提出了一些关注度较小的问题。Naderi 和 Ruiz[70]为最小化完工时间的分布式 FSP 设计了分散搜索算法进行求解,利用完工时间的参考点集和重启、局部搜索等策略进行了改进。Xu 等[71]研究了分布式置换 FSP,设计了混合免疫算法进行求解,并用大量的算例证明其在求解大规模问题上的有效性。

借助于百度词条[72],协同的概念为:协调两个或者两个以上的不同资源或者个体,协同一致地完成某一目标的过程或能力。延伸到本书,协同调度优化含义可以描述为:协调两个或者三个具有工艺关系的不同车间的工件和机器,对其合理安排生产,在满足工艺约束的前提下,协同一致地达到目标函数最优化的过程。后文简称为协同调度。

尽管越来越多的学者对多工厂或者多车间之间的协同调度进行了研究,但是现有文献大多是对具有相同功能的多个车间进行的任务分配式的协同调度,而对于像金属结构件制造的切割车间、机加工车间和焊接车间这样有生产顺序关系的纵向协同调度,研究文献较少。

**5. 调度问题求解算法**

排产调度问题是典型的组合优化问题,其约束条件与优化目标的多样性,引起了大量学者的关注和研究。总结求解生产调度问题的算法,将其分为精确算法和启发式算法两大类。精确算法又包括整数规划法、分支定界法和拉格朗日松弛法等。Zhu 和 Heady[73]利用混合整数规划方法求解了以最小化总提前完工期和总拖期为目标的 PMSP；Haouari 等[15]采用分支定界法求解了柔性 FSP 和每一阶段均有多台相同并行机的两阶段混合 FSP。

随着研究的深入，启发式算法被逐渐改进应用到调度领域，包括优先分配规则[74]、约束规划[75]、和声搜索算法[76]、遗传算法[43,77]、粒子群算法[78]、分散搜索[79]等智能方法。启发式算法用于求解复杂问题，最大的优点是在合适的时间范围内可以搜索到较满意的解。规则调度是有效又比较迅速的方法，在智能算法发展迅速的今天，也常常被应用到算法里面改进其性能。Giffler 和 Thompson[80]为生产调度问题的求解提出了优先权规则方法；而 Panwalkar 和 Iskander[81]根据已有文献总结了100 多条不同的调度规则，并将这些规则分为简单规则、启发式规则和其他规则三类，针对这些规则求解的问题类型和目标进行了分析。Pan 等[82]针对求解总流经时间或者完工时间的 FSP 的启发式算法做了汇总整理，根据详细对比分析，提出了 5个新启发式算法。最近几年，智能算法的快速发展为智能制造的发展奠定了基础。

智能算法经历了多年的发展，已有很多性能优异的算法供研究人员选择应用。2014 年，Mirjalili 等[83]提出了灰狼优化（grey wolf optimizer，GWO）算法，该算法是一种与众不同的全新群智能算法，是基于灰狼群体捕食机制发展起来的元启发式算法。灰狼算法由于其良好的广度开拓和深度开采能力，以及算法简单、需要确定的初始参数较少、求解速度迅速等特点，自被提出以来，得到了众多学者的关注，并已被证明在求解优化问题时的各指标表现优异。很多工程优化问题的求解也应用了 GWO算法，例如 Komaki 和 Kayvanfar[84]利用该算法求解了带释放时间的两阶段装配FSP；吴虎胜等[85]将其应用于求解旅行商问题；Emary 等[86]将二进制 GWO 算法应用于机器学习的特征选取中，提高了分类的准确性，减少了选取特征的数量。Faris等[87]针对 2014 年到 2017 年所有的相关文献进行了整理，众多文献充分表明 GWO算法应用领域较广，适用的问题也非常多，在求解各问题的有效性上表现良好。

Pareto[88]于 1896 年提出了多目标决策问题，针对该问题的求解，现有的求解方法也很多，主要包括加权求和法（Murata，Ishibuchi 和 Tanaka[43]）、目标规划法（Topaloglu 和 Ozkarahan[89]）、ε 约束法（Bérubé，Gendreau 和 Potvin[90]）和非占优支配方法（Kacem，Hammadi 和 Borne[91]）。但是，大部分实际车间调度问题规模较大，且各目标的权重也不太好确定（Ciavotta，Minella 和 Ruiz[92]），所以非占优支配方法越来越受研究人员的欢迎。

非占优支配方法是 Deb 等[93]在 2002 年提出的，定义为 NSGA Ⅱ 算法，利用非占优支配和拥挤距离进行排序，到现在已经被广泛应用于多目标问题的求解。2014年，Deb 和 Jain[94,95]在 NSGA Ⅱ 的基础上提出了基于参考点集的帕累托排序方法NSGA Ⅲ，并对 NSGA Ⅲ 的应用做了详细阐述。新提出的基于参考点集的帕累托排序方法可以有效帮助改善帕累托解集的分布，并迅速得到了广大研究人员的关注。例如，Yuan 等[96]将 NSGA Ⅲ 应用于求解风能与热能协调调度的多目标问题。Hu等[97]改进的 NSGA Ⅲ 算法用于求解多目标的传感器配置问题，并与 NSGA Ⅱ 做了数值算例对比,NSGAⅢ求解帕累托解集的效果较好。也有一部分研究人员将 NSGA Ⅲ 的功能推广到求解生产调度问题。Ciro 等[98]将 NSGA Ⅱ 和 NSGA Ⅲ 求解带资源约束的开放车间调度问题进行了对比;Masood 等[99]利用 NSGA Ⅲ 改进算法求解了作业车间调度问题,并与 NSGA Ⅱ 和 SPEA2 进行了对比,对比结果证明 NSGA Ⅲ 在求解多目标问题上表现良好,可以非常有效地改善帕累托解集的分布。

众多研究表明,智能算法虽然不能求得所有问题的最优解,但是在求解大规模问题中可以在合理的时间范围内获得问题的满意解,是实际生产过程中应用性较强的求解复杂优化问题的有效方法。

## 1.4 本书的主要内容与结构

本书主要针对金属结构件制造中的若干优化问题进行研究与应用。全书共 9 章,本章为绪论,简要介绍金属结构件的生产流程、相关优化问题及其国内外研究概况。其余章内容安排如下。

第 2 章为型材切割下料优化,研究金属结构件制造中的型材下料优化问题。根据原材料的类型将型材下料问题分为单一规格原材料和多规格原材料型材下料问题,建立了相应的数学模型,并采用不同的求解方法分别解决小规模和大规模型材一维下料问题。

第 3 章为钢板切割下料规划,即针对下料任务研究如何合理安排下料计划(包括零件计划与钢板计划)以满足材料优化利用、提升下料生产效率等生产优化目标,具体研究钢板下料规划中的三个子问题,即下料零件分组优化、套料规划、钢板规格优化。

第 4 章为钢板套料切割路径优化,首先建立钢板套料切割路径优化问题的数学模型,然后分别采用启发式算法和混合智能算法进行求解,并针对两类特殊切割路径优化问题提出了相应的求解方法。

第 5 章为钢板切割下料生产调度优化,分别研究了考虑完工时间的单目标建模与基于规则的启发式求解算法、考虑完工时间和交货期的双目标建模与智能求解算法、考虑成本的建模与改进的灰狼求解算法。

第 6 章为大型构件焊接生产调度优化,首先研究了面向最小化总完工时间和最小化机器负荷的双目标焊接调度问题的数学模型及其求解算法,然后进一步研究考虑碳排放指标的绿色焊接调度问题建模,并设计了改进的灰狼算法进行求解。

第 7 章为结构件制造多车间协同调度优化,研究切割、机加工、焊接多车间之间的协同调度问题。分别针对切割与机加工车间之间的协同调度问题、机加工与焊接加工车间之间的协同调度问题、切割-机加工-焊接三车间协同调度问题建立了相应的数学模型,并设计开发了相应的求解方法。

第 8 章为多排料方案下的结构件生产调度优化,对多种排料方案下的生产调度优化问题展开研究。针对金属结构件生产过程中多任务混合下料与生产调度优化问题,提出考虑多种排料方案的带工艺约束的多目标生产调度优化模型,并设计了一种蚁群-递阶遗传算法来求解该模型。

第 9 章为金属结构件制造优化平台开发与应用,介绍了基于本书理论研究成果开发的一个用于金属结构件生产的制造优化平台 SmartPlatform,以及在工程机械制造行业中的两个典型应用案例。

全书整体结构及各章之间的关系如图 1-8 所示。

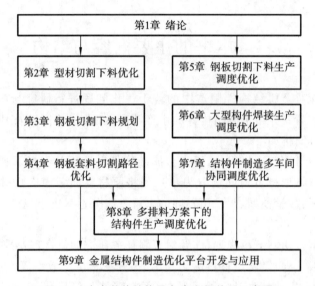

图 1-8　本书整体结构及各章之间关系示意图

# 本章参考文献

[1]　WÄSCHER G, HAUSNER H, SCHUMANN H. An improved typology of cutting and packing problems[J]. European Journal of Operational Research, 2007,183(3):1109-1130.

[2]　饶运清. 智能优化排样技术及其应用[M]. 北京:科学出版社,2021.

[3]　KANTOROVICH L V. Mathematical methods of organizing and planning production[J]. Management Science,1960(6):363-422.

[4]　GILMORE P C, GOMORY R E. A linear programming approach to the cutting stock problem[J]. Operations Research,1961(9):849-859.

[5]　GILMORE P C, GOMORY R E. A linear programming approach to the cutting stock problem—part Ⅱ[J]. Operations Research,1963(11):863-888.

[6]　GILMORE P C,GOMORY R E. Multistage cutting stock problems of two and more dimensions[J]. Operations Research,1965(13):94-120.

[7]　GILMORE P C,GOMORY R E. The theory and computation of knapsack functions[J]. Operations Research,1966(14):849-859.

[8]　HU H Y,ZHANG X D,YAN X W,et al. Solving a new 3D bin packing problem with deep reinforcement learning method[J]. arXiv preprint arXiv:1708.05930,2017.

[9]　JOHNSON S. Optimal two- and three- stage production schedules with setup times included[J]. Naval Research Logistics Quarterly,1954;1(1):61-68.

[10]　高亮,李新宇,文龙. 工艺规划与车间调度的智能算法[M]. 北京:清华大学出版社,2019.

[11]　GRAHAM R L,LAWLER E L,LENSTRA J K,et al. Optimization and approximation in deterministic sequencing and scheduling:a survey[J]. Annals of Discrete Mathematics,1979,5(1):287-326.

[12]　CHENG T C E,SIN C C S. A state-of-the-art review of parallel-machine scheduling research[J]. European Journal of Operational Research,1990,47(3):271-292.

[13]　CHENG T C E,WANG G. Scheduling the fabrication and assembly of components in a two-machine flowshop[J]. IIE Transactions,1999;31(2):135-143.

[14]　KUHPFAHL J,BIERWIRTH C. A study on local search neighborhoods for the job shop scheduling problem with total weighted tardiness objective[J]. Computers & Operations Research,2016,66:44-57.

[15]　HAOUARI M H,HIDRI L,GHARBI A. Optimal scheduling of a two-stage hybrid flow shop[J]. Mathematical Methods of Operations Research,2006,64(1):107-124.

[16]　BIRGIN E G,FERREIRA J E,RONCONI D P. List scheduling and beam search methods for the flexible job shop scheduling problem with sequencing flexibility[J]. European Journal of Operational Research,2015,247(2):421-440.

[17]　WANG S,WANG L,LIU M,et al. An effective estimation of distribution algorithm for solving the distributed permutation flow-shop scheduling problem[J]. International Journal of Production Economics,2013,145(1):387-396.

[18]　王芳. 面向碳效优化的柔性流水车间调度研究[D]. 武汉:华中科技大学,2017.

[19]　戚得众. 金属结构件生产过程若干优化问题研究与应用[D]. 武汉:华中科技大学,2014.

[20]　薛冬娟. 复杂装备制造企业物料集成管理技术研究[D]. 大连:大连理工大学,2007.

[21]　ROOT J. Scheduling with deadlines and loss functions on $k$ parallel machines [J]. Management Science,1965,11(3):460-475.

[22]　SHIM S,KIM Y. Scheduling on parallel identical machines to minimize total tardiness[J]. European Journal of Operational Research, 2007, 177 (1): 135-146.

[23]　MOKOTOFF E. Parallel-machine scheduling problems:a survey[J]. Asia-Pacific Journal of Operational Research,2001,18(2):193-242.

[24]　LIU S Q, KOZAN E. Parallel-identical-machine job-shop scheduling with different stage-dependent buffering requirements [J]. Computers & Operations Research,2016,74:31-41.

[25]　TANG L,ZHAO X,LIU J,et al. Competitive two-agent scheduling with deteriorating jobs on a single parallel-batching machine[J]. European Journal of Operational Research,2017,263(2):401-411.

[26]　TSENG C,LEE C,CHIU Y,et al. A discrete electromagnetism-like mechanism for parallel machine scheduling under a grade of service provision [J]. International Journal of Production Research,2016,55(11):3149-3163.

[27]　LIAO T W,SU P. Parallel machine scheduling in fuzzy environment with hybrid ant colony optimization including a comparison of fuzzy number ranking methods in consideration of spread of fuzziness[J]. Applied Soft Computing,2017,56:65-81.

[28]　LABBI W, BOUDHAR M, OULAMARA A. Scheduling two identical parallel machines with preparation constraints[J]. International Journal of Production Research,2014,55(6):1531-1548.

[29]　BALIN S. Non-identical parallel machine scheduling using genetic algorithm [J]. Expert Systems with Applications,2011,38(6):6814-6821.

[30]　SADATI A, TAVAKKOLI-MOGHADDAM R, NADERI B. Solving a new multi-objective unrelated parallel machines scheduling problem by hybrid teaching-learning based optimization [J]. International Journal of Engineering,2017,30(2):10.

[31]　BEEZÃO A,CORDEAU J,LAPORTE G,et al. Scheduling identical parallel machines with tooling constraints [J]. European Journal of Operational Research,2017,257(3):834-844.

[32]　VILLA F, VALLADA E, FANJUL-PEYRO L. Heuristic algorithms for the unrelated parallel machine scheduling problem with one scarce additional resource[J]. Expert Systems with Applications, 2018, 93:28-38.

[33]　ALEM D, MUNARI P, ARENALES M, et al. On the cutting stock problem under stochastic demand[J]. Annals of Operations Research, 2008, 179(1): 169-186.

[34]　MOBASHER A, EKICI A. Solution approaches for the cutting stock problem with setup cost [J]. Computers & Operations Research, 2013, 40 (1): 225-235.

[35]　KALLRATH J, REBENNACK S, KALLRATH J, et al. Solving real-world cutting stock-problems in the paper industry: mathematical approaches, experience and challenges[J]. European Journal of Operational Research, 2014, 238(1):374-389.

[36]　MELEGA G, DEARAUJO S, JANS R. Classification and literature review of integrated lot-sizing and cutting stock problems[J]. European Journal of Operational Research, 2018, 271(1):1-19.

[37]　YUEN B. Improved heuristics for sequencing cutting patterns[J]. European Journal of Operational Research, 1995, 87(1):57-64.

[38]　GIANNELOS N, GEORGIADIS M. Scheduling of cutting-stock processes on multiple parallel machines[J]. Chemical Engineering Research and Design, 2001, 79(7):747-753.

[39]　OSMAN I H, POTTS C N. Simulated annealing for permutation flow-shop scheduling[J]. Omega, 1989, 17(6):551-557.

[40]　PAN Q, SUGANTHAN P, LIANG J, et al. A local-best harmony search algorithm with dynamic sub-harmony memories for lot-streaming flow shop scheduling problem[J]. Expert Systems with Applications, 2011, 38 (4): 3252-3259.

[41]　LEE C-Y, CHENG T C E, LIN B M T. Minimizing the makespan in the 3-machine assembly-type flowshop scheduling problem[J]. Manage Science, 1993, 39 (5):616-625.

[42]　XIE Z, ZHANG C, SHAO X, et al. An effective hybrid teaching-learning-based optimization algorithm for permutation flow shop scheduling problem [J]. Advances in Engineering Software, 2014, 77:35-47.

[43]　MURATA T, ISHIBUCHI H, TANAKA H. Multi-objective genetic algorithm and its applications to flowshop scheduling [J]. Computers & Industrial Engineering, 1996, 30(4):957-968.

[44]　RIBAS I, LEISTEN R, FRAMIÑAN J. Review and classification of hybrid flow shop scheduling problems from a production system and a solutions procedure perspective[J]. Computers & Operations Research, 2010, 37(8): 1439-1454.

[45]　RUIZ R, VÁZQUEZ-RODRÍGUEZ J. The hybrid flow shop scheduling problem[J]. European Journal of Operational Research, 2010, 205(1): 1-18.

[46]　ZHENG D, WANG L. An effective hybrid heuristic for flow shop scheduling [J]. The International Journal of Advanced Manufacturing Technology, 2003, 21(1): 38-44.

[47]　FERNANDEZ-VIAGAS V, PEREZ-GONZALEZ P, FRAMINAN J. Efficiency of the solution representations for the hybrid flow shop scheduling problem with makespan objective[J]. Computers & Operations Research, 2019, 109: 77-88.

[48]　CHE A, KATS V, LEVNER E. An efficient bicriteria algorithm for stable robotic flow shop scheduling[J]. European Journal of Operational Research, 2017, 260(3): 964-971.

[49]　RIBAS I, COMPANYS R, MARTORELL X. Efficient heuristics for the parallel blocking flow shop scheduling problem[J]. Expert Systems with Applications, 2017, 74: 41-54.

[50]　FATTAHI P, HOSSEINI S, JOLAI F. A mathematical model and extension algorithm for assembly flexible flow shop scheduling problem[J]. The International Journal of Advanced Manufacturing Technology, 2013, 65(5-8): 787-802.

[51]　KIM J, ZHOU Y, LEE D. Priority scheduling to minimize the total tardiness for remanufacturing systems with flow-shop-type reprocessing lines[J]. The International Journal of Advanced Manufacturing Technology, 2017, 91(9-12): 3697-3708.

[52]　VELÁZQUEZ K, ESTRADA G, GONZÁLEZ A. Statistical analysis for quality welding process: an aerospace industry case study[J]. Journal of Applied Sciences, 2014, 14(19): 2285.

[53]　WANG J, MA N, MURAKAWA H. An efficient FE computation for predicting welding induced buckling in production of ship panel structure [J]. Marine Structures, 2015, 41: 20-52.

[54]　ZAMMAR I, MANTEGH I, HUQ M, et al. Intelligent thermal control of resistance welding of fiberglass laminates for automated manufacturing[J]. IEEE/ASME Transactions on Mechatronics, 2015, 20(3): 1069-1078.

[55] LEISTEN R,RAJENDRAN C. Variability of completion time differences in permutation flow shop scheduling[J]. Computers & Operations Research, 2015,54:155-167.

[56] AVALOS-ROSALES O, ANGEL-BELLO F, ALVAREZ A. Efficient metaheuristic algorithm and reformulations for the unrelated parallel machine scheduling problem with sequence and machine-dependent setup times [ J ]. The International Journal of Advanced Manufacturing Technology,2015,76(9-12):1705-1718.

[57] KIM H,KIM Y,LEE D. Scheduling for an arc-welding robot considering heat-caused distortion[J]. Journal of the Operational Research Society,2005, 56(1):39-50.

[58] 樊坤,张人千,夏国平. 随机双目标焊接车间调度建模与仿真[J]. 系统仿真学报,2009 (13):3906-3909.

[59] ZHONG Y. Optimisation of block erection scheduling based on a Petri net and discrete PSO[J]. International Journal of Production Research,2012,50 (20):5926-5935.

[60] LU C, XIAO S, LI X. An effective multi-objective discrete grey wolf optimizer for a real-world scheduling problem in welding production[J]. Advances in Engineering Software,2016,99:161-176.

[61] TU Y. Automatic scheduling and control of a ship web welding assembly line [J]. Computers in Industry,1996,29(3):169-177.

[62] LU C,GAO L,LI X,et al. A multi-objective approach to welding shop scheduling for makespan,noise pollution and energy consumption[J]. Journal of Cleaner Production,2018,196:773-787.

[63] 陈伟达,李剑. 基于供应链的协同生产调度研究[J]. 东南大学学报(哲学社会科学版),2005(2):18-22.

[64] 吕晓燕. 协同制造执行系统中的关键技术研究[D]. 南京:南京航空航天大学,2005.

[65] 周力. 面向离散制造业的制造执行系统若干关键技术研究[D]. 武汉:华中科技大学,2016.

[66] 李亚白. 面向服务的协同制造执行系统集成与重构技术研究[D]. 南京:南京航空航天大学,2007.

[67] BHATNAGAR R, PANKAJ C, SURESH K. Models for multi-plant coordination[J]. European Journal of Operational Research,1993,67(2):141-160.

[68] TANG L, LIU J, RONG A,et al. A review of planning and scheduling

systems and methods for integrated steel production[J]. European Journal of Operational Research,2001,133(1):1-20.

[69] BEHNAMIAN J, GHOMI S. A survey of multi-factory scheduling[J]. Journal of Intelligent Manufacturing,2016,27(1):231-249.

[70] NADERI B, RUIZ R. A scatter search algorithm for the distributed permutation flowshop scheduling problem[J]. European Journal of Operational Research,2014,239(2):323-334.

[71] XU Y,WANG L,WANG S,et al. An effective hybrid immune algorithm for solving the distributed permutation flow-shop scheduling problem[J]. Engineering Optimization,2013,46(9):1269-1283.

[72] 百度百科. 协同[EB/OL]. [2022-01-01]https://baike. baidu. com/item/%E5%8D%8F%E5%90%8C/5865610.

[73] ZHU Z, HEADY R B. Minimizing the sum of earliness/tardiness in multi-machine scheduling:a mixed integer programming approach[J]. Computers & Industrial Engineering,2000(38):297-305.

[74] VIG M, DOOLEY K. Dynamic rules for due-date assignment[J]. International Journal of Production Research,1991,29(7):1361-1377.

[75] EDIS E, OZKARAHAN I. A combined integer/constraint programming approach to a resource-constrained parallel machine scheduling problem with machine eligibility restrictions[J]. Engineering Optimization,2011,43(2):135-157.

[76] OMRAN M, MEHRDAD M. Global-best harmony search[J]. Applied Mathematics and Computation,2008,198(2):643-656.

[77] TADAHIKO M, ISHIBUCHI H, TANAKA. H. Genetic algorithms for flowshop scheduling problems[J]. Computers & Industrial Engineering, 1996,30(4):1061-1071.

[78] ZHAO F, QIN S, YANG G, et al. A factorial based particle swarm optimization with a population adaptation mechanism for the no-wait flow shop scheduling problem with the makespan objective[J]. Expert Systems with Applications,2019,126:41-53.

[79] GONZÁLEZ M,PALACIOS J,VELA C,et al. Scatter search for minimizing weighted tardiness in a single machine scheduling with setups[J]. Journal of Heuristics,2017,23(2-3):81-110.

[80] GIFFLER B,THOMPSON G. Algorithms for solving production-scheduling problems[J]. Operations research,1960,8(4):487-503.

[81] PANWALKAR S, ISKANDER W. A survey of scheduling rules[J].

Operations research,1977,25(1):45-61.

[82] PAN Q,RUIZ R. A comprehensive review and evaluation of permutation flowshop heuristics to minimize flowtime[J]. Computers & Operations Research,2013,40(1):117-128.

[83] MIRJALILI S,LEWIS A. Grey wolf optimizer[J]. Advances in Engineering Software,2014,69:46-61.

[84] KOMAKI G,KAYVANFAR V. Grey wolf optimizer algorithm for the two-stage assembly flow shop scheduling problem with release time[J]. Journal of Computational Science,2015;8:109-120.

[85] 吴虎胜,张凤鸣,李浩,等. 求解 TSP 问题的离散狼群算法[J]. 控制与决策,2015,10:1861-1867.

[86] EMARY E,ZAWBAA H M,HASSANIEN A E. Binary grey wolf optimization approaches for feature selection[J]. Neurocomputing,2016,172 (Supplement C):371-381.

[87] FARIS H,ALJARAH I,AL-BETAR M,et al. Grey wolf optimizer:a review of recent variants and applications[J]. Neural Computing and Applications,2017,30(2):413-435.

[88] PARETO V. Cours d'économie Politique[J]. 1896.

[89] TOPALOGLU S,OZKARAHAN I. An implicit goal programming model for the tour scheduling problem considering the employee work preferences[J]. Annals of Operations Research,2004,128(1):135-158.

[90] BÉRUBÉ J,GENDREAU M,POTVIN J. An exact constraint method for bi-objective combinatorial optimization problems:application to the traveling salesman problem with profits[J]. European Journal of Operational Research,2009,194(1):39-50.

[91] KACEM I,HAMMADI S,BORNE P. Pareto-optimality approach for flexible job-shop scheduling problems:hybridization of evolutionary algorithms and fuzzy logic[J]. Mathematics and Computers in Simulation,2002,60(3):245-276.

[92] CIAVOTTA M,MINELLA G,RUIZ R. Multi-objective sequence dependent setup times permutation flowshop:a new algorithm and a comprehensive study[J]. European Journal of Operational Research,2013,227(2):301-313.

[93] DEB K,AMRIT P,SAMEER. A,et al. A fast and elitist multiobjective genetic algorithm:NSGA-II [J]. IEEE Transactions on Evolutionary Computation,2002,6(2):182-197.

[94] DEB K,JAIN H. An evolutionary many-objective optimization algorithm

using reference-point-based nondominated sorting approach, part Ⅰ: solving problems with box constraints [J]. IEEE Transactions on Evolutionary Computation, 2014, 18(4): 577-601.

[95] JAIN H, DEB K. An evolutionary many-objective optimization algorithm using reference-point based nondominated sorting approach, part Ⅱ: handling constraints and extending to an adaptive approach[J]. IEEE Transactions on Evolutionary Computation, 2014, 18(4): 602-622.

[96] YUAN X, TIAN H, YUAN Y, et al. An extended NSGA-Ⅲ for solution multi-objective hydro-thermal-wind scheduling considering wind power cost [J]. Energy Conversion and Management, 2015, 96: 568-578.

[97] HU C, DAI L, YAN X, et al. Modified NSGA-Ⅲ for sensor placement in water distribution system. [J] Information Sciences, 2018, 54(2): 277-298.

[98] CIRO G, DUGARDIN F, YALAOUI F, et al. A NSGA-Ⅱ and NSGA-Ⅲ comparison for solving an open shop scheduling problem with resource constraints[J]. IFAC-PapersOnLine, 2016, 49 (12): 1272-1277.

[99] MASOOD A, MEI Y, CHEN G, et al. Many-objective genetic programming for job-shop scheduling[C]//IEEE Congress on Evolutionary Computation, 2016: 209-216.

# 第 2 章　型材切割下料优化

　　下料问题(cutting stock problem)，是把相同形状的原材料分割加工成若干不同规格的零件坯料的问题。下料问题广泛存在于机械制造业中，如钢结构、造船、铝制门窗加工、金属管业等。通过下料优化能够很好地节约原材料，降低生产成本，为企业的发展带来直接的经济效益。根据原材料和零件维数可以将下料问题分为一维下料问题、二维下料问题和三维下料问题。在金属结构件制造中，主要涉及一维下料(型材下料)问题和二维下料(钢板下料)问题。金属结构件制造中常见的型材类型有工字钢、槽钢、角钢、圆钢、方钢以及钢管等，其下料优化对降低金属结构件的制造成本具有重要意义。本章讨论一维下料即型材(包括线材)切割下料优化问题。

## 2.1　型材下料优化问题特点及常用求解方法

　　型材下料问题根据原材料的不同又可以分为：等长原材料的型材下料问题和多规格不等长原材料的型材下料问题。等长原材料情况一般假定原材料足够多，能够完全满足切割下料需求；多规格不等长原材料情况则假定每种原材料的数量是有限的，但所有原材料的总长度满足切割需求。根据优化目标函数的不同主要分为两种情况：一种是以原材料消耗的总根数最少为目标函数，另一种是以产生的废料最少为目标函数。

　　型材下料优化是一类经典的组合优化问题，从计算的复杂度上看是 NP 难问题，即在多项式时间内找不到最优解。当型材下料问题是单一原材料情况，且零件种类和数量较少时，可以用穷举法、线性规划方法、分支定界法等运筹学方法解决；但当原材料有多种规格，零件种类和数量较多时，切割方式数量呈爆炸式增长，问题的复杂度剧增，找到最优的切割方式的组合几乎不可能，即不能在多项式时间能找到最优解，因此，通常采用近似算法求出问题的满意解或者近似最优解。近些年国内外有很多专家学者用各种智能算法来解决一维下料问题，用得比较多的是遗传算法[1,2]、模拟退火算法[3]、蚁群算法[4]等，以及一些改进的遗传算法或者是将两种或多种智能算法结合起来的新算法[5-8]。

　　归纳起来，型材下料优化问题求解的常见方法有如下三种：线性规划方法，启发式算法，智能算法如遗传算法、粒子群算法等。

**1. 线性规划方法**

最早把一维下料优化问题定义为线性规划问题的是 Gilmore 和 Gomory,运用推迟列生成方法(delayed column-generation)[9,10],每一个变量表示某种切割方式在解里面的重复次数。问题描述为:原材料的长度分别为 $L_1,L_2,\cdots,L_k$,每种原材料的数量没有限制,零件的长度分别为 $l_1,l_2,\cdots,l_m$,每种零件的需求量为 $N_i(i=1,2,\cdots,m)$,那么数学模型为

$$\min(c_1x_1+c_2x_2+\cdots+c_nx_n) \tag{2.1}$$

$$a_{i1}x_1+a_{i2}x_2+\cdots+a_{in}x_n \geqslant N_i, \quad i=1,2,\cdots,m \tag{2.2}$$

式中:$x_j(j=1,2,\cdots,n)$ 为第 $j$ 种切割方式的重复次数;$c_j(j=1,2,\cdots,n)$ 为第 $j$ 种切割方式的成本;$a_{ij}$ 为第 $j$ 种切割方式切割出第 $i$ 种零件的数量。

引入松弛变量 $x_{n+1},x_{n+2},\cdots,x_{n+m}$,上述的切割下料问题可以转换为找到整数 $x_1,x_2,\cdots,x_{n+m}$ 满足下面的约束:

$$a_{i1}x_1+a_{i2}x_2+\cdots+a_{in}x_n=N_i, \quad i=1,2,\cdots,m \tag{2.3}$$

其中 　　　　　　　　$x_j \geqslant 0, \quad j=1,2,\cdots,n+m$

然而,有两个方面的问题可能使上述切割下料问题的规划不可行:一是当 $k$ 和 $m$ 是比较合理的大小时,$n$ 的数值会变得很大,可能使问题不可解;二是解必须为整数,解决方法是去掉整数约束的条件,初始选择 $m$ 个简单的切割方式,通过解决一个辅助问题来产生有用的新的切割方式,运用修正单纯形法求解,通过不断地迭代,最后将所得的解截取为整数。推迟列生成方法能有效地求解大规模的下料问题,但是仍然存在一些需要解决的问题:一方面得到的解需要舍入取整数;另一方面切割方式一般不少于 $m$ 种,给实际的生产带来困难。

**2. 启发式算法**

启发式算法是求解下料问题的一类重要算法。早期的启发式算法有下次适应(the next fit,NF)算法,首次适应(first fit,FF)算法、最佳适应(best fit,BF)算法和最坏适应(worst fit,WF)算法,以及改进后的最先适用(first fit decreasing,FFD)算法和最佳适用(best fit decreasing,BFD)算法等。这些经典的启发式算法理论性能较好,但在实际中单独使用的效果并不理想,一般与其他优化方法结合起来一起使用[11-13]。

具有代表性的是 Haessler 提出的一种求解下料优化问题的启发式算法[14,15]——顺序启发式算法(sequential heuristic procedure,SHP),在减少切割方式的改变的同时使得切割损失最小。这种顺序启发式算法为以后求解一维下料问题的启发式算法奠定了基本的框架。其具体的数学模型如下:

$$\min\left[C_1\sum_j T_jX_j+C_2\sum_j\delta(X_j)\right] \tag{2.4}$$

$$R_1 \leqslant \sum_j A_jX_j \leqslant R_u \tag{2.5}$$

式中:$C_1$ 为每英寸废料的成本;$C_2$ 为改变切割方式的成本;$R_1$ 和 $R_u$ 分别为零件需求

量的下界和上界;$T_j$ 为第 $j$ 种切割方式产生的废料长度;$X_j$ 为采用第 $j$ 种切割方式的原材料根数,$X_j \geqslant 0$ 且为整数;$A_j$ 为包含一组元素 $A_{ij}(i=1,2,\cdots,n)$ 的切割方式,$A_{ij}$ 表示从第 $j$ 种切割方式中产生的第 $i$ 种零件的数量;$X_j > 0$ 时,$\delta(X_j)=1$,$X_j$ 为其他值时,$\delta(X_j)=0$。

具体的算法步骤如下:

Step 1:设置初始参数和期望水平;

Step 2:寻找一种切割方式满足期望水平;

Step 3:若成功地找到一种切割方式满足期望水平,则转 Step 4;若寻找不成功,则降低期望水平,转 Step 2;

Step 4:尽可能多地重复该切割方式;

Step 5:所有零件需求都满足,算法停止;否则,转 Step 1。

启发式算法比较适用于零件的种类较多或者零件与原材料的长度差别比较大的情况。顺序启发式算法是模仿下料操作者制订下料方案时通常使用的做法,这种算法具有思想简洁明了、易于实现、计算速度快、整体节材效果较好的特点。但算法本身具有贪婪性质,下料过程中优先采用效果好的切割方式,可能会出现后面生成的切割方式材料利用率稍低、切割损失较大的情况。在启发式算法中求解出好的切割方案是求解一维下料问题的基础,也是关键的一步。很多文献中都采用 Pierce[16] 所采用的方法来求出所有的切割方式,进而根据实际情况来选取有效的切割方式。

### 3. 智能算法

遗传算法[17] 是解决一维下料问题常用的智能算法。遗传算法简单描述为:种群的繁殖进化过程中,会发生基因交叉(crossover)、基因突变(mutation),适应度(fitness)低的个体会逐步被淘汰,而适应度高的个体会越来越多;那么经过 $N$ 代的自然选择后,保存下来的个体都是适应度很高的,其中很可能包含适应度最高的那个个体。计算开始时,生成一定数目的个体,即种群随机地初始化,并计算每个个体的适应度函数,第一代也即初始代就产生了。如果不满足优化准则,就开始产生新一代的计算。为了产生下一代,按照适应度选择个体,父代要求基因重组而产生子代。所有的子代按一定概率变异。然后子代的适应度又被重新计算,子代被插入种群中将父代替换,构成新的一代。这一过程循环执行,直到满足优化准则为止。

遗传算法求解一维下料问题,一般分为两个大的步骤:首先,求解出最初的可行解。一种方法是求解出有效的切割方式,即哪几个零件组合使得一根原材料的余料最少。在不超过每种零件的需求量下,求出每种下料方式重复的次数。这样即可得到初始可行解。另一种方法是随机生成初始解,对不满足要求的解进行剔除。其次,设定遗传算法的各种参数,利用之前求出的切割方式和其重复次数建立初始解,开始遗传算法的求解。基于一维下料问题的特点,染色体的编码一般采用十进制编码,对于等长原材料情况可以采用如下方式编码:如已求出有效的切割方式有 $m$ 种,那么染色体就有 $m$ 个基因,第 $i$ 个基因的数值表示第 $i$ 种切割方式重复的次数。对于不等长原材料情况,可以采用变长编码。遗传算法的种群大小、交叉概率与变异概率的设置都对遗传算法的结果有影响,可以取种群大小为染色体长度的 2.5 倍[2],交叉概率与变异概率可以采用自适应型,这样可以进一步提高算法的优化能力和防止早熟现象的发生。

除了上述通用的遗传算法外,还有其他智能算法,如改进或者混合的遗传算法、粒子群优化算法、蚁群算法等。采用粒子群优化算法解决一维下料问题时,也需要解决编码问题,主要采用实数编码。此外,由于粒子群优化算法的收敛速度相对遗传算法来说较快,但是容易陷入局部最优解,因此,如何保证粒子群的多样性是改进粒子群优化算法效果的关键问题。常常结合遗传算法或者模拟退火算法来改进粒子群优化算法,从而保证粒子在迭代进化过程中的稳定性和多样性[8]。

# 2.2　型材下料问题的数学模型

建立数学模型是问题求解的第一步,数学模型的好坏直接关系到后续求解顺利与否,以及能否较好地解决问题。根据原材料规格情况,一维下料问题可以分为单一规格原材料下料问题与多规格原材料下料问题。而一维下料问题的数学模型,总结归纳起来可以分为两类:一类是以余料总长度最短为目标函数;另一类是以原材料消耗的总长度最短为目标函数。

## 2.2.1　单一规格原材料下料问题的数学模型

单一规格原材料的一维下料问题也称为标准一维下料问题(standard one-dimensional cutting stock problem,S1D-CSP)。问题具体描述为:设有足够多的长度为 $L$ 的某种原材料,现需要数量为 $d_i(i=1,2,\cdots,n)$ 的长度分别为 $l_i(i=1,2,\cdots,n)$ 的零件 $n$ 种,求解如何下料使得所用的原材料的数量最少或切割所得的废料最少[18]。其中 $L > \max\{l_i\}, i = 1,2,\cdots,n$。$X_j$ 为第 $j$ 种切割方式重复的次数,$A_{ij}$ 为第 $j$ 种切割方式切割得到的第 $i$ 种零件的数量。

**1. 以原材料消耗的根数最少为目标**

具体的数学模型如下:

$$\min\left(\sum_{j=1}^{P} X_j\right) \tag{2.6}$$

$$\sum_{j=1}^{P} A_{ij}X_j = d_i, \quad i = 1,2,\cdots,n \tag{2.7}$$

$$\sum_{i=1}^{n} A_{ij}l_j \leqslant L, \quad j = 1,2,\cdots,P \tag{2.8}$$

$$X_j \geqslant 0 \text{ 且为整数}, \quad j = 1,2,\cdots,P \tag{2.9}$$

**2. 以废料最少为目标**

具体的数学模型如下：

$$\min\left(\sum_{j=1}^{P} L X_j - \sum_{i=1}^{n} d_i l_i\right) \tag{2.10}$$

$$\sum_{j=1}^{P} A_{ij} X_j = d_i, \quad i = 1,2,\cdots,n \tag{2.11}$$

$$\sum_{i=1}^{n} A_{ij} l_j \leqslant L \tag{2.12}$$

$$X_j \geqslant 0 \text{ 且为整数}, \quad j = 1,2,\cdots,P \tag{2.13}$$

## 2.2.2　多规格原材料下料问题的数学模型

**1. 原材料长度大于零件长度**

多规格原材料的一维下料问题（one-dimensional multiple stock size cutting stock problem, 1DMSSCSP）具体描述为：有多种规格的原材料 $L_k(k=1,2,\cdots,K)$，每种规格的原材料的数量为 $D_k(k=1,2,\cdots,K)$，需要数量为 $d_i(i=1,2,\cdots,n)$ 的长度分别为 $l_i(i=1,2,\cdots,n)$ 的零件 $n$ 种，原材料能够满足切割需求，满足 $\min\{L_k\} > \max\{l_i\}$，$k=1,2,\cdots,K$，$i=1,2,\cdots,n$，求解如何下料使得所用的原材料的数量最少或切割所得的废料最少[6,19]。$X_{jk}$ 为第 $k$ 种原材料采用第 $j$ 种切割方式重复的次数，$X_{jk} \geqslant 0$ 且为整数；$A_{jk}^i$ 为第 $k$ 种原材料在第 $j$ 种切割方式下产生的第 $i$ 种零件的数量。

以消耗原材料的总长度最小为目标函数，具体的数学模型如下所示：

$$\min\left(\sum_{k=1}^{K} L_k \sum_{j=1}^{P} X_{jk}\right) \tag{2.14}$$

$$\sum_{j=1}^{P} X_{jk} \leqslant D_k, \quad k=1,2,\cdots,K \tag{2.15}$$

$$\sum_{k=1}^{K} \sum_{j=1}^{P} A_{jk}^i X_{jk} \geqslant d_i, \quad i=1,2,\cdots,n \tag{2.16}$$

$$\sum_{i=1}^{n} A_{jk}^i l_i \leqslant L_k, \quad k=1,2,\cdots,K, \quad j=1,2,\cdots,P \tag{2.17}$$

**2. 原材料长度小于零件长度**

上述数学模型考虑的是实际生产中常见的原材料长度大于零件长度的情况，在建筑业中还存在原材料长度小于零件长度的情况。问题具体可以描述为：有多种规格的原材料 $L_k(k=1,2,\cdots,K)$，每种规格的原材料的数量为 $D_k(k=1,2,\cdots,K)$，需要数量为 $d$ 的长度为 $l$ 的零件，原材料能够满足所有的零件需求，满足 $\max\{L_k\} > l$，$k=1,2,\cdots,K$，求解如何下料使得所用的原材料的总长度最小或切割所得的废料最少。$X_{jk}$ 为采用第 $j$ 种组合方式使用第 $k$ 种原材料的数量，$X_{jk} \geqslant 0$ 且为整数；$Y_j$ 为第 $j$ 种组合方式重复的次数；$A_j$ 为在第 $j$ 种组合方式下产生的零件的数量，显然 $A_j \geqslant 1$。

以消耗原材料的总长度最小为目标函数，具体的数学模型如下所示：

$$\min\Big[\sum_{j=1}^{P}Y_j\sum_{k=1}^{K}(L_kX_{jk})\Big] \tag{2.18}$$

$$\sum_{j=1}^{P}Y_jX_{jk}\leqslant D_k,\quad k=1,2,\cdots,K \tag{2.19}$$

$$\sum_{j=1}^{P}Y_jA_j=d \tag{2.20}$$

$$\sum_{k=1}^{K}L_kX_{jk}\geqslant l,\quad j=1,2,\cdots,P \tag{2.21}$$

# 2.3　型材下料问题的启发式算法

本节提出的启发式算法是一种随机搜索方法，它以建立的数学模型为评估条件，剔除不符合条件的解。对于单一规格原材料一维下料问题和多规格原材料一维下料问题，该算法均可以求解。

## 2.3.1　启发式求解算法

由于一维下料优化问题实际上就是最优切割方式的一个组合问题，所以算法的第一步就是求出所有可能的切割方式，然后在这些切割方式里面随机选择一种，在不超出零件需求量的情况下尽量多次重复该种切割方式，更新零件数量信息，继续随机选取切割方式，直至满足所有零件的需求量为止。判断所求出的解是不是符合约束条件，即只有一根原材料的余料长度大于最短零件长度，若是则记录该解，否则舍弃该解，这次循环结束；进入下次循环，恢复零件原始信息，进行新的求解，不断把求出的符合约束条件的新解与之前求出的解进行比较，记录较小的解。达到循环次数 $N$ 后，输出记录的最小解。

具体的操作步骤如下：

Step 1：输入原材料与零件信息，设定循环次数 $N$；

Step 2：计算出所有切割方式；

Step 3：设循环计数为 $a$，初始 $a=1$，$\text{temp}=L\sum_{i=1}^{n}d_i$；

Step 4：随机选取一种切割方式，尽可能多地重复此切割方式，更新零件信息；

Step 5：分以下三种情况：

Step 5.1　若所有零件都被切割完，且符合约束条件，记录这次结果为 fun，与 temp 做比较，较小者记为新的 temp，$a=a+1$，零件信息恢复为原信息，转 Step 4；

Step 5.2　若所有零件都被切割完，但是不符合约束条件，则 $a=a+1$，零件信息恢复为原信息，转 Step 4；

Step 5.3　若还有零件没有被切割完,转 Step 4。

Step 6:达到循环次数,算法结束,输出 temp。

上述算法流程如图 2-1 所示。

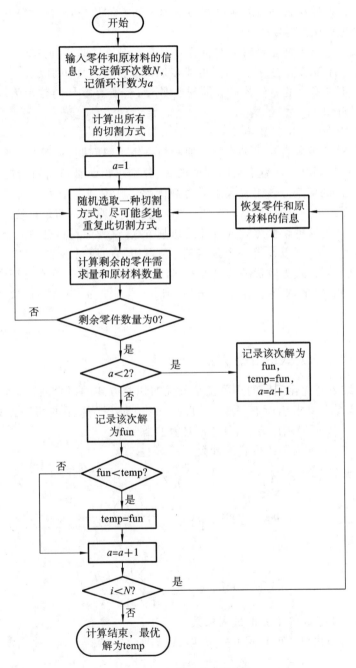

**图 2-1　启发式算法流程**

　　对于多规格原材料情况,把问题分为若干个单一规格原材料情况来求解,运用启发式算法求解多规格原材料一维下料问题的具体步骤如下:

　　Step 1:随机排列 $m$ 种原材料 $L_i(i=1,2,\cdots,m)$ 的顺序;

　　Step 2:按照原材料的排列顺序和当前剩余的零件数量,依次计算在每种单一原材料情况下的所有切割方案;

　　Step 3:挑选出每种原材料下的所有切割方案中较优的切割方式,在不超过原材料的数量和零件需求量的情况下,尽可能多地重复使用这种切割方式;

　　Step 4:更新剩余的零件数量和原材料数量,若所有零件的数量为零,则计算停止;否则,转 Step 2;

　　Step 5:所有较优的切割方式的组合即为最优解。

　　可以看出,启发式算法求解多规格原材料一维下料问题,实际上是把问题分解成若干个单一规格原材料一维下料问题来求解,分别求出每种原材料情况下的切割方案,挑选出较优的切割方式组合起来即为最优解。其中的一个关键问题是如何定义较优的切割方式,单一规格原材料一维下料问题中,当原材料的余料长度小于最短零件长度时,即认为这种切割方式为有效的切割方式,认为原材料已被完全切割。在多规格原材料情况下,可以设定一个预定值 $M$,当切割的原材料的余料长度小于该值时,即认为该切割方式为较优的切割方式;若在设定的 $M$ 值下找不出符合条件的解,则增大 $M$,一般 $M$ 的取值范围为 $[0,\min\{l_i\}]$,$i=1,2,\cdots,n$。$M$ 的初始值一般可以设为 $\frac{1}{2}\min\{l_i\}$,$i=1,2,\cdots,n$。

## 2.3.2　切割方式的计算方法

　　由于一维下料优化问题的实质就是最优的切割方式的组合问题,所以要解决一维下料问题,首先要求出所有可行的切割方式。本小节采用的切割方式的求法为1964 年 Pierce[16] 所采用的方法,具体的计算步骤如下:

　　Step 1:$p=1$,$p$ 为切割方式的计数。

$$A_{1p} = \min\left\{d_1,\langle\frac{L}{l_1}\rangle\right\} \tag{2.22}$$

$$A_{2p} = \min\left\{d_2,\langle\frac{(L-A_{1p}l_1)}{l_2}\rangle\right\} \tag{2.23}$$

$$\vdots$$

$$A_{np} = \min\left\{d_n,\langle\frac{(L-\sum\limits_{i=1}^{n-1}A_{ip}l_i)}{l_n}\rangle\right\} \tag{2.24}$$

其中,$\langle g\rangle$ 是指小于或等于 $g$ 的最大整数。

　　Step 2:可得出可行的切割方式 $p$ 为 $[A_{1p},A_{2p},\cdots,A_{np}]$。

　　Step 3:在切割方式 $p$ 中,若当 $1\leqslant i\leqslant n-1$ 时,有 $A_{ip}>0$,令 $k$ 为符合条件的最大的 $i$,转 Step 4;如果找不到这样的 $i$,则所有的可行的切割方式都已求出,算法结束。

Step 4：$p = p + 1$，$A_{1p} = A_{1(p-1)}$，$A_{2p} = A_{2(p-1)}$，$\cdots$，$A_{(k-1)p} = A_{(k-1)(p-1)}$，$A_{kp} = A_{k(p-1)} - 1$。

$$A_{(k+1)p} = \min\left\{d_{k+1}, \left\langle \frac{\left(L - \sum_{i=1}^{k} A_{ip}l_i\right)}{l_{k+1}} \right\rangle\right\}$$

$$\vdots$$

$$A_{np} = \min\left\{d_n, \left\langle \frac{\left(L - \sum_{i=1}^{n-1} A_{ip}l_i\right)}{l_n} \right\rangle\right\}$$

转 Step 2。

### 2.3.3　实例计算与分析

本小节所计算的例子均在主频为 2.52 GHz、内存为 2 GB 的计算机上完成。根据问题的规模不同，分别予以分析计算。其中例 2-1 和例 2-2 为单一规格原材料型材下料问题，例 2-3 为多规格原材料型材下料问题。

**1. 小规模下料问题**

王小东等[20]运用一种基于启发式多级序列线性优化思想的新算法，即在每一级求解时，利用搜索树法计算出当前可行的下料方式，在这些下料方式中选择最优的一种进行下料，不断重复此操作，直到所有的零件需求均满足为止；原问题的最优解就是各级优化问题所求得的最优下料方式的总和。下面例 1 中进行了计算对比。

**例 2-1**[20]　原材料长 3 m，原材料数量足够，零件信息如表 2-1 所示，求最优下料方案（不考虑切口损失）。

表 2-1　零件信息

| 零件类型 $j$ | 1 | 2 | 3 | 4 | 5 |
|---|---|---|---|---|---|
| 零件长度 $l_i$/m | 2.2 | 1.8 | 1.2 | 0.5 | 0.3 |
| 需求量 $d_i$/件 | 3 | 3 | 4 | 6 | 6 |

启发式多级序列线性优化方法计算结果如表 2-2 所示，遗传算法计算结果如表 2-3 所示，本书采用的启发式算法计算结果如表 2-4 和图 2-2 所示。

表 2-2　启发式多级序列线性优化方法计算结果

| 切割方式 | 零件类型 $j$ | | | | | 余料长度 /m | 原材料消耗根数 |
|---|---|---|---|---|---|---|---|
| | 1 | 2 | 3 | 4 | 5 | | |
| 1 | 0 | 1 | 0 | 0 | 4 | 0 | 1 |
| 2 | 0 | 0 | 0 | 6 | 0 | 0 | 1 |

续表

| 切割方式 | 零件类型 $j$ | | | | | 余料长度 /m | 原材料消耗根数 |
|---|---|---|---|---|---|---|---|
| | 1 | 2 | 3 | 4 | 5 | | |
| 3 | 0 | 1 | 1 | 0 | 0 | 0 | 2 |
| 4 | 1 | 0 | 0 | 0 | 2 | 0.2 | 1 |
| 5 | 0 | 0 | 2 | 0 | 0 | 0.6 | 1 |
| 6 | 1 | 0 | 0 | 0 | 0 | 0.8 | 2 |

表 2-3　遗传算法计算结果

| 切割方式 | 零件类型 | | | | | 余料长度 /m | 原材料消耗根数 |
|---|---|---|---|---|---|---|---|
| | 1 | 2 | 3 | 4 | 5 | | |
| 1 | 1 | 0 | 0 | 0 | 2 | 0.2 | 1 |
| 2 | 0 | 1 | 1 | 0 | 0 | 0 | 2 |
| 3 | 1 | 0 | 0 | 1 | 1 | 0 | 2 |
| 4 | 0 | 0 | 2 | 0 | 0 | 0 | 1 |
| 5 | 0 | 1 | 0 | 2 | 0 | 0 | 1 |
| 6 | 0 | 0 | 0 | 2 | 0 | 2.0 | 1 |

表 2-4　本书采用的启发式算法计算结果

| 切割方式 | 零件类型 | | | | | 余料长度 /m | 原材料消耗根数 |
|---|---|---|---|---|---|---|---|
| | 1 | 2 | 3 | 4 | 5 | | |
| 1 | 1 | 0 | 0 | 0 | 2 | 0.2 | 3 |
| 2 | 0 | 0 | 0 | 6 | 0 | 0 | 1 |
| 3 | 0 | 1 | 1 | 0 | 0 | 0 | 3 |
| 4 | 0 | 0 | 0 | 0 | 0 | 1.8 | 1 |

　　如图 2-2 所示,阴影部分为已切割的原材料,空白部分为余料。由表 2-2 至表2-4 中的计算结果可以看出,虽然本书采用的启发式算法和启发式多级序列线性优化方法[20]、遗传算法[21]均使用了 8 根原材料,但是启发式算法的最后一根原材料的余料长度为 1.8 m,可以供以后切割下料,其他已使用的原材料余料长度均小于0.3 m,而且使用的切割方式少。由于例 2-1 的问题比较简单,上述三种算法的对比不是很明显,当问题规模较大时,本书采用的启发式算法往往能在短时间内得出较好的解,而启发式多级序列线性优化方法和遗传算法的计算时间会比较长。

　　林健良[22]提出一种 AB 分类法,结合随机搜索算法和贪心算法来解决一维下料问题。设定一个余料的阈值 $T$,余料长度小于 $T$ 的原材料称为 A 类,其余的称为 B

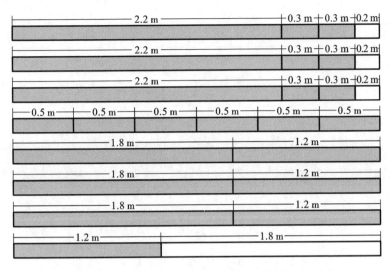

**图 2-2　本书采用的启发式算法计算结果示意图**

类。对属于 B 类的原材料随机重新安排切割方式,使其产生 A 类。如此重复,直到经过数次重新排列也无法产生 A 类,或者在理论上使得耗用原材料的数量最少为止。下面例 2-2 进行了实际的计算对比。

**例 2-2**[22]　原材料长度 $L=1000$ m,所需要切割的零件类型和数量如表 2-5 所示,不考虑切割损失,求最优下料方案。

**表 2-5　零件类型及数量**

| 零件类型 $j$ | 1 | 2 | 3 | 4 | 5 |
|---|---|---|---|---|---|
| 零件长度 $l_i$/m | 512 | 321 | 128 | 247 | 290 |
| 零件数量 $d_i$/件 | 5 | 12 | 8 | 22 | 6 |

AB 分类法计算结果如表 2-6 所示,本书所采用的启发式算法计算结果如表 2-7 所示。

**表 2-6　AB 分类法计算结果**

| 原料序号 | $l_1$ | $l_2$ | $l_3$ | $l_4$ | $l_5$ | 余料长/m | 利用率/(%) |
|---|---|---|---|---|---|---|---|
| 1 | 0 | 1 | 1 | 2 | 0 | 57 | 94.3 |
| 2 | 1 | 0 | 1 | 1 | 0 | 113 | 98.7 |
| 3 | 0 | 1 | 1 | 1 | 0 | 14 | 98.6 |
| 4 | 0 | 1 | 1 | 1 | 1 | 14 | 98.6 |
| 5 | 1 | 1 | 1 | 0 | 0 | 39 | 96.1 |
| 6 | 0 | 0 | 1 | 2 | 1 | 88 | 91.2 |
| 7 | 0 | 0 | 0 | 4 | 0 | 12 | 98.8 |

| 原料序号 | $l_1$ | $l_2$ | $l_3$ | $l_4$ | $l_5$ | 余料长/m | 利用率/(%) |
|---|---|---|---|---|---|---|---|
| 8 | 0 | 1 | 1 | 2 | 0 | 57 | 94.3 |
| 9 | 0 | 2 | 0 | 1 | 0 | 111 | 88.9 |
| 10 | 1 | 0 | 2 | 0 | 1 | 70 | 93.0 |
| 11 | 0 | 0 | 0 | 2 | 1 | 216 | 78.4 |
| 12 | 0 | 0 | 0 | 1 | 1 | 142 | 85.8 |
| 13 | 0 | 1 | 0 | 2 | 0 | 185 | 81.5 |
| 14 | 0 | 1 | 0 | 2 | 0 | 185 | 81.5 |
| 15 | 1 | 0 | 0 | 0 | 0 | 241 | 75.9 |
| 16 | 1 | 1 | 0 | 0 | 0 | 167 | 83.3 |
| 17 | 0 | 1 | 0 | 0 | 0 | 679 | 32.1 |

表 2-7　本书所采用的启发式算法计算结果

| 每种切割方式的重复次数 | $l_1$ | $l_2$ | $l_3$ | $l_4$ | $l_5$ | 余料长度/m |
|---|---|---|---|---|---|---|
| 5 | 0 | 0 | 0 | 4 | 0 | 12 |
| 5 | 1 | 0 | 1 | 0 | 1 | 70 |
| 1 | 0 | 0 | 0 | 2 | 3 | 122 |
| 1 | 0 | 2 | 0 | 0 | 0 | 68 |
| 3 | 0 | 3 | 0 | 0 | 0 | 37 |
| 1 | 0 | 1 | 0 | 0 | 0 | 679 |

由计算结果可以看出,若所有余料均计为废料,则本书所采用的启发式算法总共使用 16 根原材料,对原材料的利用率为 91.3%,AB 分类法使用了 17 根原材料,对原材料的利用率为 85.9%;且从表 2-6 可以看出,AB 分类法的计算结果中有 7 根原材料的余料长度是大于最短零件长度的,而且余料长短不一,虽然可以以后再用于下料,但仍然是一种浪费;而本书所采用的启发式算法只有一根原材料的余料长于最短零件长度,而且长度较大,方便以后切割下料。

李元香等[23]运用演化算法求解多规格原材料一维下料问题。演化算法是一类模拟自然界遗传进化规律的仿生学算法,遗传算法是其中的一个分支。演化算法不仅效率较高而且具有简单、易于操作和通用的特性。采用变长编码来解决问题,考虑切割方式数量庞大,因此只选择一部分切割方式来求解,如选取 $C_i$ 种切割方式进行编码,那么一种切割方式的编码方式实际上是一个矩阵的形式,具体可以表示为

$$S = \{[(a_{11}^1, \cdots, a_{1n}^1), \cdots, (a_{c_1 1}^1, \cdots, a_{c_1 n}^1)], \cdots, [(a_{11}^m, \cdots, a_{1n}^m), \cdots, (a_{c_m 1}^m, \cdots, a_{c_m n}^m)]\}$$

当 $C_i = 0$ 时, 编码中 $[(a_{11}^1, \cdots, a_{1n}^1), \cdots, (a_{c_i 1}^1, \cdots, a_{c_i n}^1)]$ 这个基因片段不存在, 即没有采用这种切割方式。

**例 2-3**　原材料的长度 $H_1 \sim H_5$ 分别为 320 m、340 m、360 m、380 m、400 m, 每种原材料的根数分别为 30、40、50、40、30。所需零件的长度 $l_1 \sim l_4$ 为 35 m、52 m、71 m、97 m, 需求量分别为 $d_1 = 100, d_2 = 80, d_3 = 50, d_4 = 100$。试求最优下料方案。

基于变长编码的求解一维下料问题的演化算法(VEA)求解结果如表 2-8 所示。

表 2-8　VEA 求解结果[23]

| 所选的原材料 | | 每根原材料截取的零件根数 | | | | 余料长度/m |
|---|---|---|---|---|---|---|
| 长度 | 根数 | $l_1$ | $l_2$ | $l_3$ | $l_4$ | |
| $H_2$ | 25 | 4 | 0 | 0 | 2 | 6 |
| $H_2$ | 15 | 0 | 0 | 2 | 2 | 4 |
| $H_4$ | 20 | 0 | 4 | 1 | 1 | 24 |
| 每种零件的需求量/件 | | 100 | 80 | 50 | 100 | |

本书所采用的启发式算法计算过程如下:

(1) 随机排列原材料顺序为: $H_2, H_5, H_3, H_1, H_4$。

(2) 计算 $H_2 = 340$ m 的切割方案, 此时零件数量为例子中的最初数量, 得到下料方案, 选择其中较优的切割方式, 在不超过原材料数量和零件需求量的情况下, 尽可能多地重复该种切割方式, 如表 2-9 所示。

表 2-9　长度为 $H_2 = 340$ m 的原材料选取的切割方式

| 原材料种类 | 原材料根数 | $l_1$ | $l_2$ | $l_3$ | $l_4$ | 余料长度/m |
|---|---|---|---|---|---|---|
| $H_2$ | 20 | 1 | 4 | 0 | 1 | 0 |

(3) 计算剩余的零件数量和原材料数量。可知剩余零件种类及数量为 97 m 的 80 根, 71 m 的 50 根, 35 m 的 80 根, 52 m 的零件已经全部切割完成。原材料 $H_2$ 数量为 20 根。

(4) 计算 $H_5 = 400$ m 的切割方案, 总共消耗 36 根该种原材料, 所有零件均可以切割完成, 如表 2-10 所示。

表 2-10　长度为 $H_5 = 400$ m 的原材料的切割方案

| 原材料种类 | 原材料根数 | $l_1$ | $l_2$ | $l_3$ | $l_4$ | 余料长度/m |
|---|---|---|---|---|---|---|
| $H_5$ | 26 | 1 | 1 | 0 | 3 | 3 |
| $H_5$ | 4 | 1 | 0 | 5 | 0 | 10 |
| $H_5$ | 4 | 11 | 0 | 0 | 0 | 15 |
| $H_5$ | 1 | 0 | 0 | 1 | 2 | 100 |
| $H_5$ | 1 | 5 | 0 | 3 | 0 | 12 |

本书所采用的启发式算法的计算结果如表 2-11 所示。

**表 2-11　本书所采用的启发式算法的计算结果**

| 所选的原材料 | | 每根原材料截取的零件根数 | | | | 余料长度/m |
|---|---|---|---|---|---|---|
| 长度 | 根数 | $l_1$ | $l_2$ | $l_3$ | $l_4$ | |
| $H_2$ | 20 | 1 | 4 | 0 | 1 | 0 |
| $H_5$ | 26 | 1 | 1 | 0 | 3 | 3 |
| $H_5$ | 4 | 1 | 0 | 5 | 0 | 10 |
| $H_5$ | 4 | 11 | 0 | 0 | 0 | 15 |
| $H_5$ | 1 | 1 | 0 | 1 | 0 | 100 |
| $H_5$ | 1 | 5 | 0 | 3 | 0 | 12 |
| 每种零件的需求量/件 | | 100 | 80 | 50 | 100 | — |

计算可知表 2-8 中总共消耗原材料的长度为 21200 m,表 2-11 中总共消耗原材长度为 21200 m,原材料的利用率达到 97.2%,而且从表 2-11 中可以看出最后一根原材料的余料长度为 100 m,余料还可以用于以后下料。计算结果表明本书所采用的算法是可行的。

启发式算法由于具有随机的特点,所以每次的结果可能会不同,但是能够搜索到较好的近似最优解,并且计算时间短。对于零件种类较多的情况,为了便于实际的下料,一般分批下料,每批的零件种类不超过 5 种,便于零件的分类管理,减少人工消耗。在这种情况下,采用启发式算法分批对零件进行下料优化,往往能够得到近似最优解。

**2. 大规模下料问题**

当零件的种类数较多,且零件的长度远远小于原材料的长度时,切割方式会剧增。例如,原材料长度为 1000 m,零件共有 10 种,零件长度如表 2-12 所示。

**表 2-12　零件长度**

| $j$ | 1 | 2 | 3 | 4 | 5 | 6 | 7 | 8 | 9 | 10 |
|---|---|---|---|---|---|---|---|---|---|---|
| $l_i$/m | 112 | 86 | 128 | 74 | 190 | 245 | 236 | 90 | 136 | 164 |

计算出来可能的切割方式有 23901 种,因此在这种情况下使用启发式算法进行一次下料优化会耗费大量时间,甚至得不出解,可以考虑分批次下料优化,如对上述问题可以分 2~3 批下料。

由上述例子可以看出,本书所采用的启发式算法结构简明,易于编程实现,而且由实例计算证明算法的结果较优。相比于之前的启发式多级序列线性优化方法少了每级的一次切割方式的计算,本书所采用的算法在最初计算出所有的切割方式,少了重复的计算,节约了计算时间,提高了效率。相比于 AB 分类法[22]少了对原材料切割方式不同结果的分类,本书所采用的启发式算法减少了计算的复杂性。启发式算法结构较为简单明晰,计算时间也较短,由于数学模型的选择考虑到要求选择的切割方式为有效的切割方式,而且要保证最后一根余料长度最长,因此其在计算的结果上也有较优的表现。

以上都是考虑原材料长度大于零件长度的情况,实际的生产中还存在原材料长度小于零件长度的情况,在这里只考虑原材料为多种规格、零件为单一规格的情况,即多种规格的原材料需要焊接成某一长度的零件,使得消耗的原材料总长度最小,具体数学模型在 2.2.2 小节中已经给出。那么这一类多规格原材料问题实际上可以转化为上述的单一规格原材料切割下料问题。问题的解决方法首先仍然是计算出所有可行的切割方式,选择有效的切割方式,在不超过原材料数量的情况下,尽可能多地重复选择的切割方式,把余料长度尽可能集中在最后一根原材料上。

**例 2-4**　现有 4 种规格的原材料,长度分别为 6 m、8 m、10 m、12 m,数量分别为200 件、500 件、400 件、100 件,要焊接成 50 m 的零件 200 根,不考虑焊接损失。

首先把例 2-4 转化为原材料长度大于零件长度的单一规格原材料一维下料问题,即原材料长为 50 m,数量为 200 根,现需要切割为一批零件,长度分别为 6 m、8 m、10 m、12 m,数量分别为 200 件、500 件、400 件、100 件,不考虑切割损失。

按照上述的启发式算法求解,计算的结果有两个较优解,如表 2-13 所示。

**表 2-13　启发式算法的计算结果**

| 切割方式号码 | 切割方式重复次数 | 零件类型 | | | | 切割方式的余料长度/m |
|:---:|:---:|:---:|:---:|:---:|:---:|:---:|
| | | 12 m | 10 m | 8 m | 6 m | |
| 9 | 50 | 2 | 1 | 2 | 0 | 0 |
| 94 | 50 | 0 | 2 | 0 | 4 | 6 |
| 85 | 125 | 0 | 2 | 3 | 0 | 6 |
| 123 | 4 | 0 | 0 | 6 | 0 | 2 |
| 148 | 1 | 0 | 0 | 1 | 0 | 42 |
| 31 | 100 | 1 | 2 | 1 | 1 | 4 |
| 130 | 25 | 0 | 0 | 3 | 4 | 2 |
| 85 | 100 | 0 | 2 | 3 | 0 | 6 |
| 123 | 4 | 0 | 0 | 6 | 0 | 2 |
| 148 | 1 | 0 | 0 | 1 | 0 | 42 |

由于 50 m 的"原材料"只有 200 根,故选择切割方式的重复次数总和应为 200。为了方便切割下料,应尽量选择少量的切割方式,因此选择表 2-13 中两个重复次数为 100 的切割方式,即(1,2,1,1,4)和(0,2,3,0,6),其中切割方式中的最后一个数值表示该切割方式产生的余料长度。可知消耗的原材料的总长度为 9000 m,每种原材料的消耗情况具体如表 2-14 所示。

**表 2-14　每种原材料的消耗情况**

| 切割方式号码 | 原材料种类 | | | | 切割方式重复次数 |
|---|---|---|---|---|---|
| | 12 m | 10 m | 8 m | 6 m | |
| 31 | 1 | 2 | 1 | 1 | 100 |
| 85 | 0 | 2 | 3 | 0 | 100 |
| 原材料消耗根数 | 100 | 400 | 400 | 100 | |

# 2.4　型材下料问题的遗传算法

## 2.4.1　定长编码的遗传算法

由 2.3 节可知,当零件长度与原材料长度相差较大,零件和原材料的数量较多时,切割方式数量会剧增,使得搜索到较优的切割方式变得很困难甚至不可行,这就使得启发式算法的计算效率变得低下。

遗传算法按照并行的方式搜索一个种群数目的点,而不是单点。由于遗传算法采用种群的方式进行群体搜索,因此可以同时搜索解空间的多个区域,并且进行信息的相互交流。使用遗传算法每次执行与种群规模 $N$ 成比例的计算,实质上是进行了大约 $O(N^3)$ 次有效的搜索,这种特性使得遗传算法的搜索效率较高。

本节采用遗传算法研究大规模一维下料问题,考虑到一维下料问题的实际情况,提出一种定长的实数编码机制,对单一规格原材料和多规格原材料的一维下料问题均适用。具体的操作步骤如下:

Step 1:适应度函数的设置。适应度函数设置为原材料的利用率,计算公式为

$$F(x) = \frac{\sum_{i=1}^{n} l_i d_i}{\sum_{k=1}^{K} L_k \sum_{j=1}^{P} X_{jk}} \tag{2.25}$$

Step 2:编码策略。对所有原材料进行编号,记为 $1, 2, \cdots, \sum_{k=1}^{K} D_k$;同样地,对所有零件进行编号,记为 $1, 2, \cdots, \sum_{i=1}^{n} d_i$。随机从这 $\sum_{k=1}^{K} D_k$ 个数字中选取 $\sum_{i=1}^{K} d_i$ 个数字来构成个体的染色体编码,如 $(3, 5, 2, \cdots, 3)$ 就为一个个体的染色体编码,表示为第 1 号零件排在第 3 号原材料上,第 2 号零件排在第 5 号原材料上,第 3 号零件排在第 2 号原材料上,$\cdots$,第 $\sum_{i=1}^{n} d_i$ 号零件排在第 3 号原材料上。

Step 3:种群的初始化:随机生成 $N$ 个个体为初始种群。

Step 4：选择算子：采用按比例选择的轮盘赌方式。

Step 5：基本参数的设置。

（1）交叉算子：采用多点交叉中的双点交叉，随机选取染色体中的两个点，两点之间的基因片段不变化，交叉两端的基因片段。设定交叉概率为 0.8。

（2）变异算子：设定变异概率为 0.1。

（3）种群规模设为 $N=50$，进化代数设为 $100\sim500$。

可以看出，初始种群中个体可能会出现不可行解，即当计算出某一个个体的适应度值大于 1 时，就表明在某一根或者若干根原材料上所排零件总长度大于原材料的长度，但是这些不可行解中可能包含有较优的基因片段，不能完全剔除，因此需要对这样的个体设置惩罚策略，具体的方法如下：

$$F'(x) = \frac{1}{100F(x)}$$

其中 $F(x)$ 为原来的适应度值，$F'(x)$ 为调整后的适应度值。

## 2.4.2　实例计算与分析

### 1. 小规模下料问题的遗传算法

对于小规模下料问题，采用例 2-2 作为算例进行计算，可得到如表 2-15 所示结果。从计算结果可以看出，遗传算法具有良好的计算效果，总的原材料利用率达到 97.4%。

表 2-15　遗传算法求解例 2 的计算结果

| 序号 | 原材料长度/m | 零件长度/m | 零件数量 | 原材料利用率 |
|---|---|---|---|---|
| 1 | 1000 | 321 | 3 | 96.30% |
| 2 | 1000 | 128 | 1 | 99.80% |
|  |  | 290 | 3 |  |
| 3 | 1000 | 247 | 4 | 98.80% |
|  |  | 512 | 1 |  |
| 4 | 1000 | 321 | 1 | 96.10% |
|  |  | 128 | 1 |  |
| 5 | 1000 | 128 | 1 | 99.80% |
|  |  | 290 | 3 |  |
|  |  | 512 | 1 |  |
| 6 | 1000 | 321 | 1 | 96.10% |
|  |  | 128 | 1 |  |
| 7 | 1000 | 247 | 4 | 98.80% |
|  |  | 512 | 1 |  |
| 8 | 1000 | 321 | 1 | 96.10% |
|  |  | 128 | 1 |  |

| 序号 | 原材料长度/m | 零件长度/m | 零件数量 | 原材料利用率 |
|---|---|---|---|---|
| 9 | 1000 | 247 | 4 | 98.80% |
| | | 512 | 1 | |
| 10 | 1000 | 321 | 1 | 96.10% |
| | | 128 | 1 | |
| 11 | 1000 | 247 | 4 | 98.80% |
| | | 512 | 1 | |
| 12 | 1000 | 321 | 1 | 96.10% |
| | | 128 | 1 | |
| 13 | 1000 | 247 | 4 | 98.80% |
| 14 | 1000 | 321 | 3 | 96.30% |
| | | 321 | 1 | |
| 15 | 1000 | 128 | 1 | 94.30% |
| | | 247 | 2 | |

### 2. 大规模一维下料问题的遗传算法

大规模一维下料问题中,零件的数目成千上万,那么前文所述启发式算法在这种情况下虽然可以通过分批计算得到满意的解,但是由于此时的切割方式可能会上万,造成算法停滞不前,在有限的时间内计算不出结果,因此对于大规模一维下料问题,同样采用了遗传算法来进行求解。具体的零件信息和原材料信息分别如表 2-16 和表 2-17 所示。

表 2-16　零件信息

| 零件编号 | 零件长度/mm | 零件数量 |
|---|---|---|
| H-D121 | 280 | 160 |
| H-D108 | 250 | 80 |
| 2035 | 500 | 100 |
| 2603 | 400 | 240 |
| 2286 | 560 | 300 |
| 2141 | 286 | 260 |
| H-D131 | 430 | 20 |
| H-2312 | 415 | 30 |
| 2111 | 257 | 200 |

续表

| 零 件 编 号 | 零件长度/mm | 零 件 数 量 |
|---|---|---|
| 2137 | 425 | 22 |
| 03591 | 660 | 50 |
| 3156 | 180 | 200 |

表 2-17　原材料信息

| 方管原材料规格<br>（高(mm)×宽(mm)×壁厚(mm)×代号） | 原材料长度/mm | 原材料数量 |
|---|---|---|
| 50×50×5×4 | 4000 | 50 |
| 50×50×5×6 | 6000 | 50 |
| 50×50×5×8 | 8000 | 60 |
| 50×50×5×12 | 12000 | 200 |
| 50×50×5×15 | 15000 | 200 |

通过计算，得出该例子的切割方式有 1227276 种，可见在这种大规模情况下，启发式算法是不可行的，即使分批下料，得到的结果也不太好，不能很好地提高原材料的利用率。

采用上述的遗传算法得到原材料总的利用率为 99.49%，具体的计算结果如表 2-18 所示。而目前实际的一维下料大部分依靠人工经验来切割，对原材料的利用率一般不会超过 90%，因此对于大批量零件的一维下料问题，运用遗传算法能够显著提高利用率，是有实际意义的。

表 2-18　遗传算法计算结果

| 序号 | 原材料长度/mm | 零件长度/mm | 零件数量 | 原材料利用率 | 序号 | 原材料长度/mm | 零件长度/mm | 零件数量 | 原材料利用率 |
|---|---|---|---|---|---|---|---|---|---|
| 1 | 12000 | 180<br>280 | 1<br>42 | 99.50% | 7 | 12000 | 425<br>430 | 22<br>6 | 99.42% |
| 2 | 6000 | 660 | 9 | 99.00% | 8 | 6000 | 415<br>180 | 14<br>1 | 99.83% |
| 3 | 15000 | 257 | 58 | 99.37% | | | | | |
| 4 | 8000 | 250 | 32 | 100% | 9 | 15000 | 180<br>400 | 1<br>37 | 99.87% |
| 5 | 12000 | 180<br>280 | 1<br>42 | 99.50% | | | | | |
| | | | | | 10 | 12000 | 660 | 18 | 99.00% |
| 6 | 12000 | 500 | 24 | 100% | 11 | 15000 | 257 | 58 | 99.37% |

| 序号 | 原材料长度/mm | 零件长度/mm | 零件数量 | 原材料利用率 | 序号 | 原材料长度/mm | 零件长度/mm | 零件数量 | 原材料利用率 |
|---|---|---|---|---|---|---|---|---|---|
| 12 | 6000 | 250 | 24 | 100% | 29 | 12000 | 180 | 1 | 99.22% |
| 13 | 6000 | 400 | 15 | 100% | | | 286 | 41 | |
| 14 | 12000 | 180 | 1 | 99.50% | 30 | 12000 | 500 | 24 | 100% |
| | | 280 | 42 | | 31 | 12000 | 257 | 44 | 98.90% |
| 15 | 15000 | 415 | 16 | 99.65% | | | 560 | 1 | |
| | | 430 | 14 | | 32 | 12000 | 400 | 30 | 100% |
| | | 286 | 8 | | 33 | 6000 | 180 | 1 | 98.33% |
| 16 | 12000 | 180 | 1 | 99.50% | | | 286 | 20 | |
| | | 560 | 21 | | 34 | 15000 | 500 | 10 | 99.47% |
| 17 | 15000 | 257 | 1 | 99.71% | | | 400 | 1 | |
| | | 660 | 22 | | | | 560 | 17 | |
| | | 180 | 1 | | 35 | 12000 | 180 | 1 | 99.22% |
| 18 | 8000 | 400 | 20 | 100% | | | 286 | 41 | |
| 19 | 15000 | 280 | 1 | 98.93% | 36 | 15000 | 400 | 1 | 99.73% |
| | | 560 | 26 | | | | 560 | 26 | |
| 20 | 12000 | 286 | 41 | 99.80% | 37 | 4000 | 180 | 1 | 97.45% |
| | | 250 | 1 | | | | 286 | 13 | |
| 21 | 6000 | 500 | 12 | 100% | 38 | 15000 | 400 | 1 | 99.73% |
| 22 | 8000 | 257 | 8 | 99.83% | | | 560 | 26 | |
| | | 180 | 1 | | 39 | 15000 | 286 | 52 | 99.15% |
| | | 250 | 23 | | 40 | 12000 | 180 | 66 | 99.00% |
| 23 | 8000 | 400 | 20 | 100% | 41 | 15000 | 400 | 1 | 99.73% |
| 24 | 15000 | 660 | 1 | 99.61% | | | 560 | 26 | |
| | | 180 | 1 | | 42 | 4000 | 180 | 1 | 97.45% |
| | | 286 | 17 | | | | 286 | 13 | |
| | | 280 | 33 | | 43 | 4000 | 560 | 7 | 98.00% |
| 25 | 15000 | 500 | 30 | 100% | 44 | 8000 | 400 | 20 | 100% |
| 26 | 8000 | 257 | 31 | 99.59% | 45 | 8000 | 180 | 22 | 99.55% |
| 27 | 8000 | 560 | 14 | 98.00% | | | 286 | 14 | |
| 28 | 12000 | 400 | 30 | 100% | | | | | |

续表

| 序号 | 原材料长度/mm | 零件长度/mm | 零件数量 | 原材料利用率 | 序号 | 原材料长度/mm | 零件长度/mm | 零件数量 | 原材料利用率 |
|---|---|---|---|---|---|---|---|---|---|
| 46 | 12000 | 180<br>560 | 1<br>21 | 99.50% | 53 | 12000 | 180<br>560 | 1<br>21 | 99.50% |
| 47 | 12000 | 400 | 30 | 100% | 54 | 6000 | 180<br>560 | 2<br>10 | 99.33% |
| 48 | 12000 | 180<br>560 | 1<br>21 | 99.50% | 55 | 6000 | 180<br>560 | 2<br>10 | 99.33% |
| 49 | 15000 | 180<br>400<br>560 | 1<br>34<br>2 | 99.33% | 56 | 12000 | 180<br>560 | 1<br>21 | 99.50% |
| 50 | 4000 | 560 | 7 | 98.00% | 57 | 6000 | 180<br>560 | 22<br>2 | 100% |
| 51 | 12000 | 180 | 66 | 99.00% | | | | | |
| 52 | 12000 | 180<br>560 | 1<br>21 | 99.50% | | | | | |

# 2.5　本章小结

　　本章研究金属结构件制造中的型材下料优化问题。首先根据原材料的类型将型材下料问题分为单一规格原材料一维下料问题和多规格原材料一维下料问题,并针对原材料长度大于零件长度的情况,分别采用了不同的求解方法解决小规模下料和大规模下料问题。此外还考虑了实际生产中存在的原材料长度小于零件长度的情况,并予以分析和计算。针对小规模一维下料问题利用启发式算法求解:首先计算出所有可行的切割方式,然后根据约束条件搜索出有效的切割方式,并保证最后一根原材料的余料长度最长,最后组合这些有效的切割方式即为问题的解。针对大规模一维下料问题运用遗传算法求解:设计基于定长的实数编码,对不符合约束条件的个体提出一种惩罚策略,保证了最后所得解的可行性,取得了较好的优化效果。

## 本章参考文献

[1]　GRADIŠARM,RESINOVIČG,KLJAJIĆM. Evaluation of algorithms for one-dimensional cutting[J]. Computers & Operations Research,2002,29(9):1207-1220.

[2]   SHAHIN A A, SALEM O M. Using genetic algorithms in solving the one-dimensional cutting stock problem in the construction industry[J]. Canadian Journal of Civil Engineering, 2004, 31:321-332.

[3]   JAHROMI M, TAVAKKOLI-MOGHADDAM R, GIVAKI E, et al. A simulated annealing approach for a standard one-dimensional cutting stock problem[J]. International Journal of Academic Research, 2011, 3(1):353-358.

[4]   吴正佳,张利平,王魁. 蚁群算法在一维下料优化问题中的应用[J]. 机械科学与技术, 2008, 27(12):1681-1684.

[5]   YANG C-T, SUNGT-C, WENG W-C. An improved tabu search approach with mixed objective function for one-dimensional cutting stock problems [J]. Advances in Engineering Software, 2006, 37 (8):502-513.

[6]   ARAUJOS A, CONSTANTINOA A, POLDIK C. An evolutionary algorithm for the one-dimensional cutting stock problem[J]. International Transactions in Operational Research, 2010, 18(1):115-127.

[7]   吴迪,李长荣,宋广军. 基于蜂群遗传算法的一维优化下料问题[J]. 计算机技术与发展, 2010, 20(10):82-85.

[8]   齐季. 一种改进的粒子群优化算法在工业下料问题的应用[D]. 长春:吉林大学, 2011.

[9]   GILMORE P C, GOMORY R E. A linear programming approach to the cutting-stock problem[J]. Operations Research, 1961, 9(6):849-859.

[10]   GILMORE P C, GOMORY R E. A linear programming approach to the cutting-stock problem—part II[J]. Operations Research, 1963, 11(6):863-888.

[11]   刘蓉. 一维下料问题的一种启发式算法及其应用[D]. 合肥:合肥工业大学, 2006.

[12]   DIKILI A C, TAKINACI A C, PEK N A. A new heuristic approach to one-dimensional stock-cutting problemswith multiple stock lengths in ship production[J]. Ocean Engineering, 2008, 35(7):637-645.

[13]   CUI Y, YANG Y. A heuristic for the one-dimensional cutting stock problem with usable leftover[J]. European Journal of Operational Research, 2010, 204(2):245-250.

[14]   HAESSLER R W. A heuristic programming solution to a nonlinear cutting stock problem[J]. Management Science, 1971, 17(12):793-802.

[15]   HAESSLER R W. Controlling cutting pattern changes in one-dimensional trim problems[J]. Operations Research, 1975, 23 (3):483-493.

[16]   PIERCE J F. Some large-scale production scheduling problems in the paper industry[M]. Englewood Cliffs, N. J.:Prentice-Hall, 1964.

[17]　王小平,曹立明.遗传算法——理论、应用与软件实现[M].西安:西安交通大学出版社,2002.

[18]　HINXMANA L. The trim-loss and assortment problem: a survey [J]. European Journal of Operational Research,1980,5(1):8-18.

[19]　SALEM O, SHAHIN A, KHALIFA Y. Minimizing cutting wastes of reinforcement steel bars using genetic algorithms and integer programming models[J]. Journal of Construction Engineering and Management,2007,133 (12).

[20]　王小东,李刚,欧宗瑛.一维下料优化的一种新算法[J].大连理工大学学报, 2004,44(3):407-411.

[21]　贾志新,殷富强,胡晓兵,等.一维下料方案的遗传算法优化[J].西安交通大学学报,2002,36(9):967-970.

[22]　林健良.一维下料问题的 AB 分类法[J].计算机应用,2009,29(5): 1461-1466.

[23]　李元香,张进波,徐静雯,等.基于变长编码求解一维下料问题的演化算法[J].武汉大学学报(理工版),2001,47(3):289-293.

# 第3章  钢板切割下料规划

所谓钢板切割下料规划,即针对下料任务安排下料计划(包括零件计划与钢板计划),以满足材料优化利用、提升下料生产效率等生产优化目标。本章主要研究钢板切割下料规划中的三个子问题:下料零件分组优化、套料规划、钢板规格优化。

## 3.1  下料零件分组优化

目前,在计算机技术和网络技术的支持下,越来越多的下料企业将多个订单或多个下料任务集中到一起下料。因此,大规模集成下料也成为一种新的下料模式。采用集成下料具有以下几个优点:首先,实现集成下料能够降低企业的采购成本,企业可以以更低的价格采购大批量的原材料;其次,随着零件种类的增加,零件排料组合方式也会增多,从而得到更高的材料利用率;最后,在集成下料的方式下,企业可以建立独立的采购、排料、切割等部门,在企业信息系统的支持下实现下料任务的统一调度和监控,从而方便企业对物料的统一管理与成本控制。因此,集成下料成为金属结构件生产企业的主客观需要。

然而,集成下料在给企业带来更多经济效益的同时,也在排料算法和调度算法的求解方面造成了困难,使得传统的排料和调度优化算法在处理多任务混合下料时面临更多的挑战。尤其是排料问题属于 NP 问题,随着零件种类和数量的增加,求解该问题的难度呈指数级增长。特别是排料效率与材料利用率的矛盾越来越突出。另外,金属结构件生产不只包括下料这一个生产环节,还包括机械加工、成形加工及焊合加工,并且存在有的零件加工工艺长,有的零件加工工艺短的情况,如果把所有产品待下料零件放在一起下料,势必会造成齐套性差、在制品数量大等问题。若将零件按某种特征分成若干个小组,然后采用相应的排料算法或排料软件对每一小组的零件进行排料优化,则可大大减小该矛盾,即下料零件分组可成为集成下料模式下的重要方法。

下料零件分组优化的基本思想是"分而治之",利用成组技术按照一定的准则对产品零部件进行分类成组[1]。

### 3.1.1  按工艺相似性对下料零件分组

首先将待下料零件按零件材质与厚度进行第一次分组。同一组零件必须是同种材料,且具有相同厚度,才能保证同一组的零部件在优化排料时可放在同一张钢板上排料。然后针对每一小组零件按工艺相似性进行分组。

将所有待下料零件根据产品结构及其加工工艺进行综合分析,进而得到一种综合描述零部件的产品结构和工艺信息的结构化模型,并定义该模型为产品结构信息树。如图 3-1 所示,某产品结构件 P 由子部件 $P_1$、$P_2$、$P_3$ 和 $P_4$ 组成,子部件 $P_1$ 由零件 $P_{11}$、$P_{12}$ 和 $P_{13}$ 组成,零件 $P_{11}$ 经过 $W_1$、$W_2$ 和 $W_3$ 等三道加工工序加工完成,以此类推。其中 $W_1$ 代表下料工序,$W_2$ 代表机械加工工序,$W_3$ 代表成形工序,$W_4$ 代表焊接工序。

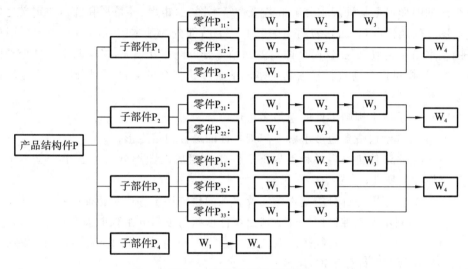

图 3-1　某产品结构信息树

根据制订好的产品结构信息树将产品按工艺相似性进行分组。具体分组步骤如下:

Step 1:第一次遍历产品结构信息树,把经过工序 $W_2$ 的零件找出来组成 A 组,剩余的零件组成 B 组。

Step 2:遍历 A 组,把经过工序 $W_3$ 的零件找出来组成 $A_1$ 组,剩余的零件组成 $A_2$ 组;同时遍历 B 组,把经过工序 $W_3$ 的零件找出组成 $B_1$ 组,剩余的零件组成 $B_2$ 组。

Step 3:分别遍历 $A_1$ 组、$A_2$ 组、$B_1$ 组和 $B_2$ 组。把 $A_1$ 组中含有工序 $W_4$ 的零件找出来组成 $A_{11}$ 组,剩余的零件组成 $A_{12}$ 组;把 $A_2$ 组中含有工序 $W_4$ 的零件找出来组成 $A_{21}$ 组,剩余的零件组成 $A_{22}$ 组;把 $B_1$ 组中含有工序 $W_4$ 的零件找出来组成 $B_{11}$ 组,剩余的零件组成 $B_{12}$ 组;把 $B_2$ 组中含有工序 $W_4$ 的零件找出来组成 $B_{21}$ 组,剩余的零件组成 $B_{22}$ 组。

根据加工工艺的相似性,可将所有零件分为 8 个组,分别为 $A_{11}$($P_{11}$、$P_{21}$、$P_{31}$)、$A_{12}$(　)、$A_{21}$($P_{12}$、$P_{32}$)、$A_{22}$(　)、$B_{11}$($P_{22}$、$P_{33}$)、$B_{12}$(　)、$B_{21}$($P_{13}$、$P_4$)和 $B_{22}$(　)。再

根据每个组工艺路线的长短,安排各组的下料顺序。

### 3.1.2　按形状特征对下料零件分组

目前,矩形包络排料算法是一种比较传统、常用的不规则零件排料方法。该算法通过求取零件的最佳(最小)包络矩形,然后使用求解矩形件的排料算法来求解不规则零件排料问题。该算法可以简化计算,提高排料效率,但排料效果并不理想。受矩形包络排料算法启发,本小节提出一种基于零件形状特征的下料零件分组方法。该方法首先求出每个不规则零件的最佳包络矩形,然后将该最佳包络矩形以及零件轮廓组成的图形根据某种规则分解成若干个基本图元(矩形、三角形和圆),并定义这些基本图元的属性(凹和凸),若两个图形中一个凸部分的基本图元与另一个图形凹部分的基本图元相似,那么这两个图形的凹凸部分可以相互填充,将这两个零件分到同一小组,这样可以提高排料材料利用率。基于形状特征的零件下料分组优化方法包括以下几个步骤:

Step 1:求解不规则零件的包络多边形;

Step 2:基于包络多边形求解不规则零件的最佳包络矩形;

Step 3:将最佳包络矩形和不规则零件轮廓组成的图形分解成若干个基本图元并定义图元的属性;

Step 4:根据零件拆分的基本图元及属性构建描述零件形状特征的特征矩阵;

Step 5:利用人工神经网络算法求出零件形状与下料分组映射关系;

Step 6:根据零件的特征矩阵及映射关系将不规则零件分成若干个小组,然后采用相关排料软件进行分组排料。

基于形状特征的零件下料分组优化流程如图 3-2 所示。下文将对每个步骤如何实现进行详细阐述。

**1. 最佳包络矩形的求解**

不规则零件外轮廓的最佳(最小)包络矩形的求解是零件按形状特征分组的关键步骤之一。首先将任意多边形通过顶点合并简化成凸多边形,任意一个凸多边形的最小包络矩形应至少有一条边与该多边形的某一条边重合。一个具有 $n$ 个顶点的多边形应具有 $(n-1)$ 个与该多边形的某一条边重合的包络矩形。比较这 $(n-1)$ 个包络矩形的面积,面积最小的那个包络矩形就是该多边形的最佳包络矩形,即为零件的最佳包络矩形。

**2. 图形分解及属性定义**

1) 图形分解

定义 3.1:矩形、三角形、圆和圆弧称为构成复杂图形的基本图元。

不规则零件轮廓是多个基本图元按照逻辑关系组合而成的图元集合体,也称为组合图元。

本书所提到的图形分解是将不规则零件轮廓和其包络矩形组成的新图形分解成

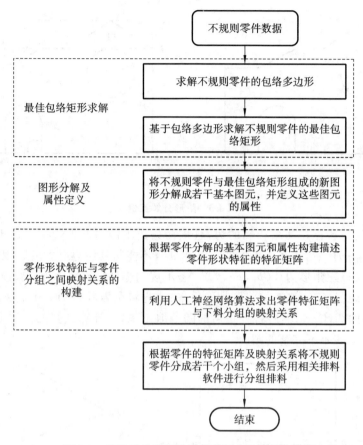

图 3-2　基于形状特征的零件下料分组优化流程

若干个矩形、三角形和圆等基本图元。例如：图 3-3（a）所示为不规则零件的轮廓，图 3-3（b）所示为不规则零件的轮廓与其包络矩形具体分解成矩形（R0、R1、R2、R3）、三角形（T1 和 T2）、圆（C1）以及圆弧（C′2）。

在将不规则零件轮廓与其包络矩形分解成若干基本图元的同时，这些基本图元的相关特征参数也同时被给出，即给出矩形的长和宽、三角形三条边的长度以及圆（或圆弧）的半径。例如，图 3-3（b）中 R1 的特征参数为 100-15，T1 的特征参数为 27-27-45，C1 的特征参数为 13。

基本图元的抽取方法：首先，将不规则图形的包络矩形 R0 抽取出来；然后，若有三个顶点在同一条直线上，则将这三个顶点连接成一条直线，如图 3-3（b）所示，将 $p_2$、$p_4$ 和 $p_5$ 连接成一条直线。若存在三条或四条实线，且相邻两条边的夹角是 90°，如图 3-4（a）所示，边 $p_j p_k$ 可定义为矩形的后边，边 $p_i p_l$ 可定义为矩形的前边，边 $p_i p_j$ 则定义为矩形的中间边。若前边 $p_i p_l$ 长度 $d(p_i p_l)$ 小于或等于后边 $p_j p_k$ 长度 $d(p_j p_k)$，则定义矩形为 $R(p_i, p_k)$，同时将前边 $p_i p_l$ 延长到点 $p_{l'}$，并将另外一条中间

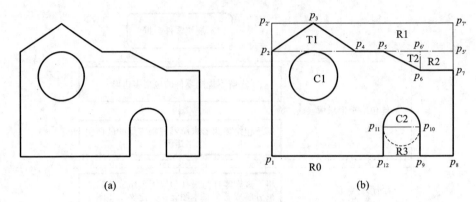

图 3-3　图形分解实例

边 $p_k p_{l'}$ 补足。若存在两条相邻的边,且该两条边不能与其他边按上述规则抽取矩形,如图 3-4(b)所示,边 $p_x p_y$ 和边 $p_y p_z$ 相邻且不能与其他边组成矩形,则将边 $p_z p_x$ 补足,并定义该三角形为 $T(p_x, p_y, p_z)$。若不规则零件的轮廓中含有圆或圆弧,如图 3-3(b)所示的圆(C1),则直接将圆抽取出来;或先将圆弧补足为一个完整的圆,如图 3-3(b)所示的圆($C'2$),然后将补足后的圆抽取出来,并计算该圆弧占整个圆的百分比。其中 $C'n$ 表示不完整的圆。

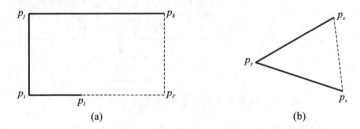

图 3-4　抽取基本图元方法示意图

根据上述抽取基本图元的规则,将图 3-5 所示的图形进行分解。其中:

如图 3-5(a)所示,R0 为零件的最佳包络矩形,图形分解为矩形(R1、R2、R3、R4、R5、R6),圆(C1、$C'2$)和三角形(T1,T2);

如图 3-5(b)所示,R0 为零件的最佳包络矩形,图形分解为矩形(R1、R2)和圆($C'1$);

如图 3-5(c)所示,R0 为零件的最佳包络矩形,图形分解为矩形(R1、R2、R3、R4);

如图 3-5(d)所示,R0 为零件的最佳包络矩形,图形分解为圆(C1、C2);

如图 3-5(e)所示,R0 为零件的最佳包络矩形,图形分解为三角形(T1、T2、T3、T4)。

2) 图元属性

每个基本图元相对于零件轮廓都具有自己的属性,例如:图 3-5(a)所示的 R1 在

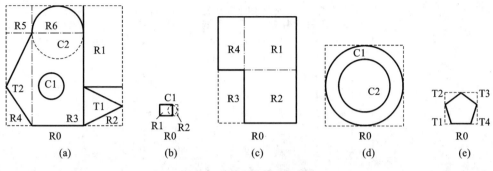

图 3-5　图形分解示意图

排料过程中可以被其他图形所填充,可定义矩形的属性为凹的;图 3-5(a)所示的 T1
在排料过程中可以填充到别的图形,可定义三角形 T1 属性为凸的;同理,三角形 T2
为凸的。只要属性为凹的基本图元的特征参数足够大,任何零件轮廓的最佳包络矩
形都可以填充到其他图形,例如,图 3-5(b)所给出的零件轮廓包络矩形 R0 就可以填
充到图 3-5(a)所给出属性为凹的基本图元 R1、R5 及 C1 中。所以,零件轮廓的最佳
包络矩形的属性也是凸的。另外,还有一些基本图元(如图 3-5(a)中的矩形 R3)在排
料过程中既不能填充到其他的图形,也不能被其他图形所填充,可定义该类基本图元
的属性为非凹凸的。由所有属性为凹的基本图元组成的集合称为凹集,用{con}表
示;由所有属性为凸的基本图元组成的集合称为凸集,用{pro}表示;由所有属性为非
凹凸的基本图元组成的集合称为非凹凸集,用{non}表示。

　　根据基本图元属性以及它们之间的逻辑关系,不规则零件的轮廓和其最佳包络
矩形组成的图形可以用公式(3.1)表达。

$$P = (R0 - \{con\}) \bigcup \{pro\} \tag{3.1}$$

式中:$P$ 表示不规则零件的轮廓;R0 表示不规则零件的最佳包络矩形;{pro}表示属
性为凸的基本图元的集合;{con}表示属性为凹的基本图元的集合。

　　例如,图 3-5(a)所示不规则零件的轮廓 $P$ 可用基本图元表达为

$$P = (R0 - R1 - R2 - R4 - R5 - R6 - C1) \bigcup T1 \bigcup T2 \bigcup C'2$$

**3. 零件形状特征与零件分组映射关系构建**

1) 零件特征矩阵构建

通过零件编码可以对零件信息进行描述,即零件编码可以看作将零件的信息代
码化。零件特征矩阵可以通过对零件进行编码获得。零件编码信息包含零件与其最
佳包络矩形组成的新图形所分解的所有基本图元的类型、图元编号、图元属性及图元
的特征参数。例如,某零件的特征矩阵如图 3-6 所示。

　　零件特征矩阵第一列表示待分组零件的编号。第二列表示基本图元的类型,其
中 1 代表矩形,2 代表三角形,3 代表圆。第三列表示基本图元的编号。第四列代表
基本图元的属性,其中 0 代表凹的,1 代表凸的,2 代表非凹凸的。第五到第七列代表

|  零件编号 | 图元类型 | 图元编号 | 图元属性 | 图元参数 | 图元参数 | 图元参数 |
| --- | --- | --- | --- | --- | --- | --- |
| 1 | 1 | 1 | 1 | 248 | 120 | 0 |
| 1 | 1 | 2 | 1 | 35 | 16 | 0 |
| 1 | 1 | 3 | 2 | 46 | 40 | 0 |
| 1 | 1 | 4 | 0 | 28 | 12 | 0 |
| 1 | 2 | 1 | 1 | 10 | 10 | 16 |
| 1 | 2 | 2 | 1 | 16 | 20 | 30 |
| 1 | 3 | 1 | 0 | 12 | 0 | 0 |

图 3-6　某零件的特征矩阵

基本图元的特征参数:若基本图元的类型是矩形,那么它的特征参数是长和宽,用第五列和第六列表示,剩余的列(第七列)用 0 来补齐;若基本图元的类型是三角形,那么它的特征参数是三条边的长度,分别用第五到第七列表示;若基本图元的类型是圆,那么它的特征参数是圆的半径,用第四列来表示,剩余的列(也就是第六列和第七列)用 0 来补齐。

2) 映射关系构建

通过人工神经网络(ANN)技术对待分组的零件进行分组,就是利用 ANN 建立起零件特征矩阵与零件分组映射关系,其原理如图 3-7 所示。首先选择若干个排料效果较好的排料模型,这些排料模型所包含的零件即为样本零件,每个排料模型所包含的零件可视为一个零件小组,即每个排料模型是零件分组结果。利用这些样本零件对神经网络进行训练,得到一个训练好的神经网络(零件特征矩阵与零件分组的映射关系)。然后将待分组的零件特征矩阵作为输入,经零件特征矩阵与零件分组的映射关系计算优化可得到零件分组结果。该方法的具体实现将在下一小节给出。

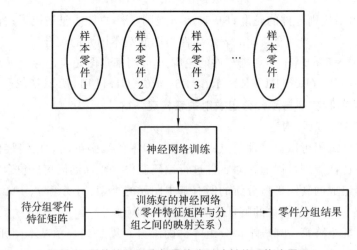

图 3-7　零件特征矩阵与零件分组映射关系构建原理

### 3.1.3　人工神经网络算法求解零件分组映射关系

**1. 人工神经网络简述**

人工神经网络是一种新型非算法信息处理方法,它可以模拟人类大脑的某些机理与机制,从神经元的基本功能出发,逐步从简单到复杂组成网络。与数字计算机比较,人工神经网络在构成原理和功能特点等方面更加接近人脑,它不是按给定的程序一步一步地执行运算,而是自身能够适应环境,总结规律,以完成某种运算、识别或过程控制[2]。人工神经网络能够完成涉及任意复杂的非线性分类边界的复杂数据和信号(时间序列)的分类任务。在这种数据中自然成形的聚类先验在未知的形式下,人工神经网络的无监督聚类是很有用的,它们使用数据的内部特征去挖掘未知的聚类结构。无监督神经聚类方法也称为自组织方法,其特点是在发现聚类的同时能展现数据聚类间的空间关系[3]。

误差回传(back-propagation,BP)神经网络是一种无反馈的前向网络,网络中的神经元分层排列[4]。BP 神经网络的工作过程分为学习期和工作期两个部分。其中,学习期由输入信息的正向传播和误差的反向传播两个过程组成,工作期只包含输入信息的正向传播。BP 神经网络的计算关键在于学习期中的误差反向传播过程,此过程是通过使一个目标函数最小化来完成的。由于 BP 神经网络算法具有 I/O(输入/输出)非线性映射、全局逼近网络、泛化能力强、容错能力强等优点,因此本小节设计的人工神经网络算法选用 BP 神经网络模型。

**2. 神经网络模型设计与训练**

1) 确定神经网络的输入与输出

本小节利用 BP 神经网络算法建立不规则零件图形的特征矩阵和零件组之间的隐性联系,以实现零件分组。其中零件特征矩阵 $I_1, I_2, \cdots, I_m$ 作为 BP 神经网络的输入,零件组矩阵 $O_1, O_2, \cdots, O_n$ 作为输出。零件特征矩阵 $I_m$ 表现形式如图 3-6 所示,零件组矩阵 $O_n$ 是一个一维矩阵,由分到第一个零件小组的所有零件编号组成。

2) 选择神经网络的结构和网络参数

根据 BP 神经网络算法的优点和零件分组特点,人工神经网络模型选用 BP 神经网络模型。通过实验验证,其非线性传递函数——S 型函数适合本算法。

$$y = f(s) = \frac{1}{1 + e^{-\lambda(s+\theta)}} \tag{3.2}$$

式中:$\lambda$ 为斜率控制参数,通常为 $-1$;$\theta$ 为阈值或偏置值。当 $\theta > 0$ 时,S 型函数曲线沿横坐标左移,反之则右移。

3) 神经网络学习样本集

BP 神经网络算法具有良好的学习能力,它通过对已有样本集的学习来达到训练目的。选择以往排料效果较好的排料模型及其所包含的零件作为学习样本集,其中所有的零件特征矩阵作为输入,每一个排料方案所包含的零件作为一个零件小组,即可视为输出。

4）神经网络的训练过程

神经网络的训练过程是根据网络实际输出值与期望输出值之间的误差来调整权值的过程,具体如下:通过调整权值使一个目标函数(实际输出与期望输出之间的均方根误差)最小化,可以利用梯度下降法导出计算公式,也可以利用其他优化算法来求得最佳权值。

在学习过程中,设第 $k$ 个输出神经元的期望输出为 $d_{pk}$,而网络的实际输出为 $o_{pk}$,则系统的误差为

$$E = \sqrt{\frac{1}{PM} \sum_{p=1}^{P} \sum_{k=1}^{M} (d_{pk} - o_{pk})^2} \qquad (3.3)$$

式中:$P$ 为训练样本的个数;$M$ 为网络输出层的神经元个数。

BP 神经网络算法虽然有较多的优点,但也存在易形成局部极小而得不到全局最优解、隐节点的选取缺乏理论指导、训练时学习新样本有遗忘旧样本的趋势和训练次数多使得收敛速度慢等缺点。为了克服这些缺点,我们引入遗传和退火机制的人工神经网络算法。该算法利用遗传和退火组合优化算法(GSA)来代替 BP 神经网络中的梯度下降法,作为神经网络的训练算法。GSA 是一种启发式随机搜索方法,它在寻找全局最优解的过程中,不需要任何梯度信息,也不用进行任何微积分计算,是一种优化的全局寻优算法。用它来求解神经网络的极值解,可使相应的算法跳出局部最优解而获得全局最优解,从而有效地减小陷入局部极小点的概率[5-7]。我们将用 GSA 代替了 BP 神经网络中的梯度下降法的新算法称为改进遗传退火 BP 神经网络算法(IGSABPA)。

IGSABPA 首先利用遗传算法(GA)把网络的一个权重 $\omega$ 看成一个基因,把该网络中所有权重的集合看成一个个体,在初始化阶段产生大量的个体,形成群体,通过遗传操作得到一组较好的个体;把所有个体代入 BP 神经网络查看是否有符合精度要求的个体,若有,则算法结束;若没有,则先选一组较好的个体,再利用退火算法(SA)对该组个体进行进一步优化。

IGSABPA 的流程图如图 3-8 所示,其步骤如下。

Step 1:初始化,随机产生一组初始网络权值 $S_0$。设置初始温度 $T_0 > 0$,迭代次数 $i=0$,检验精度 $\varepsilon$,令 $f_{opt} = f(S_0)$,$S_G = S_0$。

Step 2:网络权值 $S_G$ 所对应的上下限为确定取值区间,在区间内随机生成 $N$(奇数)组新的权值,共($N+1$)组权值,构成基因群体。

Step 3:对这($N+1$)组权值进行选择、交换、变异等自适应遗传操作。

Step 4:如果经过 Step 3 的操作可以至少得到一组满足精度要求的权值,则算法结束;则从经过遗传操作的这($N+1$)组权值中选出一组最好的网络转权 $S'_G$,令 $S_i = S'_G$,$f_{opt} = f(S_i)$,转入 Step 5。

Step 5:将一组网络权值 $S_i$ 作为迭代值 $x$,设当前解 $S(i)=x$,令 $T=T_i$,进行模拟退火操作。按接受准则,得到一组新的网络权值。将一组新的网络权值 $S_{i+1}$ 作为迭代值,并置 $i=i+1$。其中,温度衰减函数为 $T_i = \dfrac{T_0}{1+\ln i}$。

Step 6:若经过模拟退火操作后所得的权值 $S_{i+1}$ 满足精度要求,则算法结束。否

则,若 $f(S_{i+1}) < f_{opt}$ ,则令 $S_G = S_{i+1}$ ,转入 Step 2;若 $f(S_{i+1}) \geqslant f_{opt}$ ,则令 $S_i = S_{i+1}$ ,
转入 Step 5。

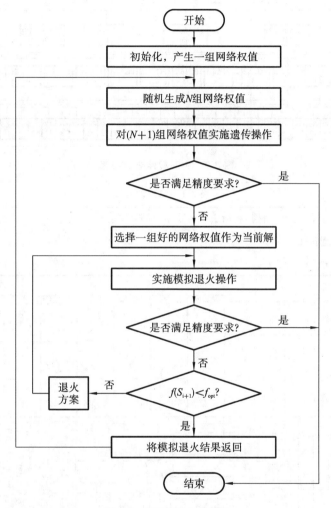

图 3-8　IGSABPA 流程图

## 3.1.4　实例验证与讨论

为了验证 IGSABPA 的有效性,将某工厂一批实际需要下料的零件按前述方法
进行分组。首先,将零件按材质及板厚分组(分成 5 个小组),然后将每个小组的零件
按加工工艺分组(总共分成 12 个小组),最后将这 12 个小组中每个小组的零件按形
状特征分组(总共分成 30 个小组),其分组流程如图 3-9 所示。

假设每种待下料零件个数为 10,则总共有 3610 个零件,采用分组优化下料和未
分组优化下料(所有零件一起下料)结果对比如表 3-1 所示,图 3-10 和图 3-11 分别给
出第 5 小组到第 7 小组未分组前排料效果和按形状特征分组后的排料效果。

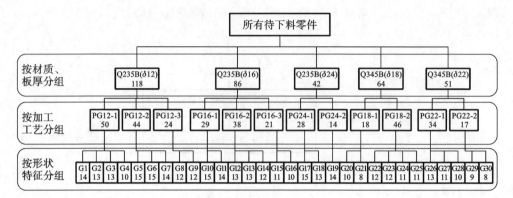

图 3-9　实例零件分组流程

表 3-1　结果对比

| 下料方式 | 材料利用率/(%) | 排料时间/s | 齐套性 | 车间在制品数量 |
|---|---|---|---|---|
| 所有零件一起下料 | 73.68 | 1245 | 差 | 较多 |
| 采用分组优化下料 | 73.39 | 264 | 好 | 较少 |

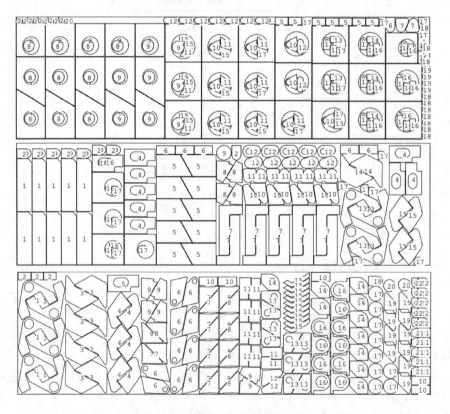

图 3-10　PG12-2 未分组排料效果

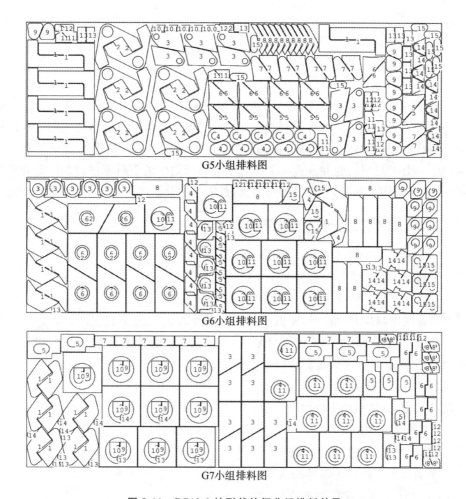

**图 3-11　PG12-2 按形状特征分组排料效果**

　　由表 3-1 可知,未采用分组优化下料时,虽然材料利用率相对较高,但在实际生产过程中存在齐套性差和车间在制品数量多等问题。若采用前文所提出的分组优化下料方法,可有效改善零部件齐套性和减少在制品数量,同时提高排料效率,并且材料利用率损失较少。分组优化下料方法结合我们开发的 SmartNest 套料编程软件,已在某工程机械材料成形公司成功应用,取得了良好的效果。

　　本节针对金属结构件生产过程中大规模集中下料问题,提出了零件分组优化下料方法。该方法首先将零件按材质、板厚和加工工艺进行分组,然后构建一种能够描述零件形状特征的零件特征矩阵,设计一种人工神经网络算法求解一种零件特征矩阵与零件分组的映射关系,将每一小组零件根据这种映射关系再进一步分组。零件分组优化下料可以改善零部件的齐套性,减少在制品数量,能够较好地解决排料效率和材料利用率相互矛盾的问题。

# 3.2　套　料　规　划

下料零件完成分组后形成套料任务,一组下料零件对应一个套料任务。一个套料任务一般需要在一批同材质、同板厚的钢板上完成,形成一批套料切割图。如何将一个套料任务中的下料零件分配给每个套料计划(对应一张套料图),这就是套料规划问题[8]。套料规划问题并不直接关注每个套料计划中的下料零件在钢板上的具体布列(属于套料优化问题,参阅本章参考文献[9])。

## 3.2.1　套料规划问题的数学模型

套料规划问题的优化目标如下:

(1) 有利于达到较优的材料利用率;

(2) 满足下料零件交货优先级要求;

(3) 有利于减少套料模式,降低钢板切割调整频率,提高下料生产效率。

上述三个优化目标往往是互相矛盾的,为此我们综合考虑上述因素,应用一个多目标数学规划模型[10]来描述套料规划问题。

为描述方便,引入下述符号:

$M$:用于套料规划的零件种类总数;

$N_i$:套料任务中的零件种类 $i(i=1,2,\cdots,M)$ 的数量;

$p_i$:零件种类 $i$ 的生产优先级;

$s_i$:零件种类 $i$ 的一个零件的面积;

$m$:套料计划中的零件种类数;

$n_i$:套料计划中零件种类 $i$ 的数量;

$b_i$:逻辑变量,如果 $n_i>0$ 则 $b_i=1$(即套料计划中包含零件种类 $i$),否则 $b_i=0$;显然 $\sum_{i=1}^{M} b_i = m$;

$S$:用于套料的一张钢板的面积;

$R$:预期材料利用率;

$W_1$:材料利用率目标权重;

$W_2$:生产优先级目标权重;

$W_3$:操作效率目标权重。

套料规划问题的数学模型如下:

$$\max\left[W_1 \cdot \sum_{i=1}^{M} s_i n_i + W_2 \cdot \sum_{i=1}^{M} p_i n_i - W_3 \cdot \mathrm{VAR}\left(\frac{n_i}{N_i}\right)\right] \tag{3.4}$$

$$\text{s. t.}\begin{cases} \sum_{i=1}^{M} n_i s_i \leqslant RS \\ 0 \leqslant n_i \leqslant N_i, n_i \ \text{为整数}(i=1,2,\cdots,M) \end{cases} \tag{3.5}$$

式中：$\mathrm{VAR}\left(\dfrac{n_i}{N_i}\right)$ 表示 $\left\{\dfrac{n_i}{N_i}\right\}$ 的变化幅度，$i=1,2,\cdots,M$，且

$$\mathrm{VAR}\left(\frac{n_i}{N_i}\right) = \frac{1}{\sum_{i=1}^{M} b_i} \cdot \sum_{i=1}^{M} \left(\frac{n_i}{N_i}\right)^2 - \left[\frac{1}{\sum_{i=1}^{M} b_i} \cdot \sum_{i=1}^{M} \frac{n_i}{N_i}\right]^2 \tag{3.6}$$

$$= \frac{1}{m} \cdot \sum_{i=1}^{M} \left(\frac{n_i}{N_i}\right)^2 - \left(\frac{1}{m} \cdot \sum_{i=1}^{M} \frac{n_i}{N_i}\right)^2$$

　　上述目标函数由三部分组成：第一部分为材料利用率目标；第二部分为生产优先级目标（基于下料零件交货期）；第三部分为套料计划内零件种类的变化幅度或波动幅度。上述三个目标权重反映不同的生产优化策略，可以根据不同的生产需求进行设置。

　　套料规划中，套料计划内零件种类的波动幅度越小越好。也就是说，对于一个套料任务而言，套料计划或套料模式的种类越少越好。理想情况下，波动幅度为 0，意味着这个套料任务只需要一个套料计划和一种套料模式，生产时只需要不断重复切割该种套料模式就能完成整个套料任务，不需要进行切割调整准备，从而最大化下料生产效率。而在实际生产中，波动幅度往往大于 0，这意味着一个套料任务需要有多个套料计划，对应多个套料模式。因此，需要对零件种类和数量进行合理搭配与混合，优化零件混合比，合理规划每个套料计划，使同一个套料计划和套料模式尽可能多地重复使用，从而减少生产调整的次数，提高切割下料生产效率。

　　约束条件中，第一个约束条件表示每个套料计划所对应的套料模式（通过套料优化产生）满足预期材料利用率 $R$；第二个约束是每个套料计划中零件种类数量的类型与取值范围。

### 3.2.2　套料规划问题的求解框架

　　上述数学模型本质上是一个二次规划问题，即带有二次型目标函数和约束条件的最优化问题。该问题可以通过枚举零件种类数 $m(m=1,2,\cdots,M)$ 分解成一定数量（NQ）的标准二次整数规划问题。对于零件种类数 $m$，考虑逻辑变量 $b_i\left(\sum_{i=1}^{M} b_i = m\right)$，该套料规划问题的求解规模为 $C_M^m$。因此，套料规划问题总的求解规模为 $\mathrm{NQ} = C_M^1 + C_M^2 + \cdots + C_M^M$。对于每个标准的二次整数规划问题，可应用一些全局规划方法进行求解，如鲍威尔（Powell）法、牛顿（Newton）法等。本章参考文献[10]中 Maimon 提出了一种分支定界法来求解。

　　在此，我们提出一种便于实际应用的启发式求解框架，如图 3-12 所示。

　　首先给出预期材料利用率 $R$ 的初值 $R_0$（为百分数，如 85%）。$R$ 的初值可

以通过对企业历史数据的收集和分析得到,该值表示在后续精确的套料优化中可以达到的预期材料利用率;而 $R$ 的最终值则需要在套料规划与精确的套料优化之间通过多次迭代才能获得。在上述迭代过程中,对于一个中间状态的套料计划,能否成功得到一个满足预期材料利用率的精确套料结果取决于参数 $R_0$。如果套料优化失败(即材料利用率不能达到 $R_0$),则须以一定的步长(DR,如 1%)减小预期材料利用率 $R$ 值,反之则应以同一步长增大 $R$。对于前一种情况(情况 A),一旦套料优化成功则终止迭代;对于后一种情况(情况 B),一旦套料优化失败则终止迭代。

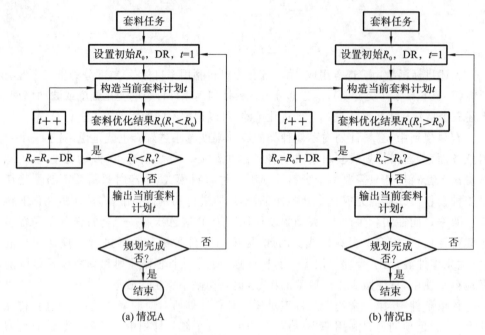

图 3-12　套料规划问题的启发式求解框架

当前套料计划的构造:根据当前套料任务中剩余的零件种类和数量,并考虑单张钢板面积,按零件生产优先级顺序选择,以一定的混合比例进行组合而生成。

套料计划的构造可以采用如下启发式算法进行。

Step 1:计算套料任务中的零件总面积: $\mathrm{ST} = \sum_{i=1}^{M} n_i s_i$。

Step 2:预估需要完成套料的钢板总数量: $\mathrm{NS} = \mathrm{Ceil}\left(\dfrac{\mathrm{ST}}{RS}\right)$,其中 $R$ 是预期材料利用率, $S$ 为单张钢板面积,$\mathrm{Ceil}(x)$ 表示大于 $x$ 的最小整数。

Step 3:计算构成套料计划的每种零件的数量: $n_i = \mathrm{Floor}\left(\dfrac{N_i}{\mathrm{NS}}\right)$,其中 $N_i$ 是套料任务中的零件种类 $i$ 的数量,$\mathrm{Floor}(x)$ 表示小于 $x$ 的最大整数。构造套料计划时,优先选择生产优先级大的零件种类。

最终套料计划通过精确套料优化,经过如图 3-12 所示的迭代过程获得。

### 3.2.3 套料规划实例

某套料任务含有 8 种零件,需要在规格为 2000 mm×1250 mm、材质为 Q235、厚度为 10 mm 的钢板上切割下料,零件图号、规格及数量等套料任务信息如表 3-2 所示,每种零件的生产优先级相同,需要主要考虑生产效率。

表 3-2 套料任务信息

| 编号 | 零 件 图 号 | 零件规格/(mm×mm) | 零件面积/mm² | 数量/个 | 优先级 |
|---|---|---|---|---|---|
| 1 | Z30130101611 | 100×100 | $5.9×10^3$ | 400 | 1 |
| 2 | Z50G120105103 | 200×100 | $1.27×10^4$ | 300 | 1 |
| 3 | Z50F120101001A | 696×422 | $2.292×10^5$ | 100 | 1 |
| 4 | Z50G120101008 | 123×50 | $6.0×10^3$ | 200 | 1 |
| 5 | Z50F120402003C | 450×327 | $6.09×10^4$ | 200 | 1 |
| 6 | Z30130101614 | 230×230 | $2.74×10^4$ | 400 | 1 |
| 7 | CG50.12.1-9 | 260×130 | $3.33×10^4$ | 200 | 1 |
| 8 | CG50.12.1.6-1 | 150×120 | $1.41×10^4$ | 200 | 1 |

预期材料利用率 $R$ 设为 80%。根据 3.2.2 小节的套料计划构造方法,经过迭代优化后,得到套料计划中每种零件的分配数量如下:$n_1=12$,$n_2=9$,$n_3=3$,$n_4=6$,$n_5=6$,$n_6=12$,$n_7=6$,$n_8=6$。此时,$n_i/N_i=3/100$,$VAR(n_i/N_i)=0(i=1,2,\cdots,8)$。

对应上述套料计划(记为 Nestplan_1)的套料优化结果如图 3-13 所示,零件之间

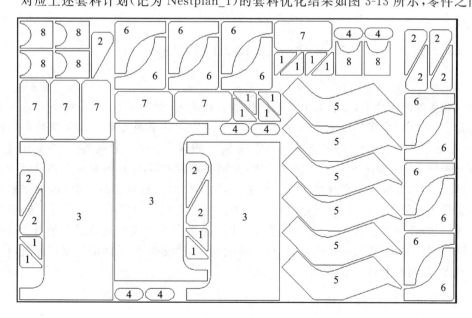

图 3-13 Nestplan_1 对应的套料优化结果(重复执行 33 次)

的间隔设定为 10 mm,最终材料利用率为 75.5%,该套料计划将被重复执行 33 次。套料任务中的剩余零件($n_1=4,n_2=3,n_3=1,n_4=2,n_5=2,n_6=4,n_7=2,n_8=2$)被构造成另一个套料计划(记为 Nestplan_2),该套料计划只需执行 1 次,其对应的优化结果如 3-14 所示。

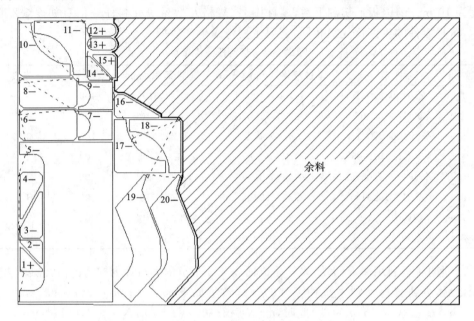

图 3-14　Nestplan_2 对应的优化套料结果(执行 1 次)

# 3.3　钢板规格优化

在实际的生产中,下料方案不能一味追求利用率,利用率越高,往往下料方案会越复杂,生产综合成本也就越高,因此,适合企业生产的下料方案应该是统筹全局目标,考虑包括材料的利用率、方案的准备成本、下料操作的复杂程度、材料的库存管理等各类因素的方案。金属结构件生产中,在钢板采购之前,往往需要根据客户订单进行预套料,以此对钢板消耗情况进行预估,提供优化的钢板规格及其数量,为钢板采购提供决策依据。此外,金属结构件生产中使用的薄板件主要由钢料卷材开料剪切而成,也需要考虑钢板开料规格问题。上述情况都要求对钢板规格进行优化[11],减少钢板规格种类,降低采购成本、生产准备成本、库存成本等,从而降低钢板原材料综合成本,提高企业经济效益[12-14]。

## 3.3.1　钢板规格优化数学模型

下料生产的综合成本由材料自身的价格成本、加工生产的准备成本以及加工完成的库存管理成本组成。采购或开料产生的钢板规格种类影响准备成本与库存管理成本,对于一种开料方案,规划生产的钢板规格越多,数控编程越困难,加工时间越长,设备调整次数也就越多,而且切割完成后的钢板分类与库存管理也就越复杂,附带的人工工时越长。例如,如表 3-3、表 3-4 所示,原计划需要生产 1.0 m×1.5 m、1.8 m×2.0 m、2.0 m×2.0 m 三种规格的钢板,现将其优化为 1.0 m×1.5 m、2.0 m×2.0 m 两种规格的钢板,虽然造成了少许的材料浪费,降低了材料的利用率,但简化了开料方案,方便了方案的执行与后续材料的管理,一定程度上节约了人力物力,具有更好的综合经济效益。

表 3-3　优化前的钢板规格

| 序号 | 规格/(m×m) | 数量/张 |
| --- | --- | --- |
| 1 | 1.0×1.5 | 5 |
| 2 | 1.8×2.0 | 2 |
| 3 | 2.0×2.0 | 4 |

表 3-4　优化后的钢板规格

| 序号 | 规格/(m×m) | 数量/张 |
| --- | --- | --- |
| 1 | 1.0×1.5 | 5 |
| 2 | 2.0×2.0 | 6 |

　　钢板规格优化就是将原始的多个规格优化为其中的少数规格,优化后的钢板尺寸大于或等于原尺寸,多余的部分为生产余料,根据生产需要自由使用,尺寸的更改不影响后续的排样方案,钢板下料仍旧按照原尺寸进行,但会影响卷材开料的方案。优化钢板规格将简化卷材开料计划,减少开料过程中的加工工时、数控编程、设备调整等各种资源损耗,规格种类越多,开料准备与生产时间越长,各类因素产生的额外消耗就越多。为简化模型,可将以上与规格种类相关的各个因素统一为准备成本。同时,同一规格的钢板才能堆积存放,钢板规格种类越多,占用的库存面积将会更多,额外的库存管理成本也会增加。因此,钢板规格优化虽然牺牲了材料的利用率,产生了更多生产余料,但可以节约准备成本与库存管理成本;通过研究两者之间的平衡关系,可节约生产综合成本[15]。

　　假设先不考虑余料的利用情况,钢板规格优化问题可描述为:需要优化的钢板数量有 $M$ 张,单位面积钢板价格为 $\alpha$,钢板规格有 $p$ 种,第 $i$ 种规格的钢板长为 $A_i$、宽为 $B_i(A_i \geqslant B_i)$,每种规格的钢板数量为 $m_i$,优化后的规格有 $q$ 种,第 $j$ 种规格的钢板长为 $A_j$、宽为 $B_j(A_j \geqslant B_j)$,每种规格钢板的平均准备成本为 $\beta$,单位面积的钢板库存管理成本为 $\gamma$,综合生产成本由材料自身的价格成本、每种规格钢板的准备成本、每种规格钢板的库存管理成本组成,优化后钢板的材质、厚度都应相同,优化前后的综合成本分别如式(3.7)、式(3.8)所示。

$$f_{\text{优化前综合成本}} = \alpha \sum_{i=1}^{p} m_i A_i B_i + \beta p + \gamma \sum_{i=1}^{p} A_i B_i \tag{3.7}$$

$$f_{\text{优化后综合成本}} = \alpha \sum_{j=1}^{q} m_j A_j B_j + \beta q + \gamma \sum_{j=1}^{q} A_j B_j \tag{3.8}$$

钢板规格优化不影响零件在钢板上的排样,排样方案仍旧按照优化前的形状尺寸执行,多余部分记作浪费。多个原始规格会优化为统一的规格,假设所有原始规格记为集合 $P = \{1, 2, \cdots, i, \cdots, p\}$,第 $j$ 种规格是由若干原始规格优化而成,这些原始规格记为集合 $K_j (K_j \subsetneqq P)$,通常,为保证优化后的规格是原始规格的一种,应满足集合 $K_j$ 中宽度最大的钢板,也是集合中长度最大的钢板,优化前后的利用率关系可用式(3.9)表示。

$$m_j A_j B_j \eta_j = \sum_{i \in K_j} m_i A_i B_i \eta_i \tag{3.9}$$

$$\text{s. t. } m_j = \sum_{i \in K_j} m_i \tag{3.10}$$

式中:$\eta_i$ 为优化前第 $i$ 种规格的钢板利用率;$\eta_j$ 为优化后第 $j$ 种规格的钢板利用率。

式(3.10)为优化前后钢板数目的约束条件,表示同一优化批次的原始钢板数量之和与优化后规格的钢板数量相等。

直接以优化后的成本为目标函数,建立数学模型如式(3.11)所示。

$$\min z = \alpha \sum_{j=1}^{q} m_j A_j B_j + \beta q + \gamma \sum_{j=1}^{q} A_j B_j \tag{3.11}$$

$$\text{s. t.} \begin{cases} A_j \geqslant \max\{A_i\}, i \in K_j & (3.12) \\ B_j \geqslant \max\{B_i\}, i \in K_j & (3.13) \\ A_j \geqslant B_j, j = 1, 2, \cdots, p & (3.14) \\ m_j = \sum_{i \in K_j} m_i, i \in K_j & (3.15) \\ \sum_{j=1}^{q} m_j = M & (3.16) \\ m_j \in \mathbf{N}^+, q \in \mathbf{N}^+ & (3.17) \end{cases}$$

式中各量含义在问题描述中已经说明,在此不再重复。式(3.11)右边第一项是钢板自身的价格成本,右边第二项是不同规格钢板的总准备成本,右边第三项是不同规格钢板的总库存管理成本;约束式(3.12)、式(3.13)分别表示优化后的钢板的长和宽大于或等于所优化前规格的长和宽,但优化后的规格一定是原始规格中的一种;约束式(3.14)保证了优化后钢板的长大于宽,保证了规格格式的统一性;约束式(3.15)、式(3.16)分别表示同一优化批次的原始钢板数量之和与优化后规格的钢板数量相等,优化前后钢板总数量相等;约束式(3.17)表示每一种规格的钢板数量与优化规格种类均为正整数,保证了所得结果的合理性。

### 3.3.2　基于遗传算法的钢板规格优化模型求解

遗传算法是借助"物竞天择,适者生存"的自然法则的思想,模拟自然界生物进化与遗传的一种数学模型,通过各个参数对实际问题进行模拟,仿真自然界中交叉、变异等遗传操作,寻找问题的最优解。遗传算法无法直接使用实际参数,需要对问题参数进行加工编码,借助染色体表示个体特征,染色体也被称为基因型个体,种群正是由这些个体组成;再利用适应度函数评估个体对环境的适应能力,通过对染色体进行选择、交叉、变异等操作,不停地筛选优秀个体,从而得到问题的最优解。

钢板规格优化问题来源于企业的实际问题,需要在多个规格中搜索出符合条件的规格组合方案,变量参数繁多,排列组合多样,搜索工作量巨大,根据历史应用经验与已有的工作基础,采用实现简单、方法通用、全局搜索能力强的遗传算法进行求解,在应用过程中可以帮助企业降低生产成本,可以较好地满足企业生产的实际需要。

**1. 染色体编码**

编码是应用遗传算法处理实际问题的第一步,目的是将求解问题的状态空间与遗传算法的码空间相对应,便于后续进行选择、交叉、变异等一系列操作。编码规则的制定直接影响到算法的运算效果与效率,是算法执行的关键步骤。根据实际问题的需求性质,采取不同的编码方法。

常用的编码方法有二进制编码法、浮点数编码法、符号编码法等,如图 3-15 所示。二进制编码法是遗传算法中最常用的编码方法,通过{0,1}符号集串成染色体,每一位可以表示两种状态的信息,便于实现后续的解码、交叉、变异等操作。由于二进制存在连续数值位值差异较大的情况,如 8 的二进制为 1000,7 的二进制为 0111,因此在处理精度要求较高的问题时,得到的结果往往不够稳定。浮点数编码法用规定范围内的一个浮点数来表示个体染色体的基因值,使得算法能够准确表示较大范围内的数值,但后续交叉、变异产生的新个体的基因值也要保证在限制范围之内。符号编码法将个体染色体中的基因用一个个无数值含义的符号表示,这个符号可以是字母,也可以是代码表,赋予这些符号特定的含义,从而解决特定的问题,但附带的交叉、变异算子也需要重新定义。

本小节利用遗传算法,解决钢板规格优化合并的问题,考虑到钢板的实际尺寸不全是整数,而且有明显的上下限,因此采用浮点数编码法,规定奇数位置数值是钢板的长,偶数位置数值是钢板的宽,偶数位的数值应当小于前一位的数值。图 3-15(b)所示的编码表示 10.0 m×8.5 m、9.5 m×5.0 m、6.4 m×4.0 m、4.5 m×2.4 m 四种规格的钢板。

**2. 初始化种群**

种群的初始化对遗传算法的运行速度与求解效果具有重要的影响。初始化的种群通常是随机产生的,种群规模越大,种群多样性越好,搜索范围越广,更容易得到优秀的解,但运算量会显著增加,计算时间也就越长;种群规模越小,计算时间也就越

| 1 | 1 | 0 | 0 | 1 | 0 | 1 | 1 |
|---|---|---|---|---|---|---|---|

(a) 二进制编码法

| 10.0 | 8.5 | 9.5 | 5.0 | 6.4 | 4.0 | 4.5 | 2.4 |
|---|---|---|---|---|---|---|---|

(b) 浮点数编码法

| A | B | D | Z | X | A | C | C |
|---|---|---|---|---|---|---|---|

| A1 | B1 | C1 | D1 | A2 | B2 | C2 | D2 |
|---|---|---|---|---|---|---|---|

(c) 符号编码法

**图 3-15　遗传算法常用编码方法**

短,但搜索能力会下降,导致算法性能一般。方便起见,我们先确定优化后的规格种类数,随机选取 $q$ 种规格作为优化后的规格进行浮点数编码,这些规格的钢板用 $G_j$ $(j=1,2,\cdots,q)$ 表示。根据这些规格对钢板进行分类,依次搜索各个规格的钢板,如果该钢板的长、宽均不大于 $G_j$ 的长、宽,则被优化为 $G_j$ 的规格,如果还有不能优化为前 $q$ 种规格的剩余钢板,则这些钢板保持原来的规格,如图 3-16 所示。确定优化后的规格数量,根据随机选取的规格不同,可以编码成不同的个体染色体,从而对种群进行初始化。种群规模一般在 20～100 之间。

**3. 适应度函数**

适应度函数是评价个体染色体对环境适应能力的标准。个体适应度越大,则繁殖后代的概率越大;个体适应度越小,则繁殖后代的概率越小。适应度函数应该与目标函数呈正相关关系,个体适应度直接反映其对应的表现型与最优解的关系,适应度越大,则对应表现型越接近最优解,适应度越小,则对应表现型的求解效果越差。同时,适应度函数应该保证非负,在实际求解过程中,直接以优化后的材料价格成本、准备成本、库存管理成本之和的倒数作为适应度函数,如式(3.18)所示,可以符合非负且与目标函数求解方向一致的要求。

$$f = \frac{1}{\left(\alpha \sum_{j=1}^{q} m_j A_j B_j + \beta q + \gamma \sum_{j=1}^{q} A_j B_j\right)} \tag{3.18}$$

式中: $q$ 为钢板规格总数; $m_j$ 为第 $j$ 种规格的钢板数量; $A_j$ 为第 $j$ 种规格钢板的长度; $B_j$ 为第 $j$ 种规格钢板的宽度; $\alpha$ 为单位面积钢板价格; $\beta$ 为每种规格的准备成本; $\gamma$ 为单位面积的钢板库存管理成本。

**4. 选择算子**

选择是指在种群中尽可能选择适应度较高的个体遗传到下一代。选择操作并不是单纯的只选择适应度较大的个体,而是适应度较大的个体被选择的概率较大,适应度较小的个体依然有被选择的可能。确定选择算子的常用方法有轮盘赌选择法、随

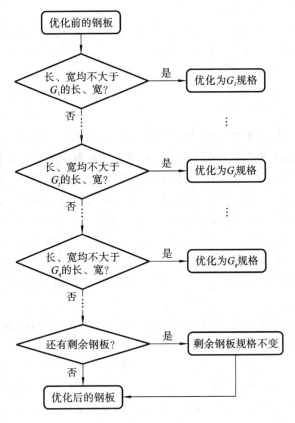

**图 3-16　钢板分类流程**

机竞争选择法、最优保留选择法等。轮盘赌选择法属于一种有放回的随机采样方法，每个个体被选择的概率等于个体适应度与整个种群的个体适应度之和的比值；随机竞争选择法先通过轮盘赌选择一对个体，再在这对个体中选择适应度较大的个体，如此反复，直至选满；最优保留选择法将种群中适应度最大的个体直接选入下一代种群中，避免由于后续的交叉、变异操作造成最优个体适应度减小，破坏最优个体，从而保证算法的收敛性。

在这里，我们采用轮盘赌选择法和最优保留选择法两种方法确定选择算子。

轮盘赌选择法步骤如下：

Step 1：计算每个个体的适应度 $f(i)$；

Step 2：计算种群中所有个体的适应度之和 $F = \sum\limits_{i=1}^{q} f(i)$；

Step 3：计算每个个体被选择的概率 $p(i) = f(i)/F$；

Step 4：模拟轮盘赌操作，随机产生一个 $0 \sim 1$ 之间的数 $s$。当 $s \leqslant p(1)$ 时，第一个个体被选中；当 $\sum\limits_{j=1}^{i-1} p(j) < s \leqslant \sum\limits_{j=1}^{i} p(j)$ 时，第 $i(i \geqslant 2)$ 个个体被选中。

最优保留选择法步骤如下：

Step 1：根据计算的个体适应度，确定旧种群中的最优个体与最差个体；

Step 2：在后续的交叉、变异的种群更新中，若出现了适应度更大的个体，则用这个个体取代原先的最优个体作为新的最优个体；

Step 3：用原先旧种群中的最优个体取代新种群中的最差个体。

**5. 交叉算子**

交叉操作是指让两个相互配对的个体染色体按照特定的规则交换其基因片段，从而形成两个新的个体。执行交叉运算，需要先对种群中的个体进行配对，常用的配对方式是随机配对。假设种群中个体数量为 $N$，则可以随机组成 $[N/2]$（不大于 $N/2$ 的最大整数）对配对个体组，配对个体组中的两个个体进行基因片段的交换。常用的交叉算子有单点交叉、多点交叉、均匀交叉等。单点交叉是指在个体染色体中设置一个交叉点，配对个体根据交叉概率交换交叉点前或后的基因片段；多点交叉是指在个体染色体中设置多个交叉点，配对个体交换交叉点之间的基因片段；均匀交叉是指配对个体的每个基因都以相同的交叉概率进行交换。交叉概率取值范围一般为 $0.4 \sim 0.99$。

在这里我们采用单点交叉，先两两配对个体染色体，再在染色体长度范围内随机选择一个位置作为交叉点，进行交叉。由于所选编码方法要求奇数位与后面相邻的偶数位组合表示钢板规格，且奇数位表示长的数值要大于偶数位表示宽的数值，因此为了避免生成无效染色体，破坏编码规则，交叉点的位置要求是偶数位。假设配对的个体染色体为 $X=(1.5,1.0,2.5,1.0,3.0,2.0,5.0,2.5)$，$Y=(0.8,0.5,2.0,1.0,4.5,2.5,6.0,4.0)$，交叉点位置为 4，执行单点交叉，如图 3-17 所示。

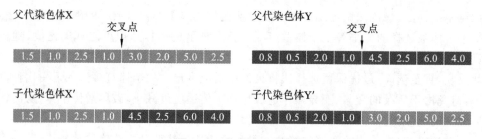

**图 3-17　单点交叉示意图**

**6. 变异算子**

变异操作是指将个体染色体中的某些基因值进行更改变动，产生新个体。遗传算法中新个体基因型的产生主要通过交叉运算得到，算法的全局搜索能力由此提高；变异运算概率较小，辅助产生新的个体基因型，可以改善局部搜索能力。变异算子有基本位变异、均匀变异、高斯变异等。基本位变异是指根据变异概率依次判别每位基因是否发生变异，再在变异点执行变异运算；均匀变异是指根据变异概率，在某一范围内均匀分布的数值中挑选一个随机数，代替变异位的基因；高斯变异就是在符合正态分布的随机数内挑选数值代替变异位的基因。变异概率不宜过大,一般为0.0001～0.1。

在这里,我们采用基本位变异,根据变异概率选取变异点,再在指定的变异点更改基因数值。由于采用浮点数编码法,因此结合实际问题约束,为了保证染色体的有效性,奇数位的变异点的变异范围应在钢板长度的最小值与最大值之间,偶数位的则在钢板宽度的最小值与最大值之间。

**7. 停止准则**

算法的执行需要明确的结束条件,一般可采用最大迭代次数法,即到达指定进化代数后,算法停止运行,解码当前种群的最佳个体染色体,得到最优解,一般迭代次数的取值范围为100～1000。为了节约时间,在这里我们取500。

### 3.3.3　实验验证及分析

实验的原始钢板数据如表3-5所示,总共有205张、12种规格的钢板,总面积为626.9 $m^2$,钢板厚度为5 mm,材质为Q235B,价格为3600元/t,密度为7.85 $t/m^3$,则单位面积钢板价格 $\alpha=3600\times7.85\times0.05=1413$(元/$m^2$),每种规格的准备成本 $\beta=3500$ 元,单位面积的库存管理成本为 $\gamma=2800$ 元/$m^2$,库存占用面积为37.7 $m^2$,钢板平均利用率为82.8%。

根据式(3.11)可以计算出优化前的生产综合成本:

$$z_{12}=1413\times626.9+3500\times12+2800\times37.7=1033369.7(元)$$

表 3-5　原始钢板数据

| 序　号 | 规格/(m×m) | 数量/张 | 利　用　率 |
|:---:|:---:|:---:|:---:|
| 1 | 1.5×1.0 | 12 | 0.87 |
| 2 | 1.5×1.5 | 20 | 0.92 |
| 3 | 1.8×1.0 | 20 | 0.86 |
| 4 | 1.8×1.5 | 16 | 0.75 |
| 5 | 2.0×1.0 | 25 | 0.90 |
| 6 | 2.0×1.5 | 14 | 0.76 |
| 7 | 2.0×2.0 | 22 | 0.84 |
| 8 | 2.5×1.5 | 10 | 0.85 |
| 9 | 2.5×2.0 | 10 | 0.92 |
| 10 | 2.8×1.5 | 16 | 0.73 |
| 11 | 3.0×1.0 | 20 | 0.77 |
| 12 | 3.0×1.5 | 20 | 0.83 |

遗传算法参数设置如下:设定种群规模为100,优化后的钢板规格为9种,交叉

概率为 0.4,变异概率为 0.01,迭代次数为 500。优化结果如表 3-6 所示。

**表 3-6　钢板规格优化结果($q=9$)**

| 序　号 | 规格/(m×m) | 数量/张 | 利 用 率 |
|:---:|:---:|:---:|:---:|
| 1 | 1.5×1.5 | 32 | 0.79 |
| 2 | 1.8×1.0 | 20 | 0.86 |
| 3 | 2.0×1.0 | 25 | 0.90 |
| 4 | 2.0×1.5 | 30 | 0.71 |
| 5 | 2.0×2.0 | 22 | 0.84 |
| 6 | 2.5×1.5 | 10 | 0.85 |
| 7 | 2.5×2.0 | 10 | 0.92 |
| 8 | 3.0×1.0 | 20 | 0.77 |
| 9 | 3.0×1.5 | 36 | 0.76 |

优化后的钢板总面积为 645.5 m²,库存占用面积为 29.3 m²,钢板平均利用率为 80.4%。由式(3.11)计算可得,优化后的综合成本为:

$$z_9 = 1413 \times 645.5 + 3500 \times 9 + 2800 \times 29.3 = 1025631.5 (元)$$

节约成本为

$$z = z_{12} - z_9 = 1033369.7 - 1025631.5 = 7738.2 (元)$$

假设优化后的钢板规格为 7 种,结果如表 3-7 所示。

**表 3-7　钢板规格优化结果($q=7$)**

| 序　号 | 规格/(m×m) | 数量/张 | 利 用 率 |
|:---:|:---:|:---:|:---:|
| 1 | 1.5×1.5 | 32 | 0.79 |
| 2 | 2.0×1.0 | 45 | 0.84 |
| 3 | 2.0×1.5 | 30 | 0.71 |
| 4 | 2.0×2.0 | 22 | 0.84 |
| 5 | 2.5×2.0 | 20 | 0.78 |
| 6 | 3.0×1.0 | 20 | 0.77 |
| 7 | 3.0×1.5 | 36 | 0.76 |

优化后的钢板总面积为 662 m²,库存占用面积为 23.75 m²,钢板平均利用率为 78.4%。由式(3.11)计算可得,优化后的综合成本为

$$z_7 = 1413 \times 662 + 3500 \times 7 + 2800 \times 23.75 = 1026406 (元)$$

节约成本为

$$z = z_{12} - z_7 = 1033369.7 - 1026406 = 6963.7 (元)$$

假设优化后的钢板规格为 5 种,结果如表 3-8 所示。

表 3-8　钢板规格优化结果($q=5$)

| 序　　号 | 规格/(m×m) | 数量/张 | 利　用　率 |
|---|---|---|---|
| 1 | 2.0×1.0 | 45 | 0.84 |
| 2 | 2.0×1.5 | 62 | 0.65 |
| 3 | 2.0×2.0 | 22 | 0.84 |
| 4 | 2.5×2.0 | 20 | 0.78 |
| 5 | 3.0×1.5 | 56 | 0.69 |

优化后的钢板总面积为 716 $m^2$，库存占用面积为 21.5 $m^2$，钢板平均利用率为 72.4%，由式(3.11)计算可得，优化后的综合成本为

$$z_5=1413×716+3500×7+2800×21.5=1096408(元)$$

节约成本为

$$z=z_{12}-z_5=1033369.7-1096408=-63038.3(元)$$

整理以上算例结果，如表 3-9 所示，通过对比可以发现，随着钢板优化规格的减少，钢板的排样利用率逐渐降低，钢板总面积增大，意味着浪费的材料增多，但准备成本与库存管理成本逐渐减少，总的节约成本先增多后减少，当 $q=5$ 时，优化后的成本要比优化前的成本多 63038.3 元，这是因为规格优化造成的面积过大，此时准备成本与库存管理成本对生产综合成本的影响比较微弱，材料自身的费用占据综合成本的大部分，优化已经没有了意义。

表 3-9　钢板规格优化结果对比

| 规 格 种 类 | 平均利用率/(%) | 钢板总面积/$m^2$ | 库存管理面积/$m^2$ | 综合成本/元 | 节约成本/元 |
|---|---|---|---|---|---|
| $q=12$ | 82.8 | 626.9 | 37.7 | 1033369.7 | 0 |
| $q=9$ | 80.4 | 645.5 | 29.3 | 1025631.5 | 7738.2 |
| $q=7$ | 78.4 | 662 | 23.75 | 1026406 | 6963.7 |
| $q=5$ | 72.4 | 716 | 21.5 | 1096408 | -63038.3 |

因此，选择合适的规格数量进行优化，可以在保证不浪费太多材料的前提下，达到材料使用、准备成本与库存管理成本的平衡，通过牺牲小部分材料，减少规格的准备成本与库存管理成本，从而节约生产的综合成本。在实际的生产中，钢板规格会更为复杂，这里的优化思路可以在一定程度上简化钢板的加工与管理流程，具有较强的实用性。

本节针对金属结构件生产中的钢板规格优化问题，建立了考虑综合成本的钢板规格优化模型，研究了钢板规格数量与加工综合成本之间的平衡关系，并利用遗传算法进行求解与实验验证。实验结果表明，当钢板规格数量在一定的范围内时，可以在

不浪费过多材料的前提下,通过减少规格数量,减少准备成本与库存管理成本,节约生产综合成本。

# 3.4　本 章 小 结

本章研究下料规划中的三个子问题:下料零件分组优化、套料规划、钢板规格优化。下料零件分组优化方面,首先将零件按材质、板厚和加工工艺进行分组,然后构建一种能够描述零件形状特征的零件特征矩阵,设计一种人工神经网络算法求解一种零件特征矩阵与零件分组的映射关系,将每一小组零件根据这种映射关系再进一步分组。通过下料零件分组优化可以改善零部件的齐套性,减少在制品数量,较好地平衡排料效率和材料利用率之间相互矛盾的问题。套料规划方面,首先建立了有利于达到较优的材料利用率、考虑下料零件交货优先级要求,并有利于减少套料模式、降低钢板切割调整频率、提高下料生产效率的多目标数学规划模型,提出了求解套料规划问题的求解框架,并给出了应用实例。针对钢板规格优化,建立了考虑综合成本的钢板规格优化模型,并设计了遗传算法进行求解与实验验证。实验结果表明,当钢板规格数量在一定的范围内时,可以在不浪费过多材料的前提下,通过减少规格种类数量,减少准备成本与库存管理成本,节约生产综合成本。

## 本章参考文献

[1]　戚得众. 金属结构件生产过程若干优化问题研究与应用[D]. 武汉:华中科技大学,2014.

[2]　BERTSIMAS D,SIM M. Robust discrete optimization and network flows[J]. Mathematical Programming,2003,98:49-71.

[3]　朱云龙,陈瀚宁,申海. 生物启发计算[M]. 北京:清华大学出版社,2013.

[4]　GOH A. Back-propagation neral networks for modeling complex systems[J]. Artificial Intelligence in Engineering,1995,9(3):143-151.

[5]　LEUNG T W,CHAN C K,TROUTT M D. Application of a mixed simulated annealing genetic algorithm heuristic for the two-dimensional orthogonal packing problem[J]. European Journal of Operational Research,2003,145(3):530-542.

[6]　LAI K,CHAN W. Developing a simulated annealing algorithm for the cutting stock problem[J]. Computers and Industrial Engineering,1997,32 (1):115-127.

[7]　LIN F,KAO C,HSU C. Applying the genetic approach to simulated annealing

in solving some NP-hard problems[J]. IEEE Transactions on Systems, Man, and Cybernetics, 1993, 23 (6): 1752-1767.

[8] RAO Y Q, HUANG G, LI P G, et. al. An integrated manufacturing information system for mass sheet metal cutting[J]. The International Journal of Advanced Manufacturing Technology, 2007, 33: 436-448.

[9] 饶运清. 智能优化排样技术及其应用[M]. 北京: 科学出版社, 2021.

[10] MAIMON O. Nesting planning based on production priorities and technological efficiency[J]. European Journal of Operational Research, 1995, 80: 121-129.

[11] 熊焕鑫. 卷材开料优化及其管理信息系统设计[D]. 武汉: 华中科技大学, 2020.

[12] 吴电建. 面向可制造性的复杂约束状态下优化下料技术研究[D]. 重庆: 重庆大学, 2018.

[13] CUI Y. A CAM system for one-dimensional stock cutting[J]. Advances in Engineering Software, 2012, 47(1): 7-16.

[14] JOHANSSON D, LINDVALL R, WINDMARK C, et al. Assessment of metal cutting tools using cost performance ratio and tool life analyses[J]. Procedia Manufacturing, 2019, 38: 816-823.

[15] UMETANI S, YAGIURA M, IBARAKI T. One-dimensional cutting stock problem to minimize the number of different patterns[J]. European Journal of Operational Research, 2003, 146(2): 388-402.

# 第 4 章　钢板套料切割路径优化

零件套料优化完成之后,形成钢板套料图。在对套料钢板进行实际切割加工时还需要考虑零件的切割问题,即切割路径优化问题。切割路径优化包含两大关键问题:切割起点的选取问题与切割顺序的排序问题。切割起点的选取主要考虑零件的形态与位置。切割顺序的排序问题非常类似于旅行商问题(TSP),但 TSP 是点与点之间的优化,将切割顺序的排序问题转化成为 TSP 进行求解,需要解决两个问题:一是怎样把每一个零件简化为点;二是点与点之间如何进行连接。本章将针对切割路径优化问题,首先建立其数学模型,然后分别采用启发式算法和混合智能算法进行求解,最后还针对两类特殊切割路径优化问题的求解方法进行了探讨。

## 4.1　切割路径优化问题描述与数学建模

通过切割路径优化后得到切割路径,不仅能保证切割可行性,而且能缩短切割行程和空行程,大大提高生产效率,节约加工成本。一般来说,常规切割路径问题包括两个主要的关键问题:①切割起点的选取问题;②切割顺序的排序问题。当然,钢板切割中还存在共边切割、防碰撞等特殊切割工艺问题,在本章最后进行讨论。

### 4.1.1　切割起点的选取问题

对一个完整的零件进行切割加工,必须要对该零件的所有内轮廓和外轮廓进行切割。因此首先要对该零件的轮廓图进行完整定义和描述,比如图 4-1 是第 $n$ 个零件的轮廓图[1]。

如图 4-1 所示,零件 $n(1 \leqslant n \leqslant N)$ 具有 $K_n$ 个孔和 $V_n$ 个顶点,编号为 $n$ 的零件中孔 $k(1 \leqslant k \leqslant K_n)$ 具有的顶点数目为 $M_{n,k}$,$V_{n,l}$ 表示零件 $n$ 的第 $l(1 \leqslant l \leqslant V_n)$ 个顶点,$V_{n,k,m}$ 表示零件 $n$ 中孔 $k$ 的第 $m(1 \leqslant m \leqslant M_{n,k})$ 个顶点。

然后建立数学模型。设切割起点定在每个轮廓的起点处,则第 $n$ 个零件外轮廓的起始位置设在点 $V_{n,1}$ 处,零件中孔 1 和孔 2 的起点位置分别设在 $V_{n,1,1}$ 和 $V_{n,2,1}$ 处。其实切割起点可以在零件轮廓的任意位置,可以在零件轮廓的顶点上,也可以在零件的边上。为了计算的方便,一般都会将切割的起点选择在零件的特殊点上,比如零件轮廓的顶点和等分点。

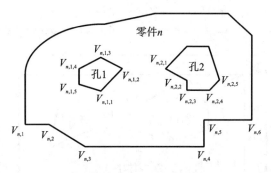

图 4-1　第 $n$ 个零件的轮廓图

若将切割的起点都设定在零件轮廓的顶点上,则需要考虑的起点数为 $\sum_{i=1}^{n}V_n+\sum_{i=1}^{n}\sum_{i=1}^{k}M_{n,k}$,总共有 $N+\sum_{i=1}^{n}K_n$ 个点参与路径优化的计算,则最短路径优化的目标函数可以定义为

$$\min f(x)=I_{n+1}L_{a,n+1}+(1-I_{n+1})L_{b,n+1} \qquad (4.1)$$

式中:$I_{n+1}=1$ 表示编号为 $n+1$ 的零件包含有内孔,否则 $I_{n+1}=0$;$L_{a,n+1}$ 表示编号为 $n+1$ 的包含内孔的零件切割路径总长度;$L_{b,n+1}$ 表示编号为 $n+1$ 的不包含内孔的切割路径总长度。$L_{a,n+1}$ 和 $L_{b,n+1}$ 表达式分别如下:

$$L_{a,n+1}=\sum_{i=1}^{n}V_{n,1}V_{n+1,1,1}+\sum_{i=1}^{n}\sum_{i=1}^{k}V_{n+1,k,1}V_{n+1,k+1,1}+\sum_{i=1}^{n}V_{n+1,K_n,1}V_{n+1,1} \quad (4.2)$$

$$L_{b,n+1}=\sum_{i=1}^{n}V_{n,1}V_{n+1,1} \qquad (4.3)$$

式中:$\sum_{i=1}^{n}V_{n,1}V_{n+1,1,1}$ 表示编号为 $n$ 的零件外轮廓的切割起点到编号为 $n+1$ 的零件第一个内孔的切割起点的总距离;$\sum_{i=1}^{n}\sum_{i=1}^{k}V_{n+1,k,1}V_{n+1,k+1,1}$ 表示要切割完编号为 $n$ 和 $n+1$ 的零件所有内孔所切割的总距离;$\sum_{i=1}^{n}V_{n+1,K_n,1}V_{n+1,1}$ 表示编号为 $n+1$ 的零件最后一个内孔到该零件外轮廓起点的距离。

## 4.1.2　切割顺序的排序问题

定义 4.1:空行程是指加工工具以非加工进给速度相对零件所完成的一次非加工进给运动工步的行程。

零件的外轮廓和内轮廓一旦固定,切割起点就无法改变,并且切割起点一般是从切割零件的特征点中选取。但是待排零件集合的切割顺序与切割起点不同,其对切割效率的影响更大。如图 4-2 所示,零件 1 到零件 4 的切割顺序为:$O$ 点→(空行程)

→$V_{21}$→$V_{21}$（切圆）→（空行程）→$V_{31}$→$V_{32}$→$V_{33}$→$V_{34}$→$V_{35}$→$V_{31}$→（空行程）→$V_{41}$→$V_{42}$→$V_{43}$→$V_{41}$→（空行程）→$V_{14}$→$V_{11}$→$V_{12}$→$V_{13}$→$V_{14}$→（空行程）→$O$ 点。

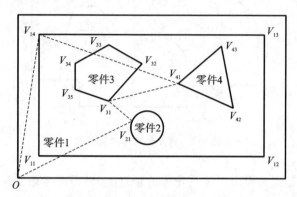

**图 4-2　切割顺序的排序示意图**

从图 4-2 可以看出，切割顺序的排序问题的数学模型为：

$$D = \min \sum \sqrt{(x_{ik} - x_{j1})^2 + (y_{ik} - y_{j1})^2} \tag{4.4}$$

式中：$x_{ik}$ 是外轮廓 $i$ 第 $k$ 个顶点的 $x$ 坐标值；$y_{ik}$ 是外轮廓 $i$ 第 $k$ 个顶点的 $y$ 坐标值；$x_{j1}$ 是外轮廓 $j$ 第一个顶点的 $x$ 坐标值；$y_{j1}$ 是外轮廓 $j$ 第一个顶点的 $y$ 坐标值。这样，切割顺序排序的优化问题即化为求解最短的空行程 $D$ 的问题。

上述套料钢板中的零件切割顺序排序问题非常类似于 TSP。TSP 是经典的组合优化问题，是一类比较容易描述但很难找到最优解的优化问题。设 $d_{ij}$ 表示两零件形心的直线距离（即 $i$ 和 $j$ 两个城市的距离），根据图论模型[2-5]相关知识，TSP 的数学模型如下：

$$\min \sum_{i \neq j} d_{ij} x_{ij} \tag{4.5}$$

$$\text{s. t. } \sum_{j=1}^{n} x_{ij} = 1, i = 1, 2, \cdots, n \tag{4.6}$$

$$\sum_{i=1}^{n} x_{ij} = 1, i = 1, 2, \cdots, n \tag{4.7}$$

$$x_{ij} \in \{0, 1\}, i, j = 1, 2, \cdots, n, i \neq j \tag{4.8}$$

式(4.5)表示目标函数，$x_{ij}$ 表示决策变量，$i$ 和 $j$ 分别表示不同的形心，故 $i \neq j$。如果 $x_{ij} = 1$，表示选择的路径包含从形心 $i$ 到形心 $j$ 的路径；如果 $x_{ij} = 0$，表示选择的路径不包含从形心 $i$ 到形心 $j$ 的路径。式(4.6)、式(4.7)所示的约束条件表示每个形心所代表的城市只能进出一次。

考虑到钢板实际切割中的工艺约束，切割路径规划还应遵循以下基本原则：

（1）切割路径最短原则。在保证零件加工精度的前提下，切割钢板时，路径越短，切割的时间就越短，钢板的热变形也越少，切割效率也越高，生产成本就越低。

（2）切割的先内后外原则。切割的先内后外原则是指对于包含内轮廓和外轮廓的同一零件,应该先切割内轮廓,然后再切割外轮廓。因为如果先切割零件外轮廓边后,则零件可能由于重力的作用脱离钢板或者变动位置,再切割该零件内轮廓时就无法进行准确的定位和切割。

(3) 钢板变形最小原则。由于套料零件加工的特殊特点,单纯地将切割路径问题转化成 TSP 求解得到的相对最优路径并不一定完全适合切割。为了使钢板的热变形最小,保证切割零件的质量,需要对相对最优路径进行调整,比如考虑顺着切的原则。

# 4.2　切割路径优化的启发式算法

经典的 TSP 算法求解切割路径的优化问题时,默认切割路径的最优只是 TSP 中的路径最短,并不考虑零件的大小统统转化为一点。在实际的工程应用中,切割路径优化的第一个目标是符合切割工艺,然后是在此基础上的切割路径更短。为了符合实际的切割工艺要求,本节根据零件大小和零件间的相对位置关系进行切割路径优化。

## 4.2.1　套料图中的零件位置关系

在钢板套料图中的零件存在多种不同的位置关系,准确分析和确认套料零件之间的位置关系是设计启发式排序算法的基础。套料图中零件位置关系归纳起来有如下几种类型。

### 1. 两个零件的外涵关系
如图 4-3 所示,假设零件 A 外涵零件 B,则需满足以下条件:
(1) 零件 B 还没有排序;
(2) 零件 B 的面积比零件 A 的面积小;
(3) 两零件在宽度范围的重叠宽度至少是 B 零件宽度的 60%;
(4) 两零件在长度范围的重叠长度至少是 B 零件长度的 60%;
(5) 零件 B 没有被零件 A 内涵。

### 2. 两个零件的内涵关系
如图 4-4 所示,假设零件 A 内涵零件 B,则需满足以下条件:
(1) 零件 A 至少有一个内轮廓,假如令零件 A 的某个内轮廓为 C;
(2) C 的 $x$ 坐标最小值小于 B 的最小值,最大值大于 B 的最大值;
(3) C 的 $y$ 坐标最小值小于 B 的最小值,最大值大于 B 的最大值。

### 3. 最左下角零件规则
假设零件 A 在所有未排序的零件中处于最左下角,那么需满足以下条件:
(1) 零件 A 不被任何零件外涵;

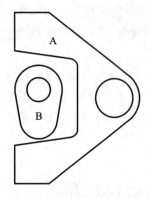

图 4-3　零件 A 外涵零件 B

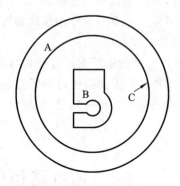

图 4-4　零件 A 内涵零件 B

（2）零件 A 不被任何零件内涵；

（3）零件 A 的包络矩形左下角的 $x$ 坐标值最小，或者某零件的包络矩形左下角的 $x$ 坐标值最小而且零件在其下面；

（4）零件 A 的同列之下没有其他零件。

如图 4-5 所示，框中的零件便是最左下角零件。

**4. 最左上角零件规则**

假设零件 A 在所有未排序的零件中处于最左上角，那么需满足以下条件：

（1）零件 A 不被任何零件外涵；

（2）零件 A 不被任何零件内涵；

（3）零件 A 的包络矩形形心的 $x$ 坐标值最小，或者某零件的包络矩形形心的 $x$ 坐标值最小而且零件在其上面；

（4）零件 A 的同列之上没有其他零件。

如图 4-6 所示，框中的零件便是最左上角零件。

图 4-5　最左下角零件

图 4-6　最左上角零件

**5. 同列之上规则**

假设零件 A 在零件 B 的同列之上,则需满足以下条件:

(1) 零件 B 的包络矩形形心的 $y$ 坐标值比零件 A 的包络矩形形心的 $y$ 坐标值小;

(2) 零件 B 的包络矩形形心的 $x$ 坐标值比零件 A 的包络矩形形心的 $x$ 坐标最小值大,而且零件 B 的包络矩形形心的 $x$ 坐标值比零件 A 的包络矩形形心的 $x$ 坐标最大值小;或者满足零件 A 的包络矩形形心的 $x$ 坐标值比零件 B 的包络矩形形心的 $x$ 坐标最小值大,而且零件 A 的包络矩形形心的 $x$ 坐标值比零件 B 的包络矩形形心的 $x$ 坐标最大值小;

(3) 零件 A 不被任何零件外涵;

(4) 零件 A 不被任何零件内涵。

**6. 同列之下规则**

假设零件 A 在零件 B 的同列之下,则需满足以下条件:

(1) 零件 A 的包络矩形形心的 $y$ 坐标值比零件 B 的包络矩形形心的 $y$ 坐标值小;

(2) 零件 A 的包络矩形形心的 $x$ 坐标值比零件 B 的包络矩形形心的 $x$ 坐标最小值大,而且零件 A 的包络矩形形心的 $x$ 坐标值比零件 B 的包络矩形形心的 $x$ 坐标最大值小;或者满足零件 B 的包络矩形形心的 $x$ 坐标值比零件 A 的包络矩形形心的 $x$ 坐标最小值大,而且零件 B 的包络矩形形心的 $x$ 坐标值比零件 A 的包络矩形形心的 $x$ 坐标最大值小;

(3) 零件 A 不被任何零件外涵;

(4) 零件 A 不被任何零件内涵。

**7. 完全同列之上规则**

假设零件 A 在零件 B 的完全同列之上,则需满足以下条件:

(1) 零件 B 的包络矩形形心的 $y$ 坐标值比零件 A 的包络矩形形心的 $y$ 坐标值小;

(2) 零件 A 的包络矩形形心的 $x$ 坐标最小值比零件 B 的包络矩形形心的 $x$ 坐标最小值大,而且零件 A 包络矩形形心的 $x$ 坐标最小值比零件 B 包络矩形形心的 $x$ 坐标最大值小;

(3) 零件 A 不被任何零件外涵;

(4) 零件 A 不被任何零件内涵。

**8. 完全同列之下规则**

假设零件 A 在零件 B 的完全同列之下,则需满足以下条件:

(1) 零件 A 的包络矩形形心的 $y$ 坐标值比零件 B 的包络矩形形心的 $y$ 坐标值小;

(2) 零件 B 的包络矩形形心的 $x$ 坐标最小值比零件 A 的包络矩形形心的 $x$ 坐

标最小值大,而且零件 B 包络矩形形心的 $x$ 坐标最小值比零件 A 包络矩形形心的 $x$ 坐标最大值小;

（3）零件 A 不被任何零件外涵;

（4）零件 A 不被任何零件内涵。

## 4.2.2　两种启发式排序算法

考虑到实际工程需要,我们提出两种启发式算法,即"n"字形算法和"N"字形算法,分别如图 4-7 和图 4-8 所示。为了保证切割顺序不混乱和空行程尽量短,可以使用"n"字形启发式排序算法,总体的顺序就是按照"n"的形状进行的,也就是从下到上切割然后从上到下切割,如此往复。为了保证减小热变形的影响并且使得空行程尽量短,本小节使用的是"N"字形启发式排序算法,也就是使得切割顺序按照"N"的形状进行,即先从上到下,再从上到下切割。

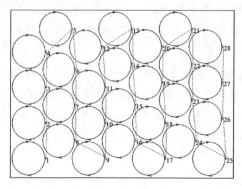

图 4-7　"n"字形算法

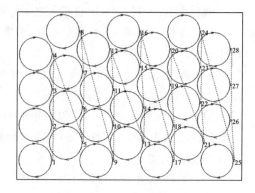

图 4-8　"N"字形算法

### 1. "n"字形/"N"字形启发式算法思路

"n"字形和"N"字形是两种简单实用的启发式排序算法,以下分别介绍其算法思路。

1) "n"字形启发式排序算法思路

Step 1:找到左下角一个零件,并且排序;如果不存在,则排序结束。

Step 2:找到当前排序零件的上面零件,并且排序。如果上面不存在任何零件,则转 Step 3;否则循环 Step 2。

Step 3:找到当前排样图中未排序零件中左上角的零件,并且排序,转 Step 4。如果左上角零件不存在,则排序结束。

Step 4:找到当前零件的下面零件,并且排序。如果下面不存在任何零件,则转 Step 1;否则循环 Step 4。

当然,实际的切割零件图非常复杂,上面简单的算法思路并不足以解答问题。"n"字形启发式排序算法的详细流程如图 4-9 所示。

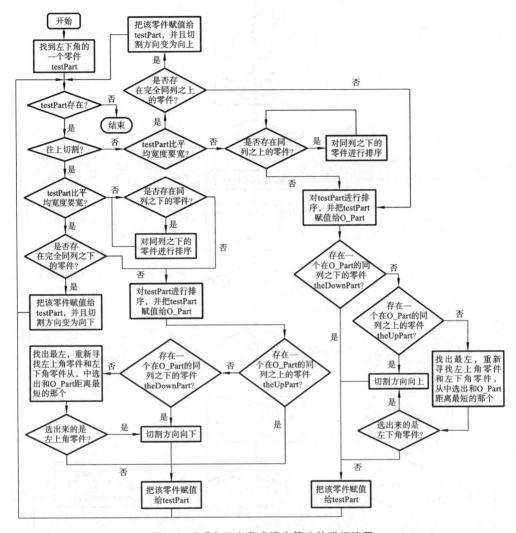

**图 4-9　"n"字形启发式排序算法的详细流程**

2）"N"字形启发式排序算法思路

Step 1：找到左下角一个零件，并且排序；如果不存在，则排序结束。

Step 2：找到当前排序零件的上面零件，并且排序。如果上面不存在任何零件，则转 Step 1；否则循环 Step 2。

当然，实际的切割零件图非常复杂，上面简单的算法思路并不足以解答问题。"N"字形启发式排序算法的详细流程如图 4-10 所示。

**2. 相关搜索流程**

"n"字形和"N"字形启发式算法中，涉及一些子流程，比如：寻找左下角零件，寻找左上角零件，寻找某零件上面一个零件，寻找某零件下面一个零件，等等。因为其

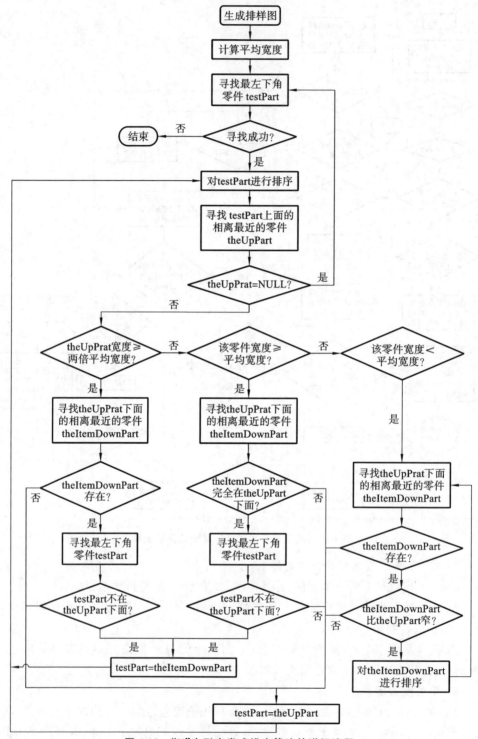

**图 4-10　"N"字形启发式排序算法的详细流程**

都是启发式算法必不可少的一部分,所以有必要对这些搜索过程进行描述。

对某零件排序的时候,不仅要对零件本身排序,还需要对该零件所内涵的零件和外涵的零件排序,这样才能满足实际的切割要求。

(1)对某零件排序的思路如下:

Step 1:找出所有被其内涵的零件并且排序;

Step 2:找出所有被其外涵的零件并且排序;

Step 3:对该零件排序并结束。

对某零件的排序流程如图 4-11 所示。

(2)寻找某零件上面的零件的基本思路如下:

Step 1:在所有未被排序的零件集中找到包络矩形左边对应的 $x$ 坐标值最小的零件;

Step 2:找出所有在该零件下面的零件并组成新的零件集,如果该零件集不为空,则转 Step 1;否则返回该零件,则为其上面的零件。

寻找某零件上面的零件的流程如图 4-12 所示。

(3)寻找某零件下面的零件的基本思路如下:

Step 1:在所有未被排序的零件集中找到包络矩形左边对应的 $x$ 坐标值最小的零件;

Step 2:找出所有在该零件上面的零件并组成新的零件集,如果该零件集不为空,则转 Step 1;否则返回该零件,则为其下面的零件。

寻找某零件下面的零件的流程如图 4-13 所示。

(4)寻找左上角零件的基本思路如下:

Step 1:找到所有在该零件下面的还没排序的并且不被外涵和内涵的零件,并组成一个新的零件集合;

Step 2:在该集合中寻找左上角零件。

寻找左上角零件的流程如图 4-14 所示。

(5)寻找左下角零件的基本思路如下:

Step 1:找到所有在该零件上面的还没排序的并且不被外涵和内涵的零件,并组成一个新的零件集合;

Step 2:在该集合中寻找左下角零件。

寻找左下角零件的流程如图 4-15 所示。

**3. 算法实验结果**

"n"字形排序算法和"N"字形排序算法的时间复杂度均为 $T(n)=O(n^2)$,经过实验验证和工程应用证明,这样的切割排序所得的切割路径不一定是最优的,但其实际应用性却非常高。

设备规格:主频 2.5 GHz,内存 2 GB。

钢板规格:1500 mm×2200 mm。

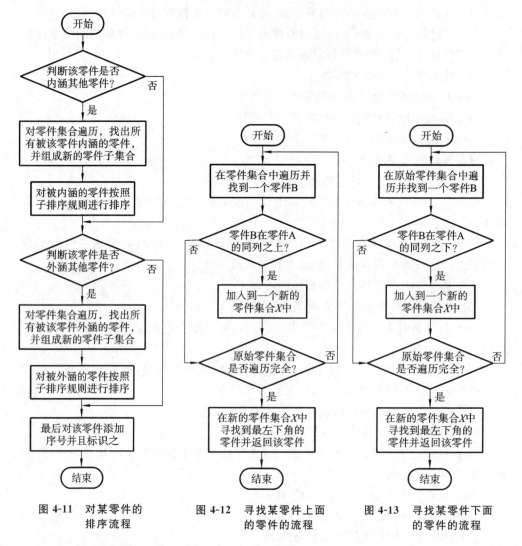

图 4-11　对某零件的排序流程　　图 4-12　寻找某零件上面的零件的流程　　图 4-13　寻找某零件下面的零件的流程

不规则图形：560 个(异形体 400 个，英文字符 120 个，中文字符 40 个)；28 个(异形体 20 个，英文字符 6 个，中文字符 2 个)。

实验中，对 560 个零件进行排序时，采用"n"字形算法用时 123 s，采用"N"字形算法用时 122 s；对 28 个零件进行排序时，采用"n"字形算法用时 0.5 s，采用"N"字形算法用时 0.5 s。结果表明，零件切割排序效果良好，能够符合实际切割要求，但是运行时间比较长。排序结果如图 4-16 和图 4-17 所示，图中数字为零件排序序号，单零件的轮廓切割顺序为先切割内轮廓再切割外轮廓。零件的切割虚线为切割路径。

### 4.2.3　切割起点局部优化算法

切割起点的不同，对总的切割行程影响很大。如图 4-16 所示，外轮廓的起点是

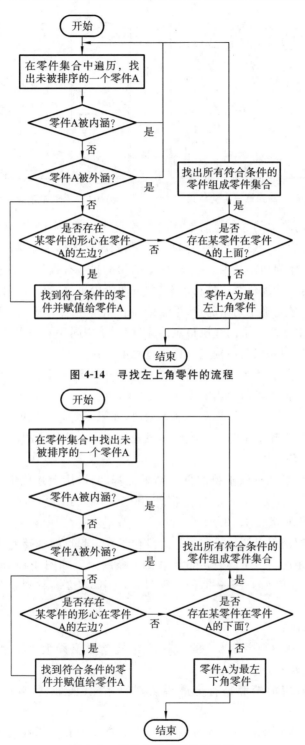

图 4-14　寻找左上角零件的流程

图 4-15　寻找左下角零件的流程

图 4-16　"n"字形启发式算法实验结果

图 4-17　"N"字形启发式算法实验结果

右上角的节点,内轮廓的起点是右下角的节点,总空行程为 10859.637 mm。对切割起点还可以进行优化以缩短总的切割行程。切割起点的确定原则是可以选取轮廓上的任意一个顶点作为切割起点,一个轮廓上的切割起点有且只有一个。

本小节采用局部优化算法进行求解,并分两阶段进行:第一阶段先根据序号相连的两个零件起点最短确定切割起点;第二阶段在第一阶段的基础上以序号相连的三个零件的起点,根据两点之间线段最短的原理,调整中间序号的零件的切割起点。

第一阶段,切割起点初步确定。算法过程如下:

Step 1:从原点开始,在切割顺序为 1 的轮廓中找到与原点距离最短的一点作为该轮廓的起点,并把该点作为当前点。

Step 2:判断切割序号是否等于轮廓总数,如果相等,则结束。否则找到后面序号的一个轮廓,把该轮廓上与当前点距离最短的点作为该轮廓的起点,并把该起点作为当前点。重复 Step 2。

以"n"字形启发式算法求得的排序结果为基础,运用上述确定切割起点算法所得效果如图 4-18 所示。当算法流程作用完毕,起点初步确定时,总空行程为8707.844 mm,相对优化了 19.81%。

第二阶段,切割起点调整。在第一阶段初步确定起点的基础上,根据两点之间线段最短原理,把相连的三个起点尽量调整到一条线上。如图 4-19 所示,按照第一阶段得到切割起点顺序为 $1 \rightarrow 2' \rightarrow 3$,但是很明显切割起点 $2'$ 转移到起点 2 时,空行程更短。

算法流程如下:

Step 1:从轮廓切割序号为 2 的轮廓开始(轮廓数必须大于 2 个,否则结束),把该轮廓作为当前轮廓,进入 Step 2。

Step 2:判断当前轮廓是否为最后切割的零件,如果是,流程结束。否则,转Step 3。

Step 3:以当前轮廓的前一个轮廓和后一个轮廓的起点为线段的两个端点构造一条线段。

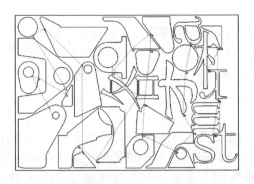

图 4-18　轮廓起点优化第一阶段后效果示意图

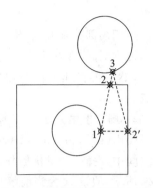

图 4-19　切割起点调整示意图

Step 4：如果该线段与当前轮廓有交点，任意选择一个交点作为该轮廓的新起刀点；如果没有交点，当前轮廓的起点不变。

Step 5：切割序号加 1，把该序号的轮廓作为当前轮廓，并转 Step 2。

把上面说的步骤循环 3 次，经过编程实现调整，结果如图 4-20 所示，总空行程缩短为 7872.028 mm，缩短了 9.60%。

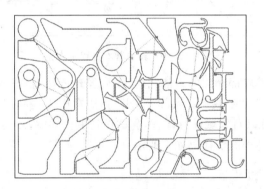

图 4-20　轮廓起点优化第二阶段后效果示意图

# 4.3　切割路径优化的智能算法

## 4.3.1　切割起点选取的优化策略

### 1. 切割起点的选取思路

为了减少计算量，切割起点一般来说从零件轮廓的特征点中选取，并且选取轮廓上与原点距离最近的点。如果切割零件时只知道轮廓上的特征点，那么其他点的信息需要通过特征点和空间关系的计算来得到。如圆形的特征点是圆的第四象限点，多边形的特征点是多边形的角点，任意封闭样条曲线的特征点就是样条曲线的拟合点。

采用局部搜索方法,确定一个切割起点,然后以切割起点为搜索初始解,确定一定的搜索区间,在这个起点的邻域结构区域内搜索满足切割条件的离切割起点最近的点,然后再将此点作为搜索解,重复上面的步骤,则可确定各个零件轮廓的切割起点。

**2. 局部搜索方法:HC 算法**

爬山(hill climbing,HC)算法是一种贪心搜索算法,该算法每次从当前解的临近解空间中选择一个最优解作为当前解,直至达到一个局部最优解。其基本过程如图 4-21 所示,假设 A 为当前解,HC 算法搜索到 B 点这个局部最优解,就会停止搜索,因为在 B 点无论向哪个方向小幅度移动都不能得到更优的解[6]。

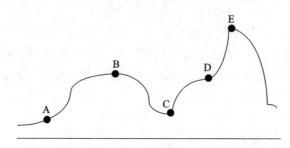

**图 4-21　HC 算法基本过程示意图**

HC 算法是一种局部择优的方法,它采用启发式方法对深度优先搜索进行改进,并利用反馈信息的帮助生成解。实际上,HC 算法常用于提高搜索效率,因为在局部方式中,局部搜索可以对邻域进行调查,尝试得到更优的解。

HC 算法搜索过程的伪代码如下所示:

```
Procedure:Hill Climbing
  Begin
    While(Hill Climbing has not been stopped)do
      Generate a neighborhood solution φ′
      If F(φ′)<F(φ)
      Then φ=φ′
    End
  End
```

**3. 基于 HC 算法的切割起点选取策略**

一般来说,零件轮廓切割起点的选取应满足两个约束条件:①切割起点应位于该轮廓相对于周边零件的最空阔位置处,从而便于切割起弧;②为切割顺序排序的优化创造条件,便于实现切割空行程最短化。当两者不能同时满足时,应优先满足约束条件①,以保证切割质量。通过基于 HC 算法的切割起点选取策略可实现约束条件①,而通过与求解 TSP 相似的算法可实现约束条件②。

用 HC 算法描述切割起点的选取过程基本如下：从零件轮廓的特征点中选取离原点最近的那个点作为切割的起点，并且从当前这个起点开始，搜索周围邻居起点的值并进行比较。若当前起点值是最大的，则返回当前起点，作为最大值（即山峰最高点）；反之就用值最大的邻居起点来替换当前起点，从而实现向山峰的高处攀爬的目的，如此循环直到达到最高点。

该策略的具体步骤描述如下：

Step 1：在套料图外围的左下角处选择一点作为原点，同时选取零件的离原点最近的那个特征点作为切割起点，并保存此位置坐标。

Step 2：从当前起点开始，采用局部搜索方法，搜索周围的邻居起点（特征点），并把它们的值与当前起点的值进行比较。若比当前起点大，就用值最大的邻居起点来替换当前起点，作为最大值（即山峰最高点）；反之，则返回当前起点。

Step 3：判断第一个零件是否包含内轮廓。如果包含，则从在 Step 1 中确定的切割起点按照反向切割顺序，搜索紧临内轮廓上距离该点最近的点作为该内轮廓的切割起点，并且继续从这个切割起点进行局部搜索，直到第一个零件所有轮廓的切割起点确定。如果第一个零件不包含内轮廓，按照与 Step 2 相同的搜索规则，确定钢板上所有轮廓的切割起点，并保存这些切割起点的位置坐标。

Step 4：逆向搜索。以在 Step 3 中确定的最后一个切割起点为局部搜索起点，按照 Step 2 的搜索规则，重新确定其余零件轮廓的切割起点。根据各个起点的位置，完成零件轮廓切割起点的选取工作。

### 4.3.2　切割路径优化问题的蚁群算法

#### 1. 蚁群算法简介

蚁群（ant colony，AC）算法是一种模仿蚂蚁群体行为的智能算法，它采用人工蚂蚁的行走路线来表示待求解问题的可行解，已经成功应用于解决一系列组合优化问题。对蚁群的搜索行为起到决定作用的因素主要有四个，即搜索策略、蚂蚁的内部状态、信息素轨迹和决策表。下面从 AC 算法的数学模型和流程等两个方面进行论述，并总结该算法的特点。

1）AC 算法数学模型

蚂蚁 $k(k=1,2,\cdots,m)$ 在移动过程中，依据各条路径上的信息素量决定其转移方向。设 $p_{ij}^{k}(t)$ 表示 $t$ 时刻蚂蚁 $k$ 由 $i$ 点移动到 $j$ 点的状态转移概率[7,8]，则有

$$p_{ij}^{k}(t) = \begin{cases} \dfrac{\tau_{ij}(t)\eta_{ij}^{\beta}}{\displaystyle\sum_{u \in \text{allowed}_k(t)} \tau_{iu}(t)\eta_{iu}^{\beta}}, & j \in \text{allowed}_k \\ 0, & \text{其他} \end{cases} \tag{4.9}$$

式中：$\tau_{ij}(t)$ 表示 $t$ 时刻的信息素轨迹；$\eta_{ij}$ 表示路径的启发信息，一般 $\eta_{ij}=1/d_{ij}$；$\beta$ 为启发函数重要程度因子，其值越大，表示启发函数在转移中的作用越大，即蚂蚁会以较

大的概率转移到距离短的城市；$allowed_k$ 表示 $t$ 时刻没有被分配到蚂蚁 $k$ 的可用节点。则 $t+1$ 时刻的信息素轨迹更新规则表示如下：

$$\tau_{ij}(t+1) = (1-\rho)\tau_{ij}(t) + \rho\Delta\tau_{ij}(t) \tag{4.10}$$

式中：$\rho$ 表示信息素挥发系数，且 $0 \leqslant \rho < 1$，$1-\rho$ 表示信息素残留系数；$\Delta\tau_{ij}(t)$ 表示 $t$ 时刻到 $t+1$ 时刻路径 $(i,j)$ 上的信息素增量，即 $\Delta\tau_{ij}(t) = 1/F^{\text{elitist}}$，$F^{\text{elitist}}$ 为搜索开始时的最优值。由式（4.9）和式（4.10）可以得出 AC 算法的数学模型[9]：

$$\Delta\tau_{ij}^k(t) = \begin{cases} \dfrac{E}{L_k}, & \text{第 } k \text{ 只蚂蚁经过}(i,j)\text{ 点} \\ 0, & \text{其他} \end{cases} \tag{4.11}$$

式中：$E$ 表示蚂蚁循环一周在路径上释放的信息素总量，是个常数；$L_k$ 表示第 $k$ 只蚂蚁在这次循环中所走路径的总长。

2）AC 算法流程

AC 算法流程如图 4-22 所示。

由上可知，AC 算法是一种结合了正反馈机制和分布式计算的算法，正反馈机制能快速发现较优解，分布式计算则避免了算法早熟收敛。AC 算法具有很强的搜索较优解的能力，并且鲁棒性很强，如果与其他启发式算法结合，更能大大改善算法的性能。

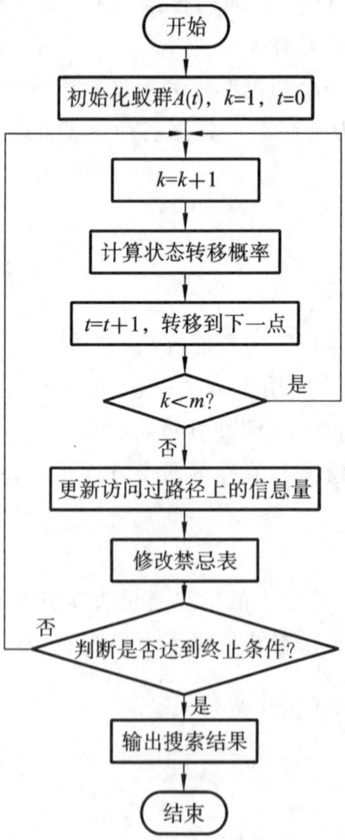

不过，该算法也存在一些不足之处：算法构造过程计算量大，需要的搜索时间较长；各个个体的移动是随机的，当群体规模较大时，找出一条较好的路径需要很长的时间，这时容易出现停滞现象；当搜索到一定程度时，所有个体所发现的解完全一样，不能对解空间进行更多的搜索以发现更好的解。

图 4-22　AC 算法流程

**2. 切割顺序排序规则**

零件的切割顺序需遵循如下排序规则：

规则 4.1：零件的内轮廓优先于外轮廓。

规则 4.2：零件的切割顺序优先排序其包含的零件。

规则 4.3：靠近钢板或零件内轮廓边缘位置的零件，若随着零件的移走而动态发生变化，则优先选择。

规则 4.4：在规则 4.3 的前提下，较小的零件应优先于较大的零件。

规则 4.5：在规则 4.4 的前提下，近邻原则优先。

**3. 基于 AC 算法的切割顺序排序优化**

切割顺序排序最重要的目标，就是确保零

件的切割质量。这主要是通过减小热变形,而不是最大限度地减小割嘴移动的总距离而实现的,原因是前者的好处明显大于后者的损失。由此,合理的目标就是优化切割过程,尽量减小割嘴移动的总距离。本小节提出了面向过程的基于 AC 算法的切割顺序排序方法,以确保切割质量。其具体步骤如下。

Step 1:在钢板的左下角或者在包含大零件的内轮廓区域内,选择一个小零件作为第一个切割件 $P_1$。

Step 2:判断 $P_1$ 是否包含一些内轮廓。若有,则把这些内轮廓排序,然后排在 $P_1$ 外轮廓之前;否则,设 $P_1$ 外轮廓为第一个轮廓,并转到 Step 4。

Step 3:如果 $P_1$ 内轮廓还包含一些嵌套件,则根据这些内轮廓的顺序,通过递归调用 AC 算法把每个内轮廓嵌套件排序,然后添加到内轮廓顺序中。

Step 4:如果所有零件均已排序,则算法结束;否则,选择 $P_1$ 的邻居作为下一个切割件 $P_2$。

Step 5:如果 $P_2$ 内轮廓包含一些嵌套件,则根据这些内轮廓的顺序,递归调用 AC 算法,对每个内轮廓的嵌套件排序,并添加至内轮廓之前。使 $P_1 = P_2$,并转到 Step 4。

**4. 切割路径优化的混合算法**

由 4.3.1 小节可知,零件轮廓的切割起点选取问题可以采用 HC 算法来求解;而由 4.3.2 小节又可知,切割顺序的排序问题可以采用求解 TSP 的 AC 算法来优化。但是在实际的切割问题中,切割起点和切割顺序不能截然分开单独作为两个问题,而应看成一个问题的两个方面,并且这两个方面密切相关,互相影响。所以求解这两个问题时要采用一种统一的优化算法,我们在此提出一种混合 AC 算法和 HC 算法的新算法 HACHC,从而追求对两个问题的一致求解方案。

1)切割路径优化规则

切割路径的优化,就是在零件切割顺序的基础上,进一步规划套料图内整个切割路径。首先规划好打孔点,以辅助确定切割路径和每个零件轮廓的切割方向,然后再优化几个零件之间的切割路径以及每个零件的切割起点和切割方向。

为了确保切割质量,轮廓的切割过程通常是从废物区的附近开始和结束,而不是从轮廓本身开始或结束。从打孔点开始,先于轮廓的切割路径被称为引入辅助线。纯粹的轮廓切割之后,离开轮廓的切割路径被称为引出辅助线。轮廓辅助线的设置要素包括类型(直线或圆弧)、位置和长度,这些都取决于轮廓的性质、起点、周边区域,以及材料和钢板的厚度等。

因此,切割路径的优化方法必须遵循下面的一些规则:

规则 4.6:轮廓的打孔点应设置在废物区域,应追加引入辅助线和引出辅助线到轮廓的切割路径。

规则 4.7:轮廓的切割方向取决于钢板的动态边界,以尽可能减少热变形。

规则 4.8:如果几个小零件套料在了一起,那么由于区域小,只能有一个打孔点,并且需要连续切割这些零件。

规则 4.9：如果两个外轮廓共享一条很长的直线边缘，那么就应优化这条边作为两个轮廓只需切割一次的共享切割路径。

2）混合 AC 算法与 HC 算法的 HACHC 算法

为保证切割起点选取和切割顺序排序的联动和最佳路径的寻找，我们设计了一种新的混合算法，使之能够有序循环和求解切割路径。因为 AC 算法具有全局搜索能力、较强的鲁棒性且易与其他算法结合，HC 算法能够快速在局部找到最好解，所以基于 Memetic 算法的思想，混合 AC 算法和 HC 算法，得到新的 HACHC 算法。HACHC 算法的基本步骤如下：

Step 1：初定各零件的切割起点。套料图中各零件的套料位置固定，在套料图左下角处设置一个原点位置，依据切割起点到原点的距离最短原则，选取各零件其中一个离原点最近的特征点作为初始的切割起点。

Step 2：产生初始的蚁群移动路径。若每条路径表示一只蚂蚁的爬行轨迹，则蚁群根据移动过程中经过各点周围的启发信息概率，产生多条从一个零件到其他零件的可行移动路径。

Step 3：更新信息素。对所产生的每条可行移动路径，分别计算路径的长度和所对应信息素的增量，再利用式（4.10）所示的信息素更新规则对路径上的各点所对应的信息素进行更新。

Step 4：修正初始可行移动路径。改变蚂蚁移动方向以减少路径，再将这些新路径与记录中的最短路径进行比较，若新路径总长度更小，则用新路径代替最短路径。同时，新路径上各点的信息素及时更新（按照 Step 3 的方法）。若此时已达到设定的终止时刻，则转 Step 7。

Step 5：修正初始切割起点的位置。在修正初始可行移动路径时，发现有零件的另一特征点更适合作为切割起点时，将选取离原点距离非最近的特征点作为切割起点，此时将转向 Step 2。若不需要修正切割起点，则转 Step 6。

Step 6：产生下一时刻路径。运用当前点周围启发信息概率和式（4.9）所示的信息素轨迹转移概率，产生最新的可行路径，并转 Step 3。

Step 7：输出最短路径。算法结束，将当前路径作为最短路径输出。

3）HACHC 算法流程

结合 AC 算法和 HC 算法各自的工作流程，得出混合的 HACHC 算法流程如图4-23 所示。

### 4.3.3　试验结果与讨论

#### 1. HACHC 算法求解切割路径

工作条件：计算机一台，CPU 2.5 GHz，2G RAM，Visual C++6.0 开发环境；钢板规格 2000 mm×1000 mm，零件（包含矩形件和异形件）20 个。套料后如图 4-24 所

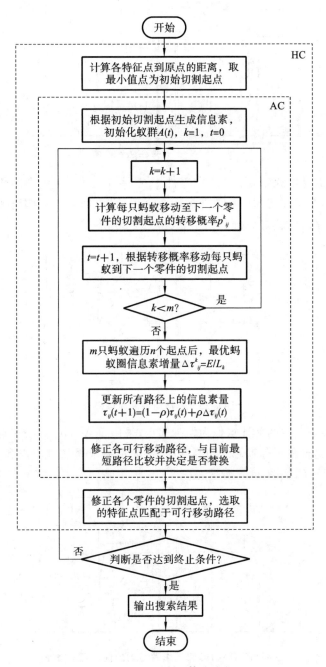

**图 4-23　HACHC 算法流程**

示,零件序号从 1 标到 20。

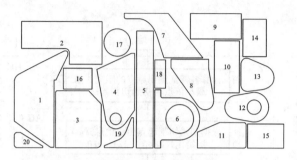

**图 4-24　20 个零件的套料图**

　　根据切割的基本原则,图 4-24 中零件 4、零件 6、零件 12 包含内轮廓,共有 3 个内轮廓。因此,在实际切割中需要考虑这 3 个内轮廓,即要增加编码数,那么在钢板上零件切割顺序编码就有 20＋3＝23 个,如图 4-25 所示。

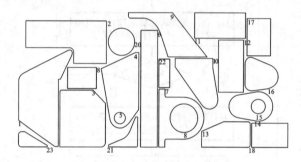

**图 4-25　零件切割顺序编码**

　　然后,将各个零件的特征点作为切割起点,采用 HACHC 算法求解,不断调整每个零件的切割起点和所有零件的切割顺序,从而最终求得切割起点和切割顺序均得到优化的切割路径,如图 4-26 所示。

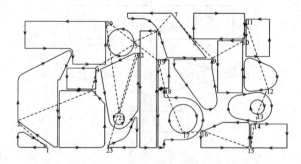

**图 4-26　HACHC 算法求解得到的优化切割路径**

**2. 与其他切割路径优化方法比较**

　　在实际切割过程中,也有很多切割方法能自动生成切割路径,比较著名的有"N"

字形启发式排序算法。现在采用两两对比方式,即在切割起点有无优化的情况下,分别进行"N"字形算法排序和 HACHC 算法排序。切割路径的结果对比如图 4-27 至图 4-30 所示。

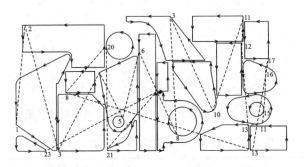

**图 4-27　切割起点随机的"N"字形算法切割路径图**

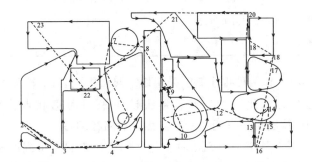

**图 4-28　切割起点优化的"N"字形算法切割路径图**

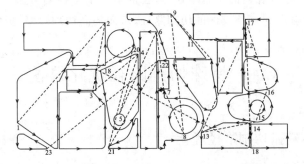

**图 4-29　切割起点随机的 HACHC 算法切割路径图**

从上面 4 个切割路径图可以看出,假如只进行排序而不对切割起点进行优化,则切割路径得不到完整优化;同样,只是把切割起点连接起来而不进行切割顺序的排序优化,所得到的切割路径也不是最优路径。有无优化切割起点,采用"N"字形算法或采用 HACHA 算法,分别求解同一套料图的切割路径总长度的结果对比如表 4-1 所示。

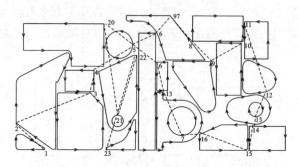

图 4-30　切割起点优化的 HACHC 算法切割路径图

表 4-1　HACHC 算法与"N"字形算法的结果对比

| 不 同 条 件 | "N"字形算法排序 | HACHC 算法排序 | 优 化 比 例 |
|---|---|---|---|
| 切割起点随机 | 4638.62 mm | 4719.33 mm | −1.7% |
| 切割起点优化 | 3379.70 mm | 3044.91 mm | 9.9% |
| 优化比例 | 27.14% | 35.48% | — |

从表 4-1 可以看出,两种排序算法采用切割起点优化后,空行程的轨迹都能明显缩短,切割路径得到优化。"N"字形算法排序采用切割起点优化后路径缩短27.14%,HACHC 算法排序采用切割起点优化后路径缩短 35.48%。从实验结果中还可以看出,采用 HACHC 算法对零件排序并优化切割起点得到的轨迹比采用"N"字形排序并优化切割起点得到的轨迹明显缩短 334.79 mm,路径优化了 9.9%。由此可知,采用切割起点优化的 HACHC 算法得到切割路径的方法是有效的,并且使用此混合方法能够得到一条较优的切割路径,从而提高切割效率,降低生产成本。

# 4.4　特殊切割路径优化算法

## 4.4.1　防碰撞切割路径优化

激光切割中普遍采用自动调高装置以保证切割质量,鉴于调高器原理,带有调高装置的激光头不能途经钢板上的已切割区域(空洞),否则激光头将下沉而与钢板发生碰撞。在激光头高速移动过程中,为了防止激光头与钢板或者工件发生碰撞,在激光切割路径的设计中,激光头的空行程应该尽量避免经过已切割零件后所形成的空洞区域。我们将符合上述原则的切割路径优化方法称为激光头防碰撞避让算法。

为了简化问题,在研究激光头防碰撞避让算法时,采用先确定零件切割顺序,再确定零件切割起点,最后对切割起点进行优化调整的思路。

**1. 零件轮廓切割顺序的确定**

对于一张所有待切割零件已经在钢板上排样的排样图,下一个生产步骤就是在钢板上切割所有的零件。要提高生产效率,满足激光切割特点的切割路径的规划就是必要的。要确立合理的切割路径须从两方面考虑:第一,要确定排样图上各个零件轮廓的切割顺序;第二,选取激光切割的起刀点。这两个方面的要求满足了,一个确定的加工路径就生成了,将由这条路径生成相应的数控代码导入数控激光切割机,就能加工出所需要的零件了。一张排样图上可能会有很多个零件,而这些零件会产生很多可能的切割顺序,假设排样图有 $n$ 个零件,那么零件轮廓的切割顺序就会有 $n!$ 种可能,如果排样图上有 10 个零件,那么便有 3628800 种可能切割顺序;而一个零件轮廓上任意一点都可能作为切割点,为了简化计算,通常会将零件上的特征点作为切割点的待选点,即使这样,得到的所有切割路径的数目也是巨大的,计算机需要耗费大量的时间来计算,况且一张排样图上的零件远远不止 10 个。因此在产生激光切割零件实际路径之前,首先确定待切割零件的切割顺序,能有效地提高切割路径生成的速度。零件轮廓的切割顺序确定总的来说应该遵循以下原则:

第一:切割方向按顺序进行,避免杂乱无章;

第二:尽量避免切割的跳跃;

第三:首先切割零件内轮廓;

第四:避免切割时遗漏任何零件。

在实际工程应用中,一般可采取 4.2 节中所述的"n"字形或"N"字形排序方法。

**2. 算法描述**

当排样图上零件的切割顺序确定了以后,就应该考虑确定排样图上各个待切割零件的切割起点了。零件轮廓上的任意一个点都可以作为零件的切割起点,这样就可以产生无数条切割加工路径,我们必须从中选择出符合激光切割特点并且能降低生产成本的路径。根据激光切割机随动系统的特点,割嘴切割完零件轮廓之后,要抬升到安全高度,目的是防止割嘴在经过钢板上已切割零件所形成的空洞时在随动系统的作用下下落而导致与钢板发生碰撞或者与已切割零件发生碰撞。如图4-31所示,图中加粗部分表示割嘴轨迹经过已切割零件后形成的空洞区域,从图中看出,切割零件过程中割嘴抬升 14 次,其中只有 10 次是必要的。为了减少割嘴不必要的抬升,提高切割效率,并且防止割嘴损坏,激光头(割嘴)防碰撞避让算法应该遵循以下原则:

(1)切割轨迹尽量避免经过已切割区域;

(2)对于无法避免要经过已切割零件轮廓区域的路径,切割运动到此处时,割嘴绕行零件以避让。

1)算法总体思路及详细流程

根据前文提出的零件排序算法,对待切割零件轮廓按顺序编号,确定零件轮廓切割顺序后,确定零件加工的轨迹,在此过程中,遵循尽量减少经过钢板上已切割区域

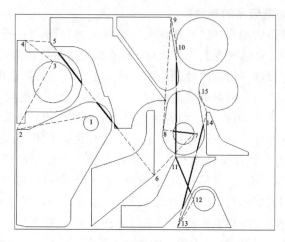

**图 4-31　零件切割轨迹**

的原则。主要的算法思路包括以下几步：

　　Step 1：生成排样图，对排样图上的所有零件进行排序，确定各个零件的切割顺序，在第一个零件上确定切割起点，将此切割起点确定为程序的搜索起始点，继续执行 Step 2。

　　Step 2：按照 Step 1 确定的切割顺序编号在当前轮廓上搜索与上一个切割起点距离最短的点作为该轮廓的切割起点，重复执行 Step 2，直到排样图上所有轮廓搜索完毕，确定各轮廓的切割起点，继续执行 Step 3。

　　Step 3：以 Step 2 确定的最后一个轮廓的切割起点为新一轮的搜索起始点，依据 Step 2 搜索原则，按照 Step 1 的零件轮廓的编号顺序反向调整各轮廓的切割起点，重复执行 Step 3，直到排样图上所有轮廓搜索完毕，确定各轮廓的切割起点，继续执行 Step 4。

　　Step 4：根据 Step 3 确定的各个轮廓的切割起点，生成割嘴的切割轨迹，判断当前轮廓和下一轮廓之间的空行程轨迹是否经过已经切割的轮廓区域。如果是，则搜索该轮廓，判断是否存在符合条件的点使得两个轮廓之间的空行程轨迹不经过已切割轮廓区域；如果不存在符合条件的点，切割起点仍然用 Step 3 已经确定的点。重复执行 Step 4 直到搜索完毕，继续执行 Step 5。

　　Step 5：全局搜索，判断激光割嘴空行程轨迹与已切割轮廓是否有交点，若有交点则调整该部分轨迹，让其绕行零件外轮廓，避让已切割区域。重复执行 Step 5，直至符合条件，程序结束。

　　激光头防碰撞避让算法的详细流程如图 4-32 所示，图中一些符号的说明如下：

　　$T_k$ 表示执行 Step 2 中第一轮搜索确定的轮廓切割起点；

　　$D_k$ 表示执行 Step 3 中第二轮搜索重新确定的轮廓切割起点；

　　$P_k$ 表示执行 Step 4 中经过对第二轮搜索确定的轮廓切割起点再调整从而确定

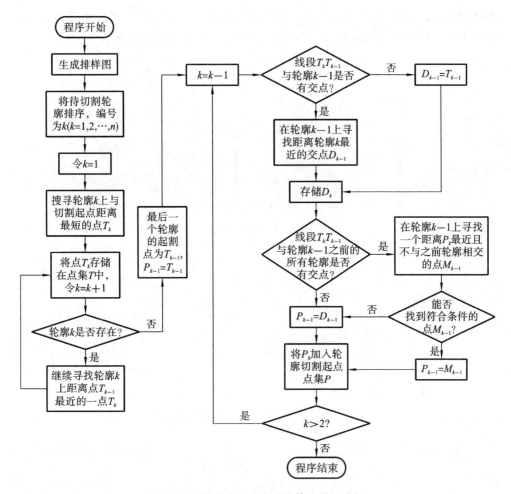

**图 4-32　激光头防碰撞避让算法详细流程**

的轮廓切割起点。

2）算法相关的搜索流程

在 Step 4 中局部调整切割起点的算法思路如下：

Step 4.1：根据已确定的各轮廓的切割起点形成激光切割空行程路径，判断当前待调整切割起点的轮廓和与其轨迹有交点的轮廓的位置关系；

Step 4.2：按照位置关系，在当前轮廓上反向搜索符合条件的点，作为当前轮廓新的切割起点；

Step 4.3：局部调整结束。

**3. 实验验证**

实验中，对 19 个不规则零件图形在 2000 mm×1000 mm 的钢板上进行排样，得到排样图如图 4-33 所示。分别采用"n"字形和"N"字形排序算法对排样图中的零件进行排序,根据切割顺序随机生成的轨迹如图 4-34 所示,采用激光头防碰撞避让算法优化后得到的切割轨迹如图 4-35 所示。图中虚线均表示空行程。

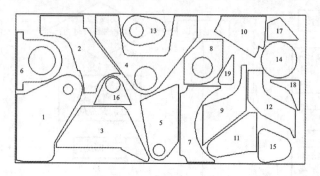

图 4-33　零件排样图

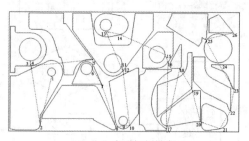

(a) "n"字形切割排序

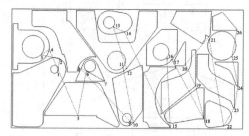

(b) "N"字形切割排序

图 4-34　未进行防碰撞优化的切割排序

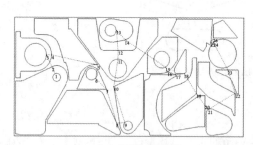

(a) "n"字形切割排序

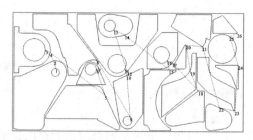

(b) "N"字形切割排序

图 4-35　采取防碰撞优化后的切割排序

防碰撞切割路径优化前后的结果对比见表 4-2。

从表 4-2 中可以看出,在防碰撞优化之前,采用"n"字形排序算法得到的切割轨迹中,激光割嘴经过已切割区域次数达到 8 次,采用"N"字形排序算法得到的切割轨迹中,割嘴经过已切割区域次数达到 11 次。如果没有采用激光头防碰撞避让算法,为了保护激光割嘴,每切割完一个零件轮廓,激光割嘴需要抬起到安全高度,这样必然延长空行程时间。采用激光头防碰撞避让算法优化之后,"n"字形和"N"字形排序算法得到的轨迹中,激光割嘴经过已切割区域的次数大大减少,均只有 1 次,并且空行程路径分别缩短了 41.5% 和 31.0%。上述实验表明,所提出的激光头防碰撞避让算法不仅可以有效避免割嘴与钢板或零件发生碰撞,而且能够进一步缩短切割空行程,从而达到良好的优化效果。

表 4-2　防碰撞优化前后结果对比

| 算　　法 | "n"字形排序算法 | | "N"字形排序算法 | |
| --- | --- | --- | --- | --- |
| | 经过已切割区域次数 | 空行程长度/mm | 经过已切割区域次数 | 空行程长度/mm |
| 优化前 | 8 | 6740 | 11 | 7960 |
| 优化后 | 1 | 3940 | 1 | 5490 |
| 优化比例 | 87.5% | 44.5% | 90.9% | 31.0% |

### 4.4.2　共边切割路径优化

在零件优化排样后需要对零件进行切割路径的设计[10-14],通常情况下,激光切割机切割零件的过程如下[15]:首先割嘴移动到引割点处停一段时间,将钢板打出一个透孔(引割孔),然后经过引入线按零件形状运行一周,切割出一个零件;按照一定的切割顺序,不断重复上述动作,直至切割出所有的零件为止。然而对于有很多公共边的零件,如果仍然按照这种常规方法切割,势必会造成时间、行程、能量等的极大浪费。为了避免这些浪费,我们采用共边切割的方法能够有效地优化切割路径。

共边切割[16-18]就是在优化排样时按照一定规则将具有长边的零件尽可能以长边对长边的方式排列在一起,在生成切割指令时对这些零件外轮廓的公共边部分只进行一次切割,如图 4-36 所示。共边切割已被认为是提高切割效率、节省切割成本的重要措施,在这里我们提出基于图论理论的"一笔画"共边切割方法,并与常规共边切割方法进行比较。

图 4-36　共边切割示意图

**1. 常规共边切割方法**

设共边排料图中有 $n$ 个零件，已经按最短路径的原则排好切割顺序，零件记为 $P_1, P_2, \cdots, P_n$。常规共边切割方法步骤如下：

Step 1：首先切割 $P_1$，并找出 $P_1$ 与 $P_2$ 的公共边 $E_{12}$。

Step 2：以零件 $P_1$ 和零件 $P_2$ 的公共边 $E_{12}$ 的两个端点中任一个端点为切割起点，切割零件 $P_2$。然后找出 $P_2$ 和 $P_3$ 的公共边 $E_{23}$。

Step 3：重复以上步骤，直到切割完最后一个零件 $P_n$ 为止。

常规共边切割方法实际上就是按着零件的排列顺序进行逐一切割，公共边只切割一次，如图 4-37 所示。这种方法简单且算法容易实现。

**2. "一笔画"共边切割方法**

1）共边排样零件的图论表达

图 4-38 所示是一些具有公共边的零件组成的共边排样图，这是个典型的共边排样图。我们不难发现，共边排样图非常适合用图论来表达，而且通常情况下我们都是用图论的有关技术来解决钢钣切割的路径优化问题的。

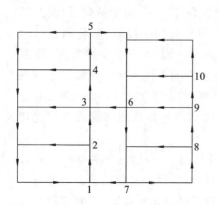

图 4-37　常规共边切割

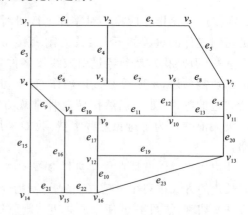

图 4-38　具有公共边的零件组成的共边排样图

设图 $G$ 是一个三元组[19]，记作 $G = \langle V(G), E(G), \varphi(G) \rangle$，其中：

（1）$V(G) = \{v_1, v_2, \cdots, v_n\}$，$V(G) \neq \varnothing$，称为图 $G$ 的结点集合（vertex set）。

（2）$E(G) = \{e_1, e_2, \cdots, e_n\}$ 是 $G$ 的边集合（edge set），$E$ 中的每一个元素 $e_k$（即 $V$ 中某两元素 $v_i, v_j$ 的无序对）记为 $e_k = (v_i, v_j)$，被称为该图的一条边。

（3）$\varphi(G): E \rightarrow V \times V$ 称为关联函数（incidence function）。

设 $G$ 是任意图，$v_i$ 为 $G$ 的任一结点，与结点 $v_i$ 关联的边数称为 $v_i$ 的度数（degree），记作 $\deg(v_i)$。利用上面有关图论的定义，我们很容易给出共边排样图的图论表达。

2）"一笔画"共边切割算法实现

图论中有一种特殊的图，即欧拉图[20]，它有一个很重要的性质：从欧拉图的任一顶点出发都能求得一条欧拉回路[21]，即可无重复边一笔绘出。如果图 $G(V, E)$ 中各顶点的度数均为偶数,则图 $G$ 一定是欧拉图。另外,如果图 $G$ 中除两个顶点 $v_i$、$v_j$ 的度数为奇数外,其他顶点的度数均为偶数,则一定存在一条从 $v_i$ 到 $v_j$ 的路径,它经过了图 $G$ 各边一次且无重复,这条路径称为欧拉通路。这个问题不难理解,连接 $v_i$、$v_j$ 补加一条新边,则此时图 $G$ 变成各顶点的度数都是偶数,即构成了欧拉回路,求得欧拉回路后,再去掉 $v_i$ 与 $v_j$ 间的补加边即得到 $v_i$ 到 $v_j$ 的欧拉通路。显然欧拉通路也仅需一个打孔点且一次切割中无空行程。因此我们可以利用欧拉图的原理对共边排样零件进行共边切割,由于只需打一次孔,所以这种方法简称"一笔画"共边切割方法。图 4-39 所示是一个欧拉图,它可以无重复边一笔绘出,其遍历轨迹为 1→2→3→4→2→5→3→6→7→4→1。

在实际切割中,有相当多的共边排样件组成的图不是欧拉图,对于这种情况,我们应当设法把非欧拉图转化为欧拉图,然后利用"一笔画"共边切割方法进行切割。由图论知:在任何图 $G=(V,E)$ 中,奇度顶点的个数为偶数,因此对于一般非欧拉图 $G$,设 $G$ 图中奇度顶点的个数为 $2K$($K$ 为自然数)。根据欧拉图性质,对于一个奇度顶点为 $2K$ 的连通图 $G$,有 $K$ 个不变子图,这些子图包含了图 $G$ 的所有边,

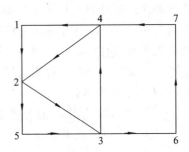

图 4-39 欧拉图的遍历轨迹

并且每个子图都是一条欧拉通路。这说明在一般情况下,$K$ 条路径是足够的,同时也是最少的。当然这在切割中就意味着割嘴最少需要打 $K$ 次孔,经过 $K$ 条切割路径就能完成所有共边切割。于是通过对 $2K$ 个奇度顶点两两添加一条边后,得到的新图 $G'$ 就是欧拉图。现在的问题是如何添加这 $K$ 条边才能使 $K$ 条路径总和较短,同时又尽量避免在共边排样件内部打孔,并且算法要尽量简单,以确保在计算机编程上容易实现。为了与图 $G$ 原来的边相区别,我们把添加的边称为虚边。通过研究,添加虚边应遵循以下步骤:①计算出图 $G$ 外轮廓和非外轮廓上的奇度顶点个数,并比较大小;②如果外轮廓上的奇度顶点个数小于非外轮廓的,则首先用图 $G$ 外轮廓上的每个奇度顶点与非外轮廓上的最近奇度顶点相连,然后非外轮廓上剩下的奇度顶点则两两以最近原则结合,添加虚边;③反之,如果外轮廓上的奇度顶点个数大于非外轮廓的,则首先用图 $G$ 非外轮廓上的每个奇度顶点与外轮廓上的最近奇度顶点相连,然后外轮廓上剩下的奇度顶点则两两以最近原则结合,添加虚边。其中第②和第③步的目的是避免内部穿孔,添加的虚边在切割过程中是不用切割的,而是以跳刀处理。图 4-40 所示为一个简单的非欧拉图添加虚边后变成欧拉图的过程示例。通过上面的步骤我们可以把一个非欧拉图转换成一个欧拉图进行求解。接下来问题就是我们要找出合适的欧拉算法并且能够满足切割工艺要求。

目前,求解欧拉回路的算法很多,其中比较有名的算法是 Leury 算法及逐步插入回路算法,但是这些算法是不能直接用到共边切割上的。因为在实际的共边切割中

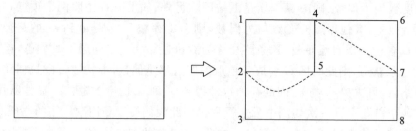

**图 4-40　欧拉图变换示例**

还必须满足一个重要约束条件:当图 $G$ 中一个回路被切割掉时,它的内部再无别的以该回路任一顶点为公共顶点而形成的任何回路(零件)。这是因为仅当图 $G$ 中所有内部边切割完后零件才能从毛坯钢板上掉下来,如果一个零件内部边没有切割而外边缘先切割,则内部边没有切割零件就从毛坯钢板上掉下来了,也就不能满足实际要求了。下面我们提出一种能满足共边切割要求的欧拉回路的求解方法,设欧拉图为 $G(V,E)$,求解步骤如下:

Step 1:求出欧拉图 $G$ 的外围封闭路径 $C$,接着把 $C$ 删去,得 $G_1$,则 $G_1 = G - E(C)$。其中 $G_1$ 可由连通分支 $G_{11},G_{12},\cdots,G_{1n}$ 来表达,即 $G_1 = G_{11} \bigcup G_{12} \bigcup \cdots \bigcup G_{1n}$。

Step 2:设 $C_{1j}(j=1,2,\cdots,n)$ 是 $G_{1j}$ 的切割轨迹,则 $C_{1j}$ 与 $C$ 至少有一个公共点,设其中之一为 $V_{c(j)}$。$G_{1j}$ 的求法为:若 $E(G_{1j}) - E(C_{1j}) = \varnothing$,则 $C_{1j}$ 就是沿着 $G_{1j}$ 图形外围周长的封闭路径;若 $E(G_{1j}) - E(C_{1j}) \neq \varnothing$,则要先求出 $G_{1j}$ 图形外围周长的封闭路径 $C'_{1j}$,仿照求 $G$ 的思路如此继续下去,经过有限次迭代即可得到 $G_{1j}$ 的切割轨迹 $C_{1j}$。

Step 3:由 $C$ 中的某个顶点 $V_1$ 出发沿 $C$ 前进,每行到一个公共点 $V_{c(j)}$ 就要先走完 $G_{1j}$ 再回到 $V_{c(j)}$,而后继续沿 $C$ 前进,这样就可以遍历图中的每一条边并回到出发点 $V_1$。

如图 4-41 所示,根据以上步骤,给定一个欧拉图 $G$(共边排样图),很容易求出符合"一笔画"共边切割工艺的欧拉回路:1→2→5→4→2→3→4→7→9→6→7→8→9→10→6→5→1。

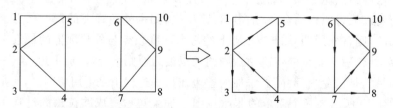

**图 4-41　由欧拉图生成"一笔画"共边切割轨迹示例**

3)"一笔画"共边切割方法与常规共边切割方法的比较

我们对"一笔画"共边切割方法采用 VC++编程实现,并通过实例对"一笔画"共边切割与常规共边切割方法进行比较。

　　图 4-42 所示为 6 种共 32 个零件组成的共边排样图,分别用常规共边切割方法和"一笔画"共边切割方法求解。两种共边切割方法的轨迹对比如图 4-43 所示。

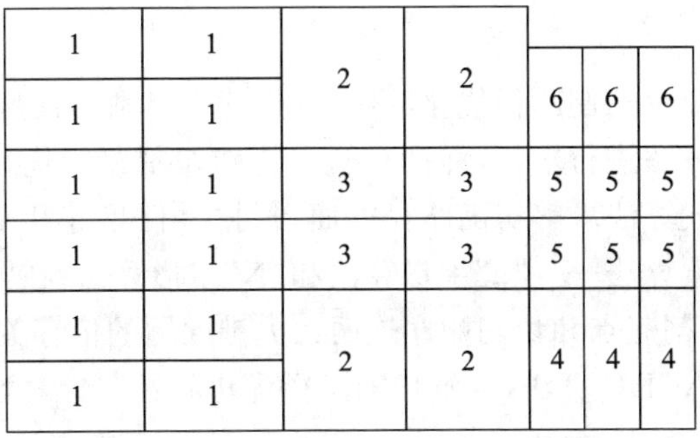

| 1 | 1 | 2 | 2 | | | |
|---|---|---|---|---|---|---|
| 1 | 1 | | | 6 | 6 | 6 |
| 1 | 1 | 3 | 3 | 5 | 5 | 5 |
| 1 | 1 | 3 | 3 | 5 | 5 | 5 |
| 1 | 1 | 2 | 2 | 4 | 4 | 4 |
| 1 | 1 | | | | | |

**图 4-42　32 个零件组成的共边排样图**

　　常规共边切割方法求解出的最终切割轨迹如图 4-43(a)所示。该方法在切割两零件的公共边时只切割了一次,减少了切割长度,从而提高了切割效率,相较于一般的共边切割方法有了很大的改进。然而,这种方法在打孔点的个数优化上并没有效果,32 个零件仍然需要 32 个打孔点,也就是有 31 个空行程。所以说这种常规共边切割方法总体优化效果并不太理想。

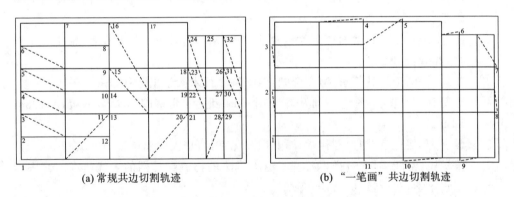

(a) 常规共边切割轨迹　　　　　(b) "一笔画"共边切割轨迹

**图 4-43　共边切割轨迹对比**

　　图 4-43(b)所示为"一笔画"共边切割方法求解出的最终切割轨迹。由图可知,"一笔画"共边切割方法与常规共边切割方法相比,不仅切割长度大大缩短,而且打孔点个数也显著减少。利用"一笔画"共边切割方法,32 个零件总共只需要打孔 11 次就可以全部切割完,并且只有 10 次空行程,其空行程的总长度也很短。实例结果证明了"一笔画"共边切割方法的有效性。当然,上述共边优化仅仅是几何意义上的对比,在实际切割优化中还需要考虑热变形等工艺问题。

# 4.5　本章小结

　　本章针对钢板套料切割路径优化问题,首先建立其数学模型,然后分别采用启发式算法和混合智能算法进行求解,并针对两类特殊切割路径优化问题提出了相应的求解方法。在启发式算法求解切割路径方面,根据零件尺寸和零件间的相对位置关系提出两种局部搜索算法——"n"字形算法和"N"字形算法;在混合智能算法求解切割路径方面,根据切割起点和切割顺序这两大关键问题的依存关系,提出混合 AC 算法和 HC 算法的 HACHC 算法,求解切割路径优化问题。针对数控切割中存在的防碰撞和共边切割两类特殊切割工艺问题,提出一种防碰撞避让路径优化方法,并对"n"字形和"N"字形算法得到的轨迹进行优化,不仅能满足切割时激光割嘴不经过已切割区域的防碰撞要求,而且缩短了切割空行程长度;提出了解决共边切割问题的常规算法和"一笔画"算法,有效提高了切割效率。

## 本章参考文献

[1]　高伟增,张宝剑,陈付贵,等.基于遗传算法的切割路径优化[J].西南交通大学学报,2005,40(4):457-461.

[2]　ROGERS D F.计算机图形学的算法基础[M].石教英,译.北京:机械工业出版社,2002:131-147.

[3]　王树禾.图论及其算法[M].合肥:中国科学技术大学出版社,1990:9-19.

[4]　舒贤林,徐志才.图论基础及其应用[M].北京:北京邮电大学出版社,1988:12-22.

[5]　戴一奇,胡冠章.图论与代数结构[M].北京:清华大学出版社,1995:32-56.

[6]　段敬民,常跃军,李赞祥,等.基于退火算法的物流配送网的求优研究[J].中国工程科学,2012,14(7):109-112.

[7]　DORIGO M,CARO G D,GAMBARDELLA L M. Ant algorithms for discrete optimization[J]. Artificial Life,1999,5(2):137-172.

[8]　楚瑞.基于蚁群算法的无人机航路规划[D].西安:西北工业大学,2006.

[9]　汪定伟,王俊伟,王洪峰,等.智能优化方法[M].北京:高等教育出版社,2007:171-173.

[10]　CUI Y. A cutting stock problem and its solution in the manufacturing industry of large electric generators [J]. Computers & Operations Research, 2005,32(7):1709-1721.

[11]　LIANG K,YAO X. A new evolutionary approach to cutting stock problems

with and without contiguity[J]. Computers & Operations Research, 2002, 29:1641-1659.

[12]　ALVAREZ-VALDÉSR, PARAJÓNA, TAMARITJ M. A tabu search algorithm for large-scale guillotine (un)constrained two-dimensional cutting problems[J]. Computers & Operations Research, 2002, 29(7):925-947.

[13]　BALDACCI R, BOSCHETTIM A. A cutting-plane approach for the two-dimensional orthogonal non-guillotine cutting problem[J]. European Journal of Operational Research, 2007, 183(3):1136-1149

[14]　SALTO C, ALBA E, MOLINA J M. Analysis of distributed genetic algorithms for solving cutting problems[J]. International Transactions in Operational Research, 2006, 13(5):403-423.

[15]　田仲廉,李伟,等. 数控切割机借边连续切割软件在生产中的应用[J]. 一重技术,2002,2:75-76.

[16]　刘菊兰. 数控切割机共用割缝的应用[J]. 淮北职业技术学院学报,2004,3:83-85.

[17]　BYRNEA G, DORNFELD D A, DENKENA B. Advancing cutting technology[J]. Manufacturing Technology, 2003, 52(2):483-507.

[18]　MUKHERJEE I, RAY P K. A review of optimization techniques in metal cutting processes[J]. Computers & Industrial Engineering, 2006, 50(1-2):15-34.

[19]　殷剑宏,吴开亚. 图论及其算法[M]. 合肥:中国科学技术大学出版社,2003:1-5.

[20]　徐俊明. 图论及其应用[M]. 合肥:中国科学技术大学出版社,2004:32-37.

[21]　ATALLAH M, VISHKIN U. Finding Euler tours in parallel[J]. Journal of Computer and System Sciences, 1984, 29(3):330-337.

# 第5章　钢板切割下料生产调度优化

企业接到金属结构件制造订单后,将其中需要切割下料的零件汇总并进行下料规划,通过套料优化形成钢板套料切割图。接下来就要按照这些套料图内的零件信息和钢板信息,结合下料车间数控切割设备资源情况,规划这些套料钢板在满足其加工约束的切割设备上进行切割加工的调度操作。钢板的切割调度或排产优化,就是确定套料钢板在切割加工中的设备分配以及在各切割机上进行切割加工的顺序,并优化切割工序的完工时间等生产性能指标。钢板切割下料所使用的数控切割设备主要有三类:火焰切割机、等离子切割机和激光切割机。不同的设备切割能力不一样,适合切割的钢板种类也不一样。相互独立的多台不同类型的设备可以同时启动,互不影响。对大量的钢板进行切割会消耗大量的资源,在切割工序中为金属板材选用合适的机器以及安排合理的生产顺序,能够优化下料生产,提高生产效率,降低总生产成本。

## 5.1　钢板切割调度问题描述

根据 Graham 等[1]提出的分类方法,钢板切割下料车间的调度问题属于并行机生产调度问题,而且金属板材的切割时间取决于所分配的机器,同时多台机器互不影响,因此更具体地说,该问题属于不相关并行机调度问题(unrelated parallel machine scheduling problem,UPMSP)。对并行机调度这个 NP 难问题[2]的研究,在调度模型和求解算法两个方面不断深入,取得了许多成果。Mokotoff[3]对以最小化最大完工时间(根据 $\alpha\,|\,\beta\,|\,\gamma$ 表示法[1],表示为 $C_{\max}$)为目标的同型并行机调度问题进行了详细的综述。Kaabi 等[4]从算法的复杂性、机器环境和优化目标等角度综述了考虑可用性约束的并行机调度问题的研究进展。

在复杂环境下的并行机调度问题,与实际调度较吻合,得到学术界的广泛关注。其中 Centeno 等[5]考虑释放时间(release time)和工件可使用的机器集合(machine eligibility restrictions),以 $C_{\max}$ 为目标函数建立数学模型,设计了一种新的启发式算法求解并行机调度问题。Rabadi 等[6]同样以 $C_{\max}$ 为目标,研究了包含准备时间的不相关并行机调度问题。Hashemian 等[7]考虑机器的可用性约束,利用新的枚举算法

求解以 $C_{max}$ 为目标的并行机调度问题。Hamzadayi 等[8]针对序列相关准备时间的相同并行机调度问题,同样以 $C_{max}$ 为目标建立混合整数线性规划模型,用模拟退火算法和遗传算法(genetic algorithm,GA)进行求解。针对模糊环境(加工时间、释放时间和准备时间都是模糊的)下的不相关并行机调度问题,Liao 等[9]提出了一种混合蚁群算法。罗家祥和唐立新[10]研究了含释放时间的相同和不相关两类并行机调度问题,提出一种基于变深度环交换邻域结构的迭代局部搜索(ILS)算法,并与 Scatter Search 搜索方法结合以加强 ILS 逃出局部最优解的能力。王凌等[11]针对不相关并行机混合流水线调度问题设计了一种基于排列的编码和解码方法,提出一种人工蜂群算法进行求解。

除了以最小化最大完工时间为目标函数外,还可以总拖期最小化为目标函数。Kim 等[12]对准备时间根据排序变动的不相关并行机调度问题进行研究,用模拟退火算法求解总拖期最小化的问题。Shim 等[13]则对同型并行机进行研究,以总拖期最短为目标函数,应用分支定界算法求解。González 等[14]研究了准备时间根据排序变动的单一机器调度问题,该问题以加权拖期为目标函数,提出一种分散搜索算法。Rajkanth 等[15]研究了考虑释放时间的不相关并行机调度问题,以总的提前期和拖期最小化为目标构建混合整数线性规划模型,用一种改进的遗传算法求解。李鹏等[16]针对不确定制造环境中配件数量约束条件发生变化后的并行机动态调度问题,提出了一种基于操作属性模式的并行机动态调度算法,以优化总拖期时间性能指标。

钢板在切割机上的调度问题与前文介绍的并行机调度(PMS)问题类似,但在对并行机调度问题的众多研究中,单独就钢板切割调度优化问题进行的研究数量相对较少且没有特别深入的研究。本章的钢板切割调度优化问题和并行机调度问题的不同点在于,切割调度优化问题中要求每张待加工钢板上有具体的零件排样,在排样方案确定之后可确定每张钢板上的切割加工信息,有了每张钢板上准确的加工信息后,才能依照加工信息进行切割调度优化;同时,由于排样方案需要节省原材料及提高钢板利用率,因此每个订单中的零件往往会被排在不同的钢板上。所以,本章在切割调度优化过程中,将每张钢板看作工件,借鉴并行机调度问题的优化研究,以完工时间为目标展开对钢板切割的调度优化。

根据调度问题的分类,钢板数控切割调度优化问题属于并行机调度问题中的一种,该问题描述如下。

并行机调度优化问题的定义:$n$ 个工件$\{J_1, J_2, \cdots, J_n\}$在 $m$ 台机器$\{M_1, M_2, \cdots, M_m\}$上的加工过程。问题中每个工件只有一道工序。在并行机调度问题中,调度解主要考虑各个工件在满足加工约束的设备上的分配及加工排序问题,并且要对同一台机器上所加工的工件进行合理的排序以达到优化目标,即如何将 $n$ 个工件合理分

配到 $m$ 台机器上加工,以最大完工时间最小为优化目标。

根据钢板数控切割实际情况,调度优化需要满足下列假设和约束条件:

(1) 钢板和切割机经过其准备时间后即可开始切割;

(2) 在任一时刻同一台切割机只能切割一张钢板,且每张钢板只能被满足加工约束的机器加工;

(3) 切割过程一旦开始进行就不中断,整个加工过程中切割机均能有效运转;

(4) 在零时刻,所有的钢板都可以被切割;

(5) 各切割机的准备时间和各钢板及零件的收料、准备、移动所耗时间也要计入加工总时间。

针对钢板切割过程中的加工调度优化问题,本章旨在构建一个能够准确描述该问题的数学模型,并设计出求解该模型的算法。通过对该问题的研究,能够实现对钢板切割加工调度的优化,缩短切割工序的加工时长,以此保证满足零件交货期需求,并降低切割加工所耗成本,提高数控切割设备的利用率。

不同类型的数控切割机的切割加工能力不同,加工能力指标也不相同。在前文提到的几种切割机中,激光数控切割机、等离子数控切割机、火焰数控切割机在切割速度指标上依次大幅递减,激光数控切割机与等离子数控切割机的切割速度通常是火焰数控切割机的几倍;但是由于切割方式本身的限制和技术成熟度等原因,前两者在可以进行切割加工的钢板厚度方面有局限性,切割加工的适用场景也并没有火焰数控切割机的广泛。因此,针对不同规格的待切割钢板,需要选用不同类型的数控切割机,并且要考虑切割加工有一定的工艺约束。另外,同一下料模型的待切割钢板也可选用不同类型的切割机,但在进行切割加工时切割速度不同。

优化切割调度可以通过确定切割机的使用情况、所用切割机的种类以及切割机的切割加工开始和结束时间等条件进行,若得出的切割调度结果优良,将可以对制造系统在切割工序的完工时间方面进行良好的控制。结合对钢板的切割调度优化,切割材料的按时准备、收料时间以及下道工序的时间调整都可以得到优化。合理的切割调度有助于协调生产安排,通过对设备运转成本的优化增加企业利润。

综上所述,如图 5-1 所示,本章的钢板数控切割调度优化问题的具体描述为:$n$ 张钢板 $\{P_1, P_2, \cdots, P_n\}$ 在 $m$ 台数控切割机 $\{M_1, M_2, \cdots, M_m\}$ 上加工,每张钢板都需要进行切割加工。每张钢板可以在符合切割条件的情况下,在多台不同型号的切割机中选择一台设备进行切割加工,由于设备切割加工能力不同,钢板切割加工时间随选择设备的不同而改变。调度的目标是将切割加工过程中的每张钢板分配到最合理的切割机上加工,并使在每台设备上的钢板切割顺序最合理,以使系统的完工时间达到最优。

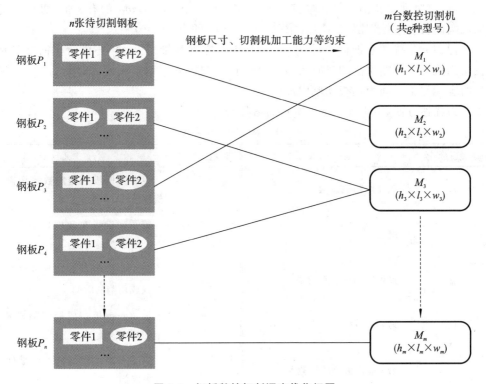

**图 5-1　钢板数控切割调度优化问题**

## 5.2　考虑完工时间的建模与启发式求解算法

### 5.2.1　考虑完工时间的钢板切割调度优化问题建模

记车间切割中心有 $g$ 种型号共 $m$ 台数控切割机,第一种型号的数控切割机 $M_{T1}$ 共 $e$ 台,第二种型号的数控切割机 $M_{T2}$ 共 $f$ 台,…;每台数控切割机默认割炬数为 1,每种型号的数控切割机的切割速度分别为 $V_{T1},V_{T2},\cdots,V_{Tg}$。在上述 $g$ 种型号共 $m$ 台的数控切割机中,第 $w$ 种型号的数控切割机 $M_{Tw}$ 的可切割厚度为 $h_w$,可切割幅面为 $l_w\times w_w$。

在每种型号数控切割机两张钢板的切割加工之间有零件收料和机器准备时间,具体由上一张钢板切割完成后零件的收料时间和下一张钢板在此数控切割机上的启动准备时间组成:每台数控切割机切割完成后单位零件的收料时间分别为 $T_{S1},T_{S2},\cdots,T_{Sm}$,在切割每张钢板时数控切割机所需的准备时间分别为 $T_{R1},T_{R2},\cdots,T_{Rm}$。

记有 $n$ 张待切割钢板 $P_1(h_{p1}\times l_{p1}\times w_{p1}),P_2(h_{p2}\times l_{p2}\times w_{p2}),\cdots,P_n(h_{pn}\times l_{pn}\times$

$w_{pm}$），切割厚度以及幅面符合数控切割机 $M_{T1}$ 要求（$h_1 \times l_1 \times w_1$）的有 $s$ 张，切割厚度以及幅面符合数控切割机 $M_{T2}$ 要求（$h_2 \times l_2 \times w_2$）的有 $t$ 张……

记在 $n$ 张待切割钢板中，钢板 $P_q$ 中所含的零件数量为 $J_q$ 个，零件所在钢板在数控切割机 $k$ 上开始切割的时间为 $B_{qk}$，在数控切割机 $k$ 上切割完成的时间为 $E_{qk}$。零件的实际完工时间为钢板切割完成时间。

为描述方便，引入如表 5-1 所示的参数符号。

表 5-1 参数符号及含义

| 参数符号 | 含义 | 参数符号 | 含义 |
|---|---|---|---|
| $m$ | 数控切割机总数 | $M_{Fi}$ | 第 $i$ 张钢板可用的数控切割机集合 |
| $n$ | 钢板总数 | $B_{ik}$ | 第 $i$ 张钢板在数控切割机 $k$ 上开始切割的时间 |
| $g$ | 数控切割机类型总数 | $E_{ik}$ | 第 $i$ 张钢板在数控切割机 $k$ 上完成切割的时间 |
| $P_i$ | 第 $i$ 张钢板 | $V_{ik}$ | 第 $i$ 张钢板在数控切割机 $k$ 上的切割速度 |
| $S_i$ | 第 $i$ 张钢板上的切割长度 | $T_{Sk}$ | 第 $k$ 台数控切割机单位零件收料时间 |
| $H_i$ | 第 $i$ 张钢板上切割加工所需的穿孔数量 | $T_{Rk}$ | 第 $k$ 台数控切割机所需的准备时间 |
| $J_i$ | 第 $i$ 张钢板上所含零件数量 | $V_{Tw}$ | $w$ 型号数控切割机的切割速度 |
| $r_{ik}$ | 第 $i$ 张钢板在数控切割机 $k$ 上切割时，取值为 1；否则，取值为 0 | $d_{iw}$ | 第 $i$ 张钢板在 $w$ 型号数控切割机上切割时，取值为 1；否则，取值为 0 |

数学模型如下。

此处需要优化的目标函数为最大完工时间最短，即

$$f_1 = \min(\max E_{ik}) \tag{5.1}$$

其中，任一台数控切割机上切割加工的第一张钢板的开始时间 $B_{1k} = T_{Rk}$。

约束条件：

$$\sum_{k=1}^{M_i} r_{ik} = 1, \quad i = 1,2,\cdots,n, \quad k = 1,2,\cdots,m \tag{5.2}$$

$$E_{ik} \leqslant D_{iJi}, \quad i = 1,2,\cdots,n, \quad k = 1,2,\cdots,m \tag{5.3}$$

$$E_{qi} \leqslant B_{q(i+1)}, \quad i = 1,2,\cdots,n \tag{5.4}$$

$$E_{ik} = B_{ik} + \frac{S_i}{V_{ik}}, \qquad i = 1,2,\cdots,n, \quad k = 1,2,\cdots,m \qquad (5.5)$$

$$B_{(i+1)k} = E_{ik} + (T_{Sk}J_i + T_{Rk}), \qquad i = 1,2,\cdots,n, \quad k = 1,2,\cdots,m \qquad (5.6)$$

$$B_{1k} = T_{Rk}, \qquad k = 1,2,\cdots,m \qquad (5.7)$$

$$M_{Fi} \subseteq M, M_{Fi} \neq \varnothing, \qquad i = 1,2,\cdots,n \qquad (5.8)$$

$$h_{pi} \leqslant h_k \bigcup l_{pi} \leqslant l_k \bigcup w_{pi} \leqslant w_k, \qquad i = 1,2,\cdots,n, \quad k = 1,2,\cdots,m \qquad (5.9)$$

$$\sum_{i=1}^{n} \sum_{w=1}^{g} d_{iw} = n, \qquad i = 1,2,\cdots,n, \quad w = 1,2,\cdots,g \qquad (5.10)$$

上述各式中:约束式(5.2)为分配约束,表示每张钢板只能分配给一台数控切割机进行加工。约束式(5.3)和式(5.4)为时间约束,约束式(5.3)表示零件所对应钢板的切割完成时间不能大于此零件的最大拖期时间;约束式(5.4)表示钢板在当前数控切割机上加工未完成时,下一张钢板不能开始进行切割加工。约束式(5.5)、式(5.6)和式(5.7)为时间约束,式(5.5)和式(5.6)表示某钢板在特定数控切割机上的切割开始时间等于此台数控切割机上加工的上一张钢板切割结束时间加上零件收料时间和机器准备时间,收料时间与此钢板上零件的个数正相关;并且在任一台数控切割机上,式(5.7)表示进行切割加工的第一张钢板的开始时间 $B_{1k}$ 等于此机器的加工准备时间 $T_{Rk}$。约束式(5.8)和式(5.9)为工艺约束,式(5.8)即第 $i$ 张钢板进行切割加工的可用数控切割机集合 $M_{Fi} \subseteq M, M_{Fi} \neq \varnothing$;式(5.9)表示待切割钢板 $P_i$ 的尺寸 $h_{pi} \times l_{pi} \times w_{pi}$ 要小于数控切割机 $M_k$ 可以进行切割加工的尺寸 $h_k \times l_k \times w_k$,否则不能进行切割加工。约束式(5.10)为加工约束,表示任一张钢板只能选择一种型号的数控切割机进行切割加工。

### 5.2.2　基于启发式规则的钢板切割调度优化方法

钢板切割调度优化问题是并行机调度问题,属于 NPC(NP 完全)问题,在对切割调度问题建立模型后,就要构造和使用相应的算法对其进行求解。要有效求解该问题,必须针对此问题的特性提出合理的优化算法,因此开发有效算法一直是调度和优化领域的重要课题。研究车间调度问题的方法包括传统运筹学方法、启发式规则、人工智能、神经网络、邻域搜索、混合算法等。在本章的钢板切割调度优化问题中,根据实地调研的情况来看,多数钢结构件加工厂在切割工序方面的调度依然以人工经验和基于启发式规则的调度方式为主。基于启发式规则的方法就是从尚未进行调度的钢板中按照所选定的启发式规则进行选择排列,直到所有钢板均被排到数控切割机上加工。调度规则结合了生产经验后,可以在针对一些特定问题的求解中优化计算耗时,但由此获得的解一般来讲仅是可行解,因而牺牲了获得最优解的一些可能性。

**1. 基于 SPT/LPT 优先规则的启发式算法**

钢板切割调度优化问题是钢板及对应的排样零件在若干满足切割能力约束的数控切割机上进行对机器的分配和对切割排序的优化问题。一般比较常见的并行机调度问题中,在处理零件在加工设备上的分配之前,通常要先将零件按次序进行排列,然后根据零件的序列沿设备序列的依次排布确定设备分配和先后顺序。在求解钢板切割调度优化问题时,引入三种生产调度中常用的启发式方法:

基于最短加工时间(shortest processing time,SPT)优先规则的启发式算法,优先对所有剩余未调度钢板中加工时间最短的钢板进行切割加工;

基于最长加工时间(longest processing time,LPT)优先规则的启发式算法,优先对所有剩余未调度钢板中加工时间最长的钢板进行切割加工;

基于最早工期(earliest due date,EDD)优先规则的启发式算法,将所有未调度的钢板依照交货期的先后顺序排列并以此为序进行切割加工。

在钢板切割调度优化问题中,最短加工时间是指钢板在数控切割机上的最短切割完工时间,也就是钢板的最早完工释放时间,即钢板在不同数控切割机的加工中完工最早的时间。

记数控切割机 $M_i$ 切割钢板 $P$ 的完工时间为 $E_i$,从某一时刻开始的最早完工时间为 $E_{ET} = \min\{E_i \mid i = 1,2,\cdots,k\}$。如果在某时刻,某一台数控切割机上出现切割某钢板的最早完工时间,则令此数控切割机最早处于空闲状态,即基于最早完工时间规则的调度处理就是将钢板分配到其所适用数控切割机当中最先处于空闲状态的数控切割机上进行切割。

钢板集合 $\{P_1,P_2,\cdots,P_n\}$ 和数控切割机集合 $\{M_1,M_2,\cdots,M_k\}$ 基于最短加工时间优先规则的调度见图 5-2。数控切割机序列 $M_1,M_2,\cdots,M_k$ 所对应的完工时间分别为 $E_1,E_2,\cdots,E_k$,在图 5-2 中当前的最早完工时间 $E_{ET} = \min\{E_i \mid i = 1,2,\cdots,k\} = E_3$。因此根据最短加工时间优先规则,在调度时按照钢板序列应当将第一张钢板 $P_1$ 分配到当前完工时间 $E_{ET}$ 最短的数控切割机 $M_3$ 上进行切割,然后要依据 $P_1$ 在 $M_3$ 上的完工时间来更新 $E_{ET}$ 集;之后,对第二张钢板 $P_2$ 按此规则执行相同操作,将 $P_2$ 分配到更新后的 $E_{ET}$ 集中完工时间最早的数控切割机上,并再次更新 $E_{ET}$ 集;此后的钢板按序号依此类推。特殊情况下,当某时刻有两台数控切割机的最短完工时间 $E_{ET}$ 相同时,按照数控切割机序列 $M_1,M_2,\cdots,M_k$ 的先后顺序分配钢板。

在进行切割调度的过程中,满足钢板 $P$ 的加工要求的数控切割机集合 $M_P \subseteq M$ 且 $M_P \neq \varnothing$。在基于最短加工时间优先规则将数控切割机分配给钢板时,应当首先检查数控切割机 $M_i$ 是否满足 $M_i \in M_P$:如满足,则进行调度;否则跳过 $M_i$,对剩余数控切割机更新 $E_{ET}$ 后重新调度。基于最短加工时间优先规则的钢板切割调度流程如图 5-3 所示。

其步骤如下:

Step 1:搜索目前满足最短加工时间优先规则的数控切割机 $M_i$,完工时间为 $E_i$,即 $M_i = M_{ET}$,$E_i = E_{ET}$。当满足 $M_i = M_{ET}$、$E_i = E_{ET}$ 的数控切割机不止一台时,按照数控切割机序列 $M_1,M_2,\cdots,M_k$ 的先后顺序选择一台。

Step 2:当 Step 1 中所选数控切割机满足 $M_i \in M_P$ 时,将此台数控切割机 $M_i$ 分

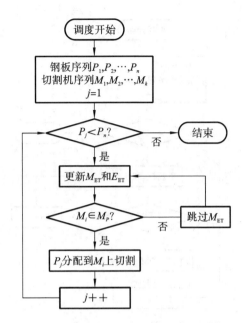

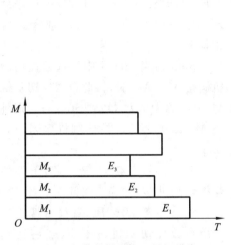

图 5-2　基于最短加工时间优先
规则的调度

图 5-3　基于最短加工时间优先规则的
钢板切割调度流程

配给钢板 $P_j$，转到 Step 3；否则跳过 $M_i$，以剩余的数控切割机序列回到 Step 1。

Step 3：更新满足 $P_j$ 切割条件的数控切割机 $M_i$ 的完工时间 $E_i$。

Step 4：若 $P_j < P_n$，置设备搜索集为所有数控切割机，$j++$，然后转到 Step 1；否则结束调度操作。

基于 LPT 优先规则的调度操作与上文基于 SPT 优先规则的调度操作"相反"，所谓最长加工时间即钢板的最晚完工时间，即钢板在不同数控切割机的加工中完工最晚的时间；并且调度的流程和具体步骤基本相同，故不再单独说明。

**2. 基于 EDD 优先规则的启发式算法**

按 EDD 优先规则，在切割调度优化问题中以在待切割钢板上已经确定的排样方案的最早交货期为最早工期，剩余钢板中存在最早工期零件的钢板先进行切割加工。

基于最早工期的钢板切割调度流程如图 5-4 所示。钢板集合 $\{P_1, P_2, \cdots, P_n\}$ 和数控切割机集合 $\{M_1, M_2, \cdots, M_k\}$ 中，钢板序列 $P_1, P_2, \cdots, P_n$ 所对应的最早工期分别为 $D_1, D_2, \cdots, D_k$。根据最早工期优先规则，当前的最早工期 $D_{ET} = \min\{D_i \mid i = 1, 2, \cdots, k\}$，在调度时按照最早工期由早到晚序列，将最早工期排在第一的钢板分配到当前完工时间 $E_{ET}$ 最短的数控切割机上进行切割，然后依据完工时间来更新 $E_{ET}$ 集；之后，对最早工期排在第二的钢板按此规则执行相同操作，依此类推。特殊情况下，当某时刻有两张或以上钢板的最早工期 $D_{ET}$ 相同时，按照钢板序列 $P_1, P_2, \cdots, P_n$ 的先后顺序将其分配到数控切割机上。

其步骤如下：

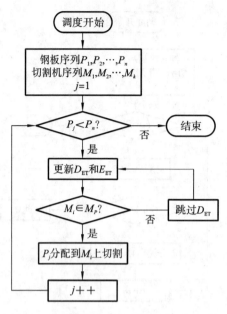

图 5-4　基于最早工期的钢板切割调度流程

Step 1：搜索目前钢板中存在最早工期的钢板 $P_j$，最早工期为 $D_j$，即 $D_j = D_{ET}$，$E_i = E_{ET}$。当满足 $D_j = D_{ET}$、$E_i = E_{ET}$ 的钢板不止一张时，按钢板序列 $P_1, P_2, \cdots, P_n$ 的先后顺序选择一张钢板。

Step 2：当 Step 1 中所选数控切割机满足 $M_i \in M_P$ 时，将此台数控切割机 $M_i$ 分配给钢板 $P_j$，转到 Step 3；否则跳过 $M_i$，以剩余的数控切割机序列回到 Step 1。

Step 3：更新满足 $P_j$ 切割条件的数控切割机 $M_i$ 的完工时间 $E_i$。

Step 4：若 $P_j < P_n$，置设备搜索集为所有数控切割机，$j++$，然后转到 Step 1；否则结束调度操作。

下面将使用基于启发式规则的切割调度方法，对实际生产进行调度，并展示调度结果。

### 5.3.3　算例分析

选取实际生产中的 2 组套料钢板(分别见表 5-2 和表 5-3)，使用的切割机有 3 种型号(见表 5-4)。使用 5.3.2 小节提出的基于启发式规则的算法进行调度，加工时间以分钟(min)计算。

表 5-2　第 1 组待切割钢板信息

| 钢板序号 | 钢板规格/(mm×mm×mm) | 切割长度/m | 零件数量 | 穿孔数 |
|---|---|---|---|---|
| $P_1$ | 5.00×6000×1500 | 28.467 | 18 | 18 |
| $P_2$ | 5.00×6000×1500 | 28.23 | 18 | 18 |
| $P_3$ | 5.00×6000×1500 | 26.06 | 16 | 16 |
| $P_4$ | 5.00×6000×1500 | 14.737 | 4 | 8 |
| $P_5$ | 5.00×6000×1500 | 14.109 | 4 | 4 |
| $P_6$ | 5.00×6000×1500 | 20.492 | 6 | 12 |
| $P_7$ | 5.00×6000×1500 | 19.863 | 6 | 8 |
| $P_8$ | 5.00×6000×1500 | 19.549 | 4 | 6 |
| $P_9$ | 5.00×6000×1500 | 13.033 | 22 | 4 |

| 钢板序号 | 钢板规格/(mm×mm×mm) | 切割长度/m | 零件数量 | 穿孔数 |
|---|---|---|---|---|
| $P_{10}$ | 9.00×8000×2000 | 29.589 | 20 | 38 |
| $P_{11}$ | 9.00×8000×2000 | 28.002 | 38 | 34 |
| $P_{12}$ | 9.00×8000×2000 | 26.748 | 38 | 38 |
| $P_{13}$ | 9.00×6000×1500 | 10.303 | 10 | 10 |
| $P_{14}$ | 9.00×8000×2000 | 27.529 | 19 | 19 |
| $P_{15}$ | 9.00×8000×2000 | 37.279 | 42 | 42 |
| $P_{16}$ | 16.00×8000×2000 | 49.77 | 13 | 13 |
| $P_{17}$ | 16.00×8000×2000 | 51.686 | 11 | 17 |
| $P_{18}$ | 16.00×6000×1500 | 15.668 | 15 | 3 |
| $P_{19}$ | 16.00×6000×1500 | 15.027 | 1 | 6 |
| $P_{20}$ | 14.00×8000×2000 | 26.231 | 1 | 6 |

表 5-3　第 2 组待切割钢板信息

| 钢板序号 | 钢板规格/(mm×mm×mm) | 切割长度/m | 零件数量 | 穿孔数 |
|---|---|---|---|---|
| $P_1$ | 5.00×6000×1500 | 14.737 | 4 | 19 |
| $P_2$ | 5.00×2000×1500 | 14.109 | 4 | 17 |
| $P_3$ | 5.00×2000×1500 | 20.492 | 6 | 12 |
| $P_4$ | 5.00×2000×1500 | 19.863 | 6 | 8 |
| $P_5$ | 5.00×2000×1500 | 19.549 | 4 | 6 |
| $P_6$ | 5.00×2000×1500 | 13.033 | 22 | 14 |
| $P_7$ | 9.00×1000×500 | 17.071 | 20 | 18 |
| $P_8$ | 9.00×1000×500 | 18.002 | 38 | 22 |
| $P_9$ | 9.00×1000×500 | 26.748 | 38 | 18 |
| $P_{10}$ | 9.00×1000×500 | 10.303 | 10 | 10 |
| $P_{11}$ | 9.00×2000×1000 | 17.589 | 19 | 19 |
| $P_{12}$ | 9.00×2000×1000 | 17.279 | 42 | 42 |
| $P_{13}$ | 16.00×4000×3000 | 16.77 | 13 | 11 |
| $P_{14}$ | 16.00×4000×3000 | 7.002 | 11 | 17 |
| $P_{15}$ | 16.00×4000×3000 | 9.748 | 6 | 3 |
| $P_{16}$ | 16.00×4000×3000 | 8.752 | 17 | 15 |

表 5-4 数控切割机信息

| 数控切割机种类 | 设备数量/台 | 准备时间/s | 切割速度/(mm/min) | 切割能力(板厚×长×宽)/(mm×mm×mm) |
|---|---|---|---|---|
| 火焰 | 2 | 25 | 600 | 16.00×10000×2000 |
| 等离子 | 3 | 15 | 1200 | 9.00×8000×2000 |
| 激光 | 2 | 10 | 1500 | 5.00×6000×1500 |

图 5-5 和图 5-6、图 5-7 和图 5-8 所示分别对应第 1 组和第 2 组钢板基于最短加工时间和基于最早工期优先规则的调度甘特图。

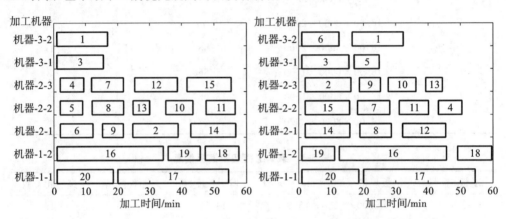

图 5-5　第 1 组基于最短加工时间优先规则的调度甘特图

图 5-6　第 1 组基于最早工期优先规则的调度甘特图

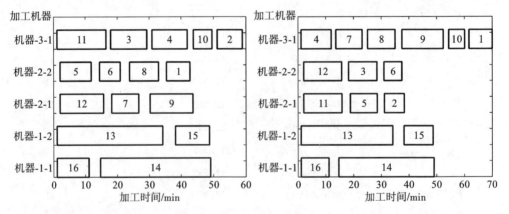

图 5-7　第 2 组基于最短加工时间优先规则的调度甘特图

图 5-8　第 2 组基于最早工期优先规则的调度甘特图

调度结果对比如表 5-5 所示。从表中可以看出,在以时间为目标的优化调度结果中,基于最短加工时间优先规则调度的完工时间均短于基于最早工期优先规则调度的完工时间。

表 5-5　数控切割调度结果对比表

| 启发式规则 | 实例钢板分组 | 完工时间/min |
|---|---|---|
| 最短加工时间(SPT) | 第 1 组 | 57.6 |
| 最早工期(EDD) | 第 1 组 | 59.6 |
| 最短加工时间(SPT) | 第 2 组 | 58.8 |
| 最早工期(EDD) | 第 2 组 | 69.7 |

# 5.3　考虑完工时间和交货期的双目标建模与智能求解算法

## 5.3.1　钢板切割双目标调度优化问题建模

由对结构件切割车间的生产分析可知:切割之前,钢板需要被放置到固定架上,切割机需要预热,我们定义这段时间为准备时间(sT);完成切割之后,需要对切割的零件进行收集整理,定义这段时间为收件时间(pT),准备时间(sT)和收件时间(pT)均需要单独考虑;工件加工时间由钢板切割长度和切割速度确定,切割速度由工件材质和机器确定。根据 Graham 等[1]介绍过的著名的 $\alpha \mid \beta \mid \gamma$ 调度问题分类标准,本节研究的切割问题定义为 $R\&P \mid sT\&pT \mid C\& \sum T_{i_{\max}}$。切割车间调度甘特图示例见图 5-9。

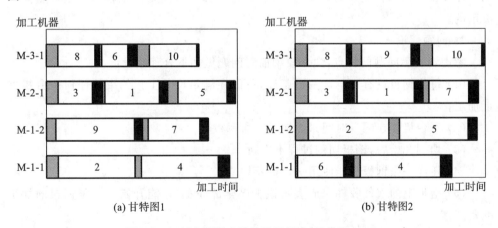

(a) 甘特图1　　　　　　　　　　　　　(b) 甘特图2

图 5-9　切割车间调度甘特图示例(时间单位:min)

在图 5-9 中,M-1-1 表示第一种类型的第一台机器,M-1-2 表示第一种类型的第二台机器。灰色格子表示准备时间,黑色格子表示收件时间,白色格子的长度与加工时间比例一致。我们可以看出,同一个工件在不同的机器上加工时间是不一样的,例如工件9在机器M-1-2和机器M-3-1上的加工时间有明显区别。工件完工时间为切割后整理完毕所需的最大时间。

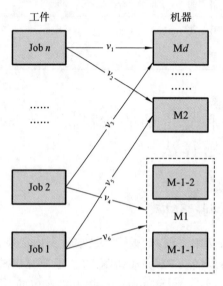

工件　　　　　　　　机器

**图5-10　工件与机器的对应关系**

### 1. 问题描述

钢板切割下料车间的切割并行机调度问题(cutting parallel machine scheduling problem,CPMSP)是混合并行机调度问题。具体地,此问题研究的是将 $n$ 张钢板分配到满足加工约束的 $d$ 种型号共 $m(d<m)$ 台数控切割机上加工,并且对分配到同一台机器上的钢板进行排序。在整个切割工序中,主要考虑了以下加工时间:准备时间、切割时间、收件时间。工件与机器的对应关系可以简化如图 5-10 所示。

一张钢板的整个切割过程分为三个时间段:准备、加工和收件。准备时间是在上一张钢板收件完成后利用行车将待切割钢板放置到切割设备上所需要的时间,与钢板大小、重量关系比较大,收件时间与钢板大小有关。因此每张钢板的准备时间和收件时间是固定的。加工时间与设备的切割速度有关,设备的切割速度则与钢板厚度以及所选择的切割设备有关,也就是说加工时间是由钢板和切割设备共同决定的。

### 2. 问题假设

考虑到实际问题的特点,建立模型前对问题做如下合理假设:

(1)每张钢板只有切割这一道工序,可以在满足尺寸工艺约束的任何一台机器上加工;

(2)每台机器在同一时间只能加工一张钢板;

(3)切割开始后,钢板切割过程不中断;

(4)任何一张钢板只能使用一台机器切割;

(5)钢板上的零件收件完成表示该工序全部完工,才能开始下一张钢板的加工准备工作。

### 3. 符号定义

本节研究的 CPMSP 涉及的变量符号及其含义如表 5-6 所示。

**表 5-6　CPMSP 涉及的变量符号及其含义**

| 变 量 符 号 | 含　　义 | 变 量 符 号 | 含　　义 |
|---|---|---|---|
| $n$ | 工件的总数量 | $L_i$ | 工件 $i$ 的切割长度 |
| $d$ | 机器类型的数量 | $v_{ij}$ | 工件 $i$ 在机器 $j$ 上的切割速度 |
| $k$ | 机器类型索引 $k=1,2,\cdots,d$ | $sT_i$ | 工件 $i$ 的准备时间 |
| $M_k$ | 类型为 $k$ 的机器集合 | $pT_i$ | 工件 $i$ 的收件时间 |
| $m_k$ | 类型为 $k$ 的机器数量 | $D_i$ | 工件 $i$ 的交货期 |
| $m$ | 切割机总数 | $T_i$ | 工件 $i$ 的拖期 |
| $g,i$ | 工件的索引 $i=1,2,\cdots,n$；$g=1,2,\cdots,n$ | $C_i$ | 工件 $i$ 的完工时间 |
| $j$ | 机器的索引 $j=1,2,\cdots,m$ | $C_{\max}$ | 工件的最大完工时间 |
| $z_{ik}$ | $z_{ik}=\begin{cases}1, & \text{工件 } i \text{ 可以在类型} \\ & \text{为 } k \text{ 的机器上加工} \\ 0, & \text{其他}\end{cases}$ | | |

决策变量如下：

$$x_{ij}=\begin{cases}1, & \text{工件 } i \text{ 在机器 } j \text{ 上加工} \\ 0, & \text{其他}\end{cases}$$

$$x'_{ik}=\begin{cases}1, & \text{工件 } i \text{ 在类型为 } k \text{ 的机器上加工} \\ 0, & \text{其他}\end{cases}$$

$$y_{gij}=\begin{cases}1, & \text{机器 } j \text{ 上工件 } g \text{ 是工件 } i \text{ 的前序工件} \\ 0, & \text{其他}\end{cases}$$

**4. 数学模型**

本节研究的 CPMSP 是指将每张钢板合理分配至切割机器，安排每台机器上钢板的加工顺序，确定钢板的开始切割时间和完工时间，使得整个切割工序的最大完工时间 $C_{\max}$ 和总拖期时间 $\sum T_i$ 尽可能小。建立混合整数规划数学模型（mixed integer programming model，MIPM）如下：

$$f_1 = \min C_{\max} \tag{5.11}$$

$$f_2 = \min \sum_{i=1}^{n} T_i = \min \sum_{i=1}^{n} \max\{(C_i - D_i), 0\} \tag{5.12}$$

式（5.11）和式（5.12）定义了以最小化总完工时间 $f_1$ 和最小化总拖期时间 $f_2$ 为目标的双目标问题。其中，完工时间的计算及约束如下：

$$C_i = \begin{cases} 0, & i = 0 \\ \sum\limits_{g=0}^{n} y_{gij}(C_g + sT_i + L_i/v_{ij} + pT_i), & i = 1,2,\cdots,n; j = 1,2,\cdots,m \end{cases}$$

$$(5.13)$$

$$C_{\max} \geqslant C_i \tag{5.14}$$

$$\sum_{j=1}^{m} x_{ij} = \sum_{k=1}^{d} x'_{ik} = 1, \quad i = 1,2,\cdots,n \tag{5.15}$$

$$\sum_{g=0}^{n} y_{gij} = x_{ij}, \quad i \neq g, \quad i = 1,2,\cdots,n, \quad j = 1,2,\cdots,m \tag{5.16}$$

$$\sum_{i=1}^{n+1} y_{gij} = x_{gj}, \quad g \neq i, g = 1,2,\cdots,n, \quad j = 1,2,\cdots,m \tag{5.17}$$

$$\sum_{j} x_{ij} \leqslant z_{ik}, \quad j \in M_k \tag{5.18}$$

$$m = \sum_{k=1}^{d} m_k \tag{5.19}$$

约束式(5.13)和式(5.14)定义了所有工件的最大完工时间;约束式(5.15)表示每张钢板只能分配给一种类型的机器切割,且只能选择其中的一台机器;约束式(5.16)表示工件 $i$ 在安排的机器 $j$ 上切割时,前序工件有且仅有一个;约束式(5.17)表示工件 $g$ 在切割机器 $j$ 上切割时,有且仅有一个后序工件;约束式(5.18)保证要满足机器能力约束,只能选择可以加工该工件的机器类型;约束式(5.19)表示各类型的机器数量与机器总数量保持一致。

本节研究的 CPMSP 与流水车间和作业车间调度问题不同,主要特点是每张钢板可以在满足工艺要求的多台设备上加工。该并行机调度问题不仅考虑了企业最关心的最大完工时间,将其作为目标函数,而且在模型中也引入了实际生产中比较重要的总拖期时间,求解双目标最优调度方案。

由于该问题的复杂性,很明显当钢板数量较多时,用确定性算法较难得最优解,所以我们提出了一种全局搜索能力较好的改进 NSGAⅢ算法进行求解。

### 5.3.2　基于局部搜索的 LNSGAⅢ算法设计与数值试验

**1. 帕累托排序与参考点集概念**

NSGAⅢ算法的基本框架与 NSGAⅡ算法相似,关键区别在选择操作中用到的基于参考点集的帕累托排序方法。排序过程需要用到的概念如下:

定义 5.1:帕累托支配。对于两个不同的可行解 $\pi_i$ 和 $\pi_j$,如果同时满足以下两个条件,则称 $\pi_i$ 帕累托支配 $\pi_j$(记作 $\pi_i \prec \pi_j$)。

(1) 对于所有的子目标有 $\pi_i$ 不劣于 $\pi_j$,即 $f_k(\pi_i) \leqslant f_k(\pi_j)$,$\forall k \in \{1,2,\cdots,m\}$,其中 $m$ 表示目标个数,$k$ 表示第 $k$ 个目标;

(2) 至少存在一个子目标,使得 $\pi_i$ 优于 $\pi_j$,即 $f_l(\pi_i) < f_l(\pi_j)$,$\exists l \in \{1,2,\cdots,$

$m\}$。

定义 5.2:帕累托最优解。可行解集定义为 $X$,若 $\nexists \pi \in X$,使得 $\pi \prec \pi^*$,则 $\pi^*$ 被称为帕累托最优解,又称作非支配解。

也就是说在可行解集 $X$ 中,如果不存在任何一个可行解 $\pi$ 支配解 $\pi^*$,则 $\pi^*$ 为帕累托最优解。

定义 5.3:帕累托最优解集。帕累托最优解不止一个,所有帕累托最优解的集合称为帕累托最优解集 $P^*$。

$$P^* = \{\pi^* \mid \nexists \pi \in X : \pi \prec \pi^*\} \tag{5.20}$$

定义 5.4:帕累托前沿。目标函数下的帕累托最优解集的图像称为帕累托前沿。

$$\text{PF}^* = f(\pi^*) = \{f_1(\pi^*), f_2(\pi^*), \cdots, f_m(\pi^*)\} \tag{5.21}$$

定义 5.5:非支配序数。将种群根据目标值进行帕累托排序,对帕累托最优解也就是没有可支配可行解的解集设置非支配序数 $\pi_i^{\text{rank}}$ 为 1,余下种群的解依次设置为 $2,3,\cdots$。每一级别内的解相互之间均为非支配解。

NSGA Ⅱ 算法是利用非支配序数和拥挤距离来设计精英选择策略的。个体 $\pi_i$ 的比较算子($\prec$)指导 NSGA Ⅱ 算法搜索阶段的选择过程,有助于获得均匀分布的帕累托最优前沿。利用目标函数的以下 2 个属性描述应用于 NSGA Ⅱ 算法的拥挤比较算子:

(1) 非支配序数($\pi_i^{\text{rank}}$);

(2) 拥挤距离($\pi_i^{\text{distance}}$),当 $i < j$ 时,如果存在以下情况:

①$\pi_i^{\text{rank}} < \pi_j^{\text{rank}}$,或者②$\pi_i^{\text{rank}} = \pi_j^{\text{rank}}$ 且 $\pi_i^{\text{distance}} > \pi_j^{\text{distance}}$,则 $\pi_i > \pi_j$。

上述描述表示,如果两个解决方案的非支配序数不同,排名较低(较好)的解决方案的性能会更好。如果两个解决方案的非支配序数相同,那么位于不太拥挤区域的解决方案将被优先排序(选择)。NSGA Ⅲ 算法同样适用非支配序数属性,但是当个体具有相同的序数时,选择方法是不同的。后文将详细介绍在非支配序数相同时,NSGA Ⅲ 算法是如何排序和选择的。

定义 5.6:参考点、参考点集、参考线。以 NSGA Ⅲ 算法第 $t$ 代为例,介绍 NSGA Ⅲ 算法在处理两个目标值时参考点的设置方法。

由于多个目标的数量级差别较大,首先需要对目标值进行归一化。根据目标的特点,确定合适的归一化方法。首先对每个目标函数 $i = 1, 2$ 构造最小值 $f^{\min} = (f_1^{\min}, f_2^{\min})$ 和最大值 $f^{\max} = (f_1^{\max}, f_2^{\max})$。然后用公式(5.22)对所有个体的目标函数值进行归一化:

$$f_i^{\text{norm}}(x) = \frac{f_i(x) - f_i^{\min}}{f_i^{\max} - f_i^{\min}} \tag{5.22}$$

将目标函数归一化映射到二维平面后,连接(0,1)和(1,0)两个点,将连线利用等分法[17]等分,得到的点定义为参考点。参考点组成的集合称为参考点集 $J$。如图 5-11 所示,四等分点(0,1)和点(1,0)的连线,得到五个参考点,形成参考点集。原点

与参考点 $j$ 之间的连线称为参考线 $l_j$。

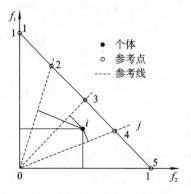

图 5-11　个体与参考点相关示意图

定义 5.7：相关。参考线是通过将参考点 $j$ 与原点连接来定义的，计算归一化目标与每条参考线之间的垂直距离，如果个体 $i$ 最接近参考线 $l_j$，则定义种群 $R_t$ 中的个体 $i$ 与参考点 $j$ 相关。个体与参考点相关示意图如图 5-11 所示。

**2. 算法设计与改进流程**

有两台机器的相同 PMSP 已经被 Lenstra 等[2] 证明是 NP 难问题。因此本节所研究的来源于实际生产系统的 CPMSP 也是 NP 难问题。特别地，随着问题规模的增大，利用精确算法求解变得越来越难，而且在该切割调度问题中有两个需要解决的子问题：首先需要确定工件的切割机器，然后需要确定各机器上切割工件的加工顺序。这两个子问题是成对的且不能被分割独立解决。求解本节的切割调度问题，关键点与难点在于确定每张钢板分配到哪台机器以及切割顺序，也即每台切割设备上切割哪些钢板以及所切割钢板的加工顺序。当确定了钢板的加工机器和顺序，加工时间和完工时间就可以通过相应的关系式计算得出。因此，设计求解该问题的有效求解算法非常重要。

根据问题特性专门设计的由局部搜索（local search）策略改进后的 NSGAⅢ进化算法（LNSGAⅢ算法）的设计流程如图 5-12 所示。

在本节中，LNSGAⅢ算法包括四个关键部分：编码和解码策略、搜索操作的设计、基于参考点集的精英选择策略、局部搜索策略。其中解集基于参考解集的精英选择策略不仅能优化帕累托前沿解集的分布，还能改进种群的多样性。接下来将详细描述 LNSGAⅢ算法的设计及进化过程。

**3. 编码和解码策略**

编码和解码策略是设计 LNSGAⅢ算法之前的重要过程。每个个体 $\pi$ 是拥有 $2n$ 个元素的解，需要同时安排工件加工机器和加工顺序。因此我们提出了两层编码方式。第一层表示工件排序，是集合中 $n$ 个数字的非重复全排列；第二层表示的是对应工件所选择的机器的类型 $[1,d]$，命名为机器类型序列。在编码阶段，需要满足约束式（5.17），如果所选择的机器类型不能满足约束式（5.17），则需要重新选择。在个体排列 $\pi_1$ 中，第一段编码的元素 8 表示工件 8，第二段编码对应位置的元素为 3，表示工件 8 将由第三类机器加工，且作为第一个工件进行安排。个体 $\pi_1$ 和 $\pi_2$ 的解码过程见图 5-13。

$$\pi_1 = [3\,8\,2\,6\,9\,4\,7\,1\,5\,10\quad 2\,3\,1\,3\,1\,1\,1\,2\,2\,3] \tag{5.23}$$

$$\pi_2 = [6\,8\,2\,3\,9\,4\,5\,1\,7\,10\quad 1\,3\,1\,2\,3\,1\,1\,2\,2\,3] \tag{5.24}$$

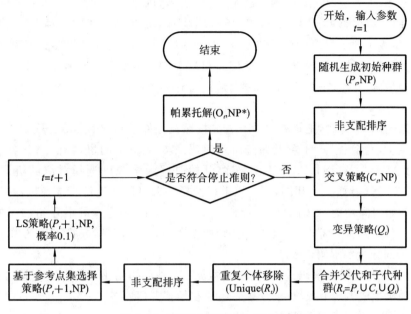

图 5-12　LNSGA Ⅲ算法的设计流程

| $\pi_1$ | | | | | $\pi_2$ | | | | |
|---|---|---|---|---|---|---|---|---|---|
| 机器 | | | | | 机器 | | | | |
| M-3 | 8 | 6 | 10 | | M-3 | 8 | 9 | 10 | |
| M-2 | 3 | 1 | 5 | | M-2 | 3 | 1 | 7 | |
| M-1 | 2 | 9 | 4 | 7 | M-1 | 6 | 2 | 4 | 5 |
| ⇓ | | | | | ⇓ | | | | |
| M-1-2 | 9 | 7 | | | M-1-2 | 2 | 5 | | |
| M-1-1 | 2 | 4 | | | M-1-1 | 6 | 4 | | |

图 5-13　个体 $\pi_1$ 和 $\pi_2$ 的解码过程

解码策略分为以下两个步骤:

首先,各工件按照顺序分配到对应机器类型。

其次,如果某一类型的机器数量多于一台,则按照最小开始时间为原则按顺序分配该类型机器上加工的工件。如果多台机器开始时间相同,则随机选择机器。两个个体解码后对应的甘特图如图 5-9 所示。

下面结合图 5-13,以 10 张钢板($n=10$),3 种类型机器($d=3$,类型 M-1 有 2 台机器,类型 M-2、M-3 各有 1 台机器)为例,对该算法的编码和解码过程进行详细介绍。

编码:

以个体 $\pi_1$ 为例,将 10 张钢板的编号 1~10 随机分配到个体 $\pi_1$ 的前 $n$ 位,得到个体 $\pi_1$ 的工件编码为[3 8 2 6 9 4 7 1 5 10],随机生成钢板 2、4、7、9 对应的机器类型为 M-1,钢板 1、3、5 对应的机器类型为 M-2,钢板 6、8、10 对应的机器类型为 M-3,则按照工件编码中的钢板顺序,一一对应将机器类型编号分配到个体 $\pi_1$ 的后 $n$ 位,即得到机器编码为[2 3 1 3 1 1 1 2 2 3],从而得到 $\pi_1$ 的编码。

解码:

仍以个体 $\pi_1$ 为例,把钢板 1~10 首先按照在工件编码中的顺序分配到不同加工机器类型上,得到图 5-13 左上部分所示解码。类型 M-1 的机器有 2 台,分别记为 M-1-1 和 M-1-2。对钢板 2、9、4、7,按照开始时间最早规则选择对应的机器,如果 M-1-1 和 M-1-2 开始时间相同,则可以随机选择一台机器。工件 2 选择机器时,两台机器的开始时间均为 0,则随机选择机器 M-1-2;工件 9 选择最早开始加工的机器 M-1-2;工件 4 选择机器时,M-1-1 的开始加工时间较早;同理,安排工件 7,则得到图 5-13 左下部分所示解码。

个体 $\pi_2$ 的编码和解码过程同理,不再赘述。种群初始化可以表述为通过上述编码方式随机生成 NP 个灰狼(解个体),组成初始狼群(种群)。

#### 4. 交叉与变异策略的设计

由于编码具有工件和机器类型两段特点,我们设计了不同的交叉策略以 100% 的概率分别应用到种群的个体,如图 5-14 所示。

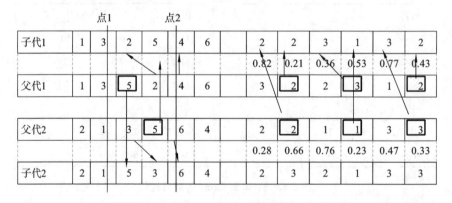

**图 5-14　交叉策略示意图**

第一阶段的工件编码选用部分映射交叉(partially mapping crossover,PMX),该交叉策略是在调度问题中常用的比较有效的策略。对于机器类型编码,首先随机产生 $n$ 个(0,1)之间的值,分别对应各工件的机器类型,如果该值小于 0.5,子代 1 就继承对应父代 1 的值,其他情况下则继承父代 2 对应的值。子代 2 通过同样的方式生成机器类型编码,如图 5-14 所示,子代 1 和子代 2 为交叉子代 $C_t$。

变异策略一般是通过改变某一解中的一个或者多个元素实现的,主要目的是防止出现局部最优解。变异策略为随机选择个体解中的两点进行交换的两点交换变异[18]，以概率 $P_m$ 被应用到工件编码部分。对于机器编码部分，我们提出了一种新的变异策略：随机产生 2 个(0,1)之间的值 temp 1 和 temp 2，分别对应工件编码交换的点 2，如果随机数大于 0.5，则对应的机器类型从可选机器里面重新选择，反之则继承父代个体的机器类型。上述变异策略如图 5-15 所示。

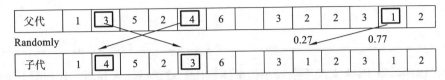

**图 5-15　机器编码部分的变异策略**

该变异策略的意义可以描述为：如果机器类型被继承，则仅仅改变了同一类型机器上加工的工件的顺序，切割速度没有变化；如果重新选择加工机器，则很有可能将工件插入其他机器上的加工工件里面，改变加工时间。变异子代 $Q_t$ 随之产生。

**5. 基于参考点集的精英选择策略与局部搜索策略设计**

在生成后代种群后，为了避免较优个体的流失，将父代种群 $P_t$、子代 $C_t$ 和 $Q_t$ 种群组合成一个集合 $R_t$。将其进行帕累托排序，非支配解的数量为 $NP^*$。其伪代码如算法 5-1 所示。

**算法 5-1　基于参考点集的精英选择操作伪代码**

---

输入：$R_t = P_t \bigcup C_t \bigcup Q_t$　　输出：$P_{t+1}(n = NP)$

1: $S_0 = \emptyset, i = 0$

2: 非占优排序 $(R_t, \pi_i^{rank}, q_j)$，按照排序序数 $\pi_i^{rank}$ 从小到大排序 $(F_1, F_2, \cdots, F_i)$

3: While $|S_i| < n$ do

4: $i = i + 1$; $S_i = F_1 \bigcup F_2 \bigcup \cdots \bigcup F_i$

5: End

6: $r = i - 1$

7: If $|S_{r+1}| = n$, then $P_{t+1} = S_{r+1}$

8: 其他

9: $P_{t+1} = \bigcup\limits_{i=1}^{r} F_i$

10: 从 $F_{r+1}$ 里选择 $n_1 = n - |P_{t+1}|$ 个个体

11: $(P_{t+1}, p_j)$ 统计集合 $P_{t+1}$ 中与参考点 $j$ 相关的个体数量 $p_j$

12: 设置 $i = 0$

13: While $i < n_1$ do

---

14:找到与参考点 $j$ 相关数量最少的点 $q_j$

15:如果 $F_{r+1}$ 中有多个个体与 $j$ 相关,则从其中随机选择一个个体 $\pi$

16: $P_{t+1} = P_{t+1} \bigcup \pi; q_j = q_j + 1; i = i + 1$

17:结束 While 13

18:结束 If 7

在选择策略中,非支配序数较小的个体将优先被选择加入到新一代种群 $S_{t+1}$ 中,当 $S_{t+1} = F_1 \bigcup F_2 \bigcup \cdots \bigcup F_r \bigcup F_{r+1}$ 的个体数量超过 NP,同时 $S_r$ 的数量小于 NP 时,令 $S_r = F_1 \bigcup F_2 \bigcup \cdots \bigcup F_r$,然后剩余的 $(NP - |S_r|)$ 个个体将按照基于参考点的方法从 $F_{r+1}$ 中选择。该方法使得解的分布更加均匀,增加帕累托前沿的多样性,具体描述如下:

（1）统计 $S_t$ 中与个体相关的参考点,并记录 $S_r$ 中与参考点 $j$ 相关的个体数量为 $q_j$;

（2）选择 $q_j$ 的值最小的参考点 $j$;

（3）检查当前集合 $F_{r+1}$ 的个体,如果有个体与参考点 $j$ 相关,则从这些相关的个体中随机选择一个个体作为新一代群体的成员,且 $q_j = q_j + 1$;否则,从参考点集合中移除 $j$;

（4）重复（2）和（3），直到为下一代选择的新个体数量达到 $NP - |S_r|$。

为了改善算法的开采能力,引入局部搜索算法。局部搜索算法是一种增强算法局部搜索能力的启发式算法,在当前解的基础上形成一个更优的解。但是局部搜索策略容易让算法求解陷入局部最优解,为了解决这个问题以及平衡算法运行时间和最优解,我们将局部搜索算法应用至全部解,搜索概率设置为 0.1,重复执行以下算法 5-2 的操作直到满足停止准则。

**算法 5-2　局部搜索策略**

输入:精英选择的解集 $(P_{t+1},$ 数量 NP)

输出:局部搜索后的解集 $(P'_{t+1})$

1: $i = 1, P'_{t+1} = P_{t+1}, k = 0$

2:For i=1:NP　do;if rand<=0.1

3: $\pi_1 = P_{t+1}(i)$ 从集合中顺序选择一个解

4:While k<$k_{max}$ 执行局部搜索操作

5:随机选择 2 个点 $P_1$ 和 $P_2$,同时确定 $P_{1+n}, P_{2+n}$

6:If temp<=0.5,两段编码分别执行交换移动操作

7:Else 两段编码分别执行插入移动操作

8:统计新解的适应度值 makespan_ls 和 tardiness_ls

9: If makespan_ls < makespan && tardiness_ls < = tardiness 或者 makespan_ls < = makespan && tardiness_ls < tardiness

10:更新 $P'_{t+1}(i) = \pi'_i$ 替换原来的解,局部搜索结束

11:Else 放弃新解,局部搜索继续

12:k= k+ 1;End if 9

13:End if 6

14:End while 4

15:Endif 2,Endfor 2

（1）抖动:从当前点的邻域通过交换、插入操作随机产生;

（2）局部搜索:抖动步骤产生局部最优解;

（3）是否移动:如果新解可以帕累托支配移动前的解,则用新解 $\pi'_i$ 替代原来的解,该算法结束,跳出循环;否则 $k$ 增加 1 直到超过 $k_{max}$。

在局部搜索阶段,2 个工件编码对应的点和 2 个对应的机器类型的点被选中。考虑到优化效果和执行时间之间的平衡,抖动策略通过算法 5.2 所示的伪代码随机选择 2 点执行交换或者插入操作。

### 5.3.3　数值实验及结果分析

**1. 数值算例设计与参数设置**

本节讨论了不同规模的算例,采用了 Liaw 等[19]、Cheng 和 Huang[20]、Kim 等[21] 用过的 benchmark 算例,并综合考虑了金属结构件切割车间的部分实际生产数据。表 5-7 展示的是算例数据集及分布情况。每个算例用 $(n,m)$ 表示,例如 $(10,4)$ 表示该问题包含 10 个工件,总计 4 台切割机器。鉴于工厂的实际情况,机器类型的数量根据切割机器的类型设置为 3,且每种类型可用机器的数量分别设置为 2、1、1。切割时间可以由切割长度/切割速度得到,而切割速度则由工件的材料和所选择的机器共同确定。工件的材质本节设置为 3 类。工件的加工速度也根据表 5-7 中的 $V$ 随机生成。假如工件 1 选择了 $V$ 的第一列,表示工件 1 可以在机器 1 上以速度 1.5 切割,也可以以速度 2 在机器 2 上切割,不能在机器 3 上切割。切割长度为服从 $U[101,200]$ 分布的整数,随机生成。交货期服从 $[P(1-\tau-\rho/2),P(1-\tau+\rho/2)]$ 的离散均匀分布,其中 $P=\sum_i (L_i/\bar{v})/m$。总切割时间 $P$ 不能精确出,为方便求解,利用平均速度 $\bar{v}=2$ 估计得出。$P$、$\tau$ 以及 $\rho$ 分别表示控制完工时间、延期因素和相关范围因素。

本节定义交货期延期因素 $\tau$ 为 0.2 和 0.6,相关范围因素 $\rho$ 为 0.4 和 0.8。$\tau$ 值越大表明交货期越紧张;如果较小,则表示有较多的时间准备生产。相关范围因素 $\rho$ 则表明各工件交货期之间的分散程度,值较大,表示交货期比较分散,反之,则表明交货期比较集中。

表 5-7　算例数据集及分布

| 变　　　量 | 数据集及分布 |
|---|---|
| 工件的数量($n$) | 20、25、40、60、100 |
| 机器类型的数量($d$) | 3 |
| 每种类型的可用机器数量 | 2、1、1 |
| 切割速度矩阵(**V**) | $\begin{bmatrix} 1.5 & 2 & 0 \\ 2 & 0 & 2.5 \\ 0 & 2.5 & 1 \end{bmatrix}$ 随机选择 |
| 切割长度($L$) | $U[101,200]$ |
| 准备时间($sT$) | $U[1,20]$ |
| 收件时间($pT$) | $U[1,20]$ |

良好的参数设置可以改善算法的性能,通过实验以及参考前人的研究,我们确定了算法的参数。一般情况下,为了各算法的对比公平,将参数设置为常数。然而,部分参数对问题的规模比较敏感。例如,迭代次数设置为 1000,对于 10 个工件规模的问题来说偏大,但是对于 100 个工件规模的问题来说还明显不够。因此,迭代次数应根据工件数量动态确定。交叉算子的概率设置为 100%,变异概率设置为 0.2。表 5-8 更全面地展示了算法所需参数的设置情况。

表 5-8　算法的参数设置

| 参　　　数 | 种群大小 | 迭代次数 | 帕累托解数量 | 局部搜索概率 | $k_{max}$ |
|---|---|---|---|---|---|
| 值 | 100 | $20n$ | 30 | 0.1 | 20 |

### 2. 评价指标

一般情况下,非支配解的目标函数值已经非常接近于帕累托最优前沿;如何评价这些非支配解的质量好坏,对于评价算法的进化能力是非常重要的。为了评价参与对比的算法,本节引入了以下四个评价指标:获得的非支配解的数量($N$)、非支配解占参考集的比例(NR)、世代距离(GD)[22] 和逆世代距离(IGD)[23]。方便起见,第 $j$($j \in \{1,2,3\}$)个算法得到的非支配解集记为 $S_j$。

将 $S$ 设置为所有算法得到的最优解的集合 $S = \bigcup\limits_{j=1}^{3} S_j$。鉴于多目标优化问题在求解过程中无法获得真实的帕累托前沿的情况,本节采用了 Pan 等[24] 提出的帕累托参考解集评价算法性能,将集合 $S$ 的帕累托最优前沿作为参考集合 $S^*$,且参考集合的

个数 $N^* = |S^*|$。详细描述四个评价指标如下。

1）非支配解的数量（$N$）

第 $j$ 个算法所得非支配解的数量定义为 $N_j = |S_j|$。解的数量越多,表示决策者在做决定时可以有更多的选择。因此,评价指标 $N_j$ 越大,表示第 $j$ 个算法越好。

2）非支配解占参考集的比例（NR）

这个比值就是第 $j$ 个算法得到的帕累托解的个数 $N_j$ 占参考集合解数量 $N^*$ 的比例。比值越大,说明第 $j$ 个算法可以获得越多的最优前沿解:

$$\text{NR} = |\{\pi_i \mid \pi_i \in S_i \bigcap \pi_i \in S^*\}| / |S^*| \tag{5.25}$$

3）世代距离（GD）

GD 表示的是每个算法得到的精英解与帕累托前沿解集 $S^*$ 之间的距离,用如下公式表示:

$$\text{GD}_j = \sqrt{\sum_{i=1}^{n} d_i^2} \Big/ |S_j| \tag{5.26}$$

式中:$n = N_j$ 表示算法 $j$ 的精英解的数量;$d_i$ 表示算法 $S_j$ 的第 $i$ 个解与参考解集 $S^*$ 之间的最短欧氏距离。我们可以看到公式（5.26）中,如果 $\text{GD}_j = 0$,则表示 $S_j$ 中的解与 $S^*$ 完全一致;相反,如果 $\text{GD}_j$ 的值较大,则表示第 $j$ 个算法解集与 $S^*$ 相差比较大。因此,GD 越小,表示算法越优,也就是更接近于参考解集。

4）逆世代距离（IGD）

IGD 表示的是与 GD 相反的综合性指标。IGD 主要衡量参考解集 $S^*$ 中的每个解与每个算法 $S_j$ 得到的帕累托解之间的距离。IGD 定义如下:

$$\text{IGD} = \frac{\sqrt{\sum_{i=1}^{n^*} d_i^2}}{n^*} \tag{5.27}$$

式中:$n^*$ 表示参考解集 $S^*$ 中解的数量;$d_i$ 表示 $S^*$ 中的每个点 $i$ 到第 $j$ 个集合 $S_j$ 所有个体中最近成员的欧氏距离。尽管 GD 和 IGD 都是用欧氏距离来衡量对比算法优劣的,但是它们评价的侧重点还是有区别。GD 仅仅反映了 $S$ 和 $S^*$ 之间的近似程度,而 IGD 不仅反映了 $S$ 到所有 $S^*$ 解的距离,还反映了 $S$ 相对于 $S^*$ 的分布。指标 IGD 可以用于评价 $S_j$ 中解的延展性和分布性,同时也可以评价 $S_j$ 到 $S^*$ 的接近程度。很明显,更小的 IGD 值表示 $S_j$ 的性能更优,且更接近于参考解集 $S^*$。

**3. 实验结果及对比分析**

为了评价本节提出的 LNSGAⅢ算法的表现,引入 NSGAⅡ算法、NSGAⅢ算法求解相同的问题,作为对比。三种算法分别独立运行 20 次。本节涉及的算法均使用 MATLAB 编程且运行计算机的配置为:Intel(R)　Xeon(R)　CPU E5,2.4 GHz PC(2 处理器),16 GB 存储器。所有算法的指标平均值被统计在表 5-9 与表 5-10 中,最优结果加粗标注。

表 5-9　评价指标 N 与 NR 的平均值

| $\tau$ | $\rho$ | $(n,m)$ | N | | | NR | | |
|---|---|---|---|---|---|---|---|---|
| | | | NSGA II | NSGA III | LNSGA III | NSGA II | NSGA III | LNSGA III |
| 0.2 | 0.4 | (20,4) | 26.35 | 27.70 | **28.75** | 0.00 | 0.21 | **0.79** |
| | | (25,4) | 25.10 | **30.00** | 28.70 | 0.00 | 0.00 | **1.00** |
| | | (40,4) | 29.10 | **30.00** | 29.05 | 0.00 | 0.00 | **1.00** |
| | | (60,4) | 26.75 | 27.05 | **27.50** | 0.00 | 0.00 | **1.00** |
| | | (100,4) | 24.45 | 27.05 | **27.40** | 0.00 | 0.00 | **1.00** |
| 0.2 | 0.8 | (20,4) | 29.75 | 28.90 | **30.00** | 0.00 | 0.03 | **0.97** |
| | | (25,4) | **29.40** | 28.90 | 28.55 | 0.00 | 0.00 | **1.00** |
| | | (40,4) | **27.90** | 27.20 | 27.45 | 0.00 | 0.00 | **1.00** |
| | | (60,4) | 25.75 | 28.15 | **30.00** | 0.00 | 0.00 | **1.00** |
| | | (100,4) | 24.70 | **25.90** | 24.25 | 0.00 | 0.00 | **1.00** |
| 0.6 | 0.4 | (20,4) | 27.50 | 27.10 | **30.00** | 0.00 | 0.00 | **1.00** |
| | | (25,4) | 26.10 | 20.80 | **30.00** | 0.00 | 0.00 | **1.00** |
| | | (40,4) | 22.75 | 23.25 | **30.00** | 0.00 | 0.00 | **1.00** |
| | | (60,4) | 17.40 | 18.10 | **30.00** | 0.00 | 0.00 | **1.00** |
| | | (100,4) | 17.40 | 15.10 | **28.75** | 0.00 | 0.00 | **1.00** |
| 0.6 | 0.8 | (20,4) | 27.15 | 29.05 | **30.00** | 0.00 | 0.00 | **1.00** |
| | | (25,4) | **30.00** | 27.70 | **30.00** | 0.00 | 0.00 | **1.00** |
| | | (40,4) | 25.25 | 27.40 | **28.55** | 0.00 | 0.00 | **1.00** |
| | | (60,4) | 23.70 | 26.70 | **28.80** | 0.00 | 0.00 | **1.00** |
| | | (100,4) | 21.45 | 22.15 | **25.25** | 0.00 | 0.00 | **1.00** |

表 5-10　评价指标 GD 与 IGD 的平均值

| $\tau$ | $\rho$ | $(n,m)$ | GD | | | IGD | | |
|---|---|---|---|---|---|---|---|---|
| | | | NSGA II | NSGA III | LNSGA III | NSGA II | NSGA III | LNSGA III |
| 0.2 | 0.4 | (20,4) | 3.01 | 2.81 | **1.24** | 1.38 | 1.42 | **0.28** |
| | | (25,4) | 2.23 | 1.77 | **0.84** | 3.84 | 2.51 | **0.00** |
| | | (40,4) | 2.27 | 2.07 | **0.54** | 10.69 | 12.99 | **0.00** |
| | | (60,4) | 2.48 | 2.31 | **0.65** | 13.28 | 11.61 | **0.00** |
| | | (100,4) | 2.71 | 2.31 | **0.60** | 15.77 | 22.85 | **0.00** |

续表

| $\tau$ | $\rho$ | $(n,m)$ | GD | | | IGD | | |
|---|---|---|---|---|---|---|---|---|
| | | | NSGA II | NSGA III | LNSGA III | NSGA II | NSGA III | LNSGA III |
| 0.2 | 0.8 | (20,4) | 2.09 | 1.79 | **0.77** | 0.90 | 0.26 | **0.02** |
| | | (25,4) | 1.97 | 1.77 | **0.53** | 6.63 | 10.18 | **0.10** |
| | | (40,4) | 2.03 | 1.78 | **0.25** | 11.59 | 12.20 | **0.14** |
| | | (60,4) | 2.20 | 1.72 | **0.22** | 15.98 | 25.17 | **0.18** |
| | | (100,4) | 2.29 | 1.86 | **0.27** | 19.18 | 33.76 | **0.21** |
| 0.6 | 0.4 | (20,4) | 4.21 | 3.07 | **0.85** | 3.46 | 2.49 | 0.00 |
| | | (25,4) | 3.27 | 3.70 | **0.66** | 4.27 | 2.89 | 0.00 |
| | | (40,4) | 3.25 | 3.19 | **0.46** | 16.47 | 12.20 | 0.00 |
| | | (60,4) | 4.75 | 4.17 | **0.44** | 8.32 | 6.24 | 0.00 |
| | | (100,4) | 4.75 | 5.00 | **0.58** | 9.24 | 6.93 | 0.00 |
| 0.6 | 0.8 | (20,4) | 4.87 | 4.10 | **1.61** | 6.98 | 3.83 | 0.00 |
| | | (25,4) | 4.05 | 3.37 | **0.77** | 2.46 | 2.58 | 0.00 |
| | | (40,4) | 9.30 | 7.36 | **1.24** | 4.16 | 5.44 | 0.00 |
| | | (60,4) | 14.40 | 17.05 | **3.63** | 4.02 | 5.24 | 0.00 |
| | | (100,4) | 15.91 | 20.23 | **2.88** | 10.17 | 13.24 | 0.00 |

　　从表 5-9 中可以发现，LNSGA III 的解在除了非支配解数量方面，其他各项评价指标均明显优于其他算法。尽管如此，LNSGA III 得到的非支配解的数量也已经足够管理决策人员进行决策。在表 5-10 中，对于指标 GD，LNSGA III 明显优于其他算法，而 NSGA III 相比 NSGA II 差别不大，没有明显优势。NSGA III 获得的非支配解的数量明显较 NSGA II 的解多，对指标 GD 的结果产生了一定的影响。在 IGD 指标的对比上，除了算例(0.2,0.8)，其他算例的求解中，NSGA III 均明显优于 NSGA II。上述结果分析表明，新的基于参考点集排序目标的方法在交货期比较紧急且密集的情况下表现更优。而当交货期比较宽松、各工件之间交货期限又比较稀疏时，NSGA II 的拥挤距离排序所得的解在 IGD 指标的表现上更优。在添加局部搜索策略后，有效改善了 NSGA III 在这个问题上的不足。综上所述，基于参考点集的精英选择策略和改进的局部搜索算法可以有效改善非支配解的数量和分布性能，提升算法的勘探和开采能力。

**4. 编码方式有效性分析**

　　本节设计了基于机器类型的编码方式。虽然本节对三种类型机器，第一种类型的机器有 2 台，其他类型各有 1 台的情况进行了讨论，但是提出的数学模型及算法同样适用于其他数量机器的情况。以有 25 个工件的问题为例,交货期的参数设置为 (0.6,0.4),图 5-16 给出了机器数量分别为(2,2,1)、(2,1,2)以及(3,1,1)的调度甘特图,选用的算例属于交货期比较紧急且比较密集的情况。在实际工厂中,如果出现了机器数量不能完成生产任务的情况,管理人员可以通过上述对比确定购入哪种类型的机器能有效缓解生产压力。通过甘特图可以看出,在预算允许的情况下,第三种机器(M 2-8-3)相比其他类型的机器能更好地改进本章所讨论的两个目标。

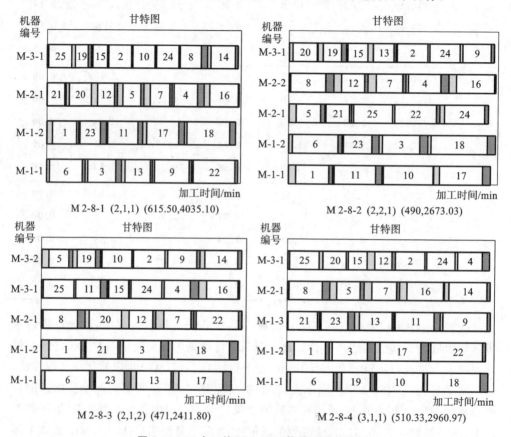

图 5-16　25 个工件(0.6,0.4)算例调度甘特图

　　将本章提出的编码方式与一般情况下的编码方式进行对比,其中本章所提出的编码和解码策略记为策略 1,详见 5.3.2 小节。如果将所有相同的机器考虑为不同类型的机器,则编码和解码策略完全与不相关调度问题的一致,记为策略 2,也即基于机器的编码,解码时只需执行本章中解码策略的第一步即可。

　　对改进的 LNSGAⅢ分别使用策略 1 和策略 2 编码,求解工件数量为 25、交货期参数为(0.6,0.4)的算例,独立运行 5 次。图 5-17 展示了相同算法 LNSGAⅢ使用 2 种不同编码策略所得到的帕累托解集散点图。我们可以看出,使用策略 1 的算法可以得到更集中且分布更加平衡的解。

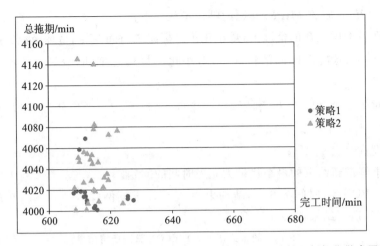

**图 5-17　不同编码策略求解 25 个工件算例(0.6,0.4)的帕累托解集散点图**

**5. 与确定性方法的对比**

本章所提出的 MIPM 是可以用确定性方法求解的。考虑到 Mavrotas[25] 提出的比较有效的约束法(constrained method,ECON)在多目标求解中的应用,我们选用了 CPLEX OPL 编码利用该方法对 $\tau=0.2$,$\rho=0.4$ 的算例进行求解。由于问题的复杂性,在没有其他停止准则的情况下,仅 20 个工件的最小化完工时间可以求得最优解(513,1459)。

利用软件 CPLEX 进行求解,停止时间设置为与 LNSGAⅢ平均运行时间保持一致,由 ECON 算法求得的最优结果如表 5-11 所示。

**表 5-11　确定性方法 ECON 与智能算法结果对比**

| 算　例 | | (20,4) | | (25,4) | | (40,4) | | (60,4) | | (100,4) | |
|---|---|---|---|---|---|---|---|---|---|---|---|
| | | $f_1$ | $f_2$ | $f_1$ | $f_2$ | $f_1$ | $f_2$ | $f_1$ | $f_2$ | $f_1$ | $f_2$ |
| ECON | $\min f_2$ | 571 | 1166 | 683 | 1362 | 1102 | 3080 | 1573 | 5339 | 2639 | 14526 |
| | $\min f_1$ | 513 | 1459 | 658 | 2209 | 1073 | 4749 | 1561 | 8852 | 2590 | 25903 |
| NSGAⅡ | | 520 | 1208 | 660 | 1378 | 1069 | 3048 | 1523 | 4504 | 2546 | 13268 |
| NSGAⅢ | | 517 | 1204 | 661 | 1439 | 1070 | 3113 | 1516 | 4335 | 2552 | 13571 |
| LNSGAⅢ | | 514 | 1190 | 659 | 1419 | 1059 | 2918 | 1512 | 4289 | 2535 | 12962 |

上述表格中,第一行与第二行分别为利用 ECON 算法求得的最小总拖期和最小最大完工时间,NSGAⅡ、NSGAⅢ和 LNSGAⅢ的结果从各算法的帕累托解集中随机选出。在求解小规模问题时,ECON 可以求得单目标完工时间的最优解,而另外一个目标则因为问题的离散属性表现得较差且没有规律。随着问题规模的增大,ECON 算法在给定时间内求解单目标时也失去了优势。

添加约束,求解该 MIPM 问题的具体步骤如下:

(1) 在不考虑拖期的情况下,最小化单目标完工时间,得到目标函数值$(f_1^1,f_2^1)$;

(2) 在不考虑完工时间的情况下,最小化单目标总拖期,得到目标函数值$(f_1^2,f_2^2)$;

(3) 对第二个目标值 $f_2$,利用 $q_i-1$ 个断点将$(f_2^2,f_2^1)$平均分为 $q_i$ 段,得到距离均等的 $z=(z_1,z_2,\cdots,z_{qi-1})$;

(4) 设置约束 $f_2\leqslant z$;

(5) 求解带新约束的最小化最大完工时间的问题。

限制 CPU 运行时间为 60 s,新约束为 $f_2\leqslant z$,求算例(20,4)和(25,4)的最小最大完工时间,所得结果如表 5-12 所示。

表 5-12　约束为 $f_2\leqslant z$ 的 ECON 算法所得结果

| 算　例 | (20,4) | | 算　例 | (25,4) | |
|---|---|---|---|---|---|
| ECON | $f_1$ | $f_2$ | ECON | $f_1$ | $f_2$ |
| minimize $f_2$ | 571 | 1166 | minimize $f_2$ | 683 | 1362 |
| minimize $f_1$ | 513 | 1459 | minimize $f_1$ | 658 | 2209 |
| $z_1=1200$ | 513 | 1196 | $z_1=1360$ | — | — |
| $z_2=1220$ | 518 | 1212 | $z_2=1420$ | 663 | 1412 |
| $z_3=1240$ | 515 | 1236 | $z_3=1480$ | 661 | 1473 |
| $z_4=1260$ | 515 | 1247 | $z_4=1540$ | 661 | 1517 |
| $z_5=1280$ | 516 | 1277 | $z_5=1600$ | 661 | 1598 |
| $z_6=1300$ | 515 | 1299 | $z_6=1660$ | 658 | 1593 |
| $z_7=1320$ | 513 | 1308 | $z_7=1720$ | 659 | 1716 |
| $z_8=1340$ | 513 | 1313 | $z_8=1780$ | 661 | 1765 |
| $z_9=1360$ | 513 | 1337 | $z_9=1840$ | 658 | 1799 |
| $z_{10}=1380$ | 513 | 1380 | $z_{10}=1900$ | 658 | 1782 |
| $z_{11}=1400$ | 513 | 1396 | $z_{11}=1960$ | 658 | 1855 |
| $z_{12}=1420$ | 513 | 1407 | $z_{12}=2020$ | 658 | 1815 |

由表 5-12 可以看出,利用 ECON 算法,在求解小规模问题时,可以得到较好的帕累托解,但是算法需要运行多次。首先需要确定约束的范围和搜索的跨度,多次循环查找才能得到比较满意的帕累托解。很明显,智能算法在搜索帕累托解集方面较标准方法更便捷。另外,在实际生产工厂中,小规模问题的求解意义不大,随着产品规模的增大及其复杂性增加,研究智能算法解决实际优化问题已经非常有必要且有意义。

# 5.4　考虑成本的建模与改进的灰狼求解算法

## 5.4.1　考虑成本的钢板切割调度优化问题建模

以最小化最大完工时间和最小化总拖期为目标函数的调度问题模型,其目的是提高生产效率,增加企业的响应柔性,提高企业对市场的响应速度。然而在大中型机械设备和大型钢结构件的生产制造中,产品复杂且制造成本高,生产人员更加注重总生产成本的控制。钢板切割下料车间的调度问题属于不相关并行机调度问题。本节从降低总生产成本出发,分析钢板切割下料工序的成本构成,以切割工序需要的总成本为目标函数,建立该不相关并行机调度优化问题的数学模型。针对该优化问题,提出一种十进制灰狼优化(decimal grey wolf optimization,DGWO)算法进行求解。

具体地,此问题研究的是将 $n$ 张钢板分配到满足加工约束的 $g$ 种型号共 $m$ 台数控切割机上加工,并且对分配到同一台机器上的钢板进行排序。在整个切割工序中,本节主要考虑了以下成本:加工成本、库存成本和延期成本。加工成本又由四个部分构成:设备启动成本、切割成本、空行程成本和穿孔成本。切割工序成本构成如表 5-13 所示。

表 5-13　切割工序成本构成

| 成　　本 | | 说　　明 |
|---|---|---|
| 加工成本 | 设备启动成本 | 正式切割钢板前设备启动预热,消耗资源,与钢板的厚度和设备有关 |
| | 切割成本 | 切割机切割钢板,形成具体零件,与钢板零件总轮廓长度和设备有关 |
| | 空行程成本 | 除了形成零件轮廓的行程,还存在空行程,期间设备不停机,消耗资源 |
| | 穿孔成本 | 切割机对钢板穿孔,比正常切割成本高,与钢板厚度和设备有关 |
| 库存成本 | | 钢板过早切完,放在车间形成库存 |
| 延期成本 | | 钢板没有在规定的时间内完成切割,形成延期成本 |

一张钢板的整个切割过程分为三个时间段:准备、加工和收件。准备时间是在上一张钢板收件完成后将待切割钢板放到切割设备上,设备启动之前需要的时间,与钢板有关,收件时间也只与钢板有关,而加工时间则与钢板和所选择的切割设备有关。

考虑到实际问题的特点和问题可处理性,对问题做如下合理假设:

(1)每张钢板只有切割这一道工序,可以在满足尺寸工艺约束的任何一台机器上加工;

(2)每台机器在同一时间只能加工一张钢板;

(3)钢板切割过程不中断;

(4)任何一张钢板只能使用一台机器切割;

（5）钢板上的零件收件完成表示已交货，开始切割下一张钢板。

该问题涉及的变量符号及其含义如表 5-14 所示。

表 5-14　变量符号及其含义

| 变 量 符 号 | 含　义 | 变 量 符 号 | 含　义 |
|---|---|---|---|
| $m$ | 切割机总数 | $C_i^3$ | 钢板 $i$ 的单位时间延期交货成本 |
| $n$ | 钢板总数 | $C_i^4$ | 钢板 $i$ 的单位时间库存成本 |
| $i=1,2,\cdots,n$ | 第 $i$ 张钢板 | $C_{i,j}^5$ | 钢板 $i$ 在机器 $j$ 上的单位长度切割成本 |
| $j=1,2,\cdots,m$ | 第 $j$ 台机器 | $P_i^1$ | 钢板 $i$ 的准备时间 |
| $h_j\times l_j\times w_j$ | 切割机最大切割尺寸 | $P_i^2$ | 钢板 $i$ 的收件时间 |
| $h_i\times l_i\times w_i$ | 钢板 $i$ 的尺寸 | $D_i$ | 钢板 $i$ 的交货期 |
| $C_j$ | 设备 $j$ 的单位时间启动成本 | $T_{i,j}$ | 钢板 $i$ 在机器 $j$ 上的单个穿孔时间 |
| $L_i^1$ | 钢板 $i$ 的切割长度 | $S_{i,j}$ | 钢板 $i$ 在机器 $j$ 上开始切割的时间 |
| $L_i^2$ | 钢板 $i$ 的空行程长度 | $E_{i,j}$ | 钢板 $i$ 在机器 $j$ 上完成切割的时间 |
| $N_i$ | 钢板 $i$ 的穿孔数量 | $V_{i,j}$ | 钢板 $i$ 在机器 $j$ 上的切割速度 |
| $C_{i,j}^1$ | 钢板 $i$ 在机器 $j$ 上的设备启动成本 | $B_{i,j}$ | 钢板 $i$ 在机器 $j$ 上时设备启动时间 |
| $C_{i,j}^2$ | 钢板 $i$ 在机器 $j$ 上单个孔的穿孔成本 | $x_{i,j}$ | $x_{i,j}=\begin{cases}1, & 板材 $i$ 在机器 $j$ 上切割时 \\ 0, & 其他\end{cases}$ |
| $M_{Fi}$ | 第 $i$ 张钢板可用机器集合 | | |

本节研究的不相关并行机调度问题是指为每张钢板合理分配使用的机器，安排每台机器上钢板的加工顺序，确定钢板的开始切割时间和完工时间，使得整个切割工序的总成本 $C$ 尽可能最小。

$$f=\min C=\sum_{i=1}^{n}\sum_{j=1}^{m}x_{i,j}C_{i,j}^1+\sum_{i=1}^{n}\sum_{j=1}^{m}x_{i,j}\left[C_{i,j}^5(L_i^1+L_i^2)+N_iC_{i,j}^2\right]+$$

$$\left[\max\{(E_{i,j}-D_i),0\}C_i^3+\max\{(D_i-E_{i,j}),0\}C_i^4\right]$$

$$(5.28)$$

$$\text{s. t.} \sum_{j=1}^{m} x_{i,j} = 1, \quad \sum_{i=1}^{n}\sum_{j=1}^{m} x_{i,j} = n \tag{5.29}$$

$$C_{i,j}^1 = B_{i,j}C_j \tag{5.30}$$

$$E_{i,j} < S_{i+1,j} \tag{5.31}$$

$$E_{i,j} = S_{i,j} + (L_i^1 + L_i^2)/V_{i,j} + N_i T_{i,j} \tag{5.32}$$

$$S_{i+1,j} = E_{i,j} + P_{i+1}^1 + P_i^2 + B_{i+1,j} \tag{5.33}$$

$$M_{Fi} \in M, \quad M_{Fi} \neq \varnothing \tag{5.34}$$

$$h_i \leqslant h_j \bigcup l_i \leqslant l_j \bigcup w_i \leqslant w_j, \quad x_{ij} = 1 \tag{5.35}$$

其中：式(5.28)为调度的优化目标；式(5.29)是分配约束，表示每张钢板只能分配给一台机器进行切割；式(5.30)是钢板 $i$ 在机器 $j$ 上的设备启动成本；式(5.31)为时间约束，表示钢板在当前机器上切割未完成时，下一张钢板不能开始进行切割；式(5.32)和式(5.33)表示第 $i$ 张钢板的切割完成时间和下一张钢板的开始切割时间；式(5.34)表示钢板进行切割加工的可用机器集合；式(5.35)表示尺寸约束，待切割钢板 $i$ 的尺寸要满足机器可切割的尺寸要求，否则不能进行切割。

本节研究的不相关并行机调度问题与流水车间和作业车间调度问题不同，其主要特点是每张钢板可以在满足工艺要求的多台设备上加工，同时本节研究的问题不仅以企业最关心的制造成本作为目标函数，而且在模型中也考虑了完工时间，将时间转化为库存成本和延期成本，求解最优的调度方案。

求解所研究的不相关并行机调度问题，关键点与难点在于确定每张钢板分配到哪台机器切割以及开始切割的时间，也即每台切割设备上切割哪些钢板以及所切割钢板的次序。当确定了钢板的加工机器和次序，加工成本、库存成本和延期成本就可以通过相应的关系式计算出来。由于该问题是 NP 难问题[2]，当钢板数量较多时，较难求得最优解，所以本节提出一种全局搜索能力较好的元启发式算法 DGWO 来求解。

### 5.4.2　求解算法设计

不相关并行机调度问题是 NP 难问题，针对此类组合优化问题，由于元启发式算法具有较好的全局搜索能力，因此得到了较广泛的研究和应用。灰狼算法以其良好的广度开拓和深度开采能力，引起了国内外学者的广泛关注，并已被应用到求解各种复杂问题中。Mirjalili 等[26]提出灰狼算法，并将其用于求解高维多峰连续函数优化问题。吴虎胜等[27]将其应用于求解旅行商问题。Emary 等[28]将二进制灰狼算法应用于机器学习的特征选取，提高了分类的准确性，减少了选取特征的数量；Komaki 等[29]用灰狼算法对两阶段装配流水车间的调度问题进行了求解。

本节提出算法参数少和易编码实现的 DGWO 算法，该算法将狼群中的狼依据不同职责分工划分为头狼、猛狼、探狼，然后根据灰狼的捕猎行为和猎物的分配方式，抽象出探狼游走、猛狼围猎这两种智能行为以及"胜者为王"的头狼诞生规则。具体算法介绍如下。

### 1. 灰狼算法简介

在每一灰狼群中,都有一个意味着权力和统治的社会层级制度。依据不同职责分工,将灰狼划分为 $\alpha$、$\beta$、$\delta$ 狼[30],剩余的狼称为 $\omega$ 狼。$\alpha$ 狼作为领头狼,主要负责为灰狼的捕食、栖息等群体活动做决定,其他狼则服从其下达的命令,因此 $\alpha$ 狼又被称作支配狼。$\alpha$ 狼只允许在狼群内部进行交配。$\alpha$ 狼并不一定是狼群中最强的狼,但是其管理能力是最好的。这也充分表明,狼群里面管理能力较自身的强壮更重要。定义第二层社会等级灰狼为 $\beta$ 狼,服从于 $\alpha$ 狼,同时协助 $\alpha$ 狼做出决策,随着 $\alpha$ 狼去世或者衰老,$\beta$ 狼很可能会接替 $\alpha$ 狼管理狼群,$\beta$ 狼可以支配除 $\alpha$ 狼以外的灰狼。总结 $\beta$ 狼的职责:在其他狼之间加强 $\alpha$ 狼的管理,同时反馈其他狼的反应给 $\alpha$ 狼。

最低社会层级的灰狼为 $\omega$ 狼,$\omega$ 狼的角色是"替罪羊",一般需要听命于其他占支配地位的狼,他们服从 $\alpha$ 狼的领导,经常在最后才被允许吃到猎物。可以看出,尽管 $\omega$ 狼在捕猎过程中的角色并不重要,但是缺乏 $\omega$ 狼,灰狼群是不完整的,而且会导致内部的自相残杀等。$\omega$ 狼的存在有助于保持灰狼群的完整性和层级结构。在某些情况下,$\omega$ 狼也承担着狼群里面小狼的保姆角色。

如果某灰狼既不属于 $\alpha$ 狼、$\beta$ 狼,又不属于 $\omega$ 狼,则会被称为 $\delta$ 狼。$\delta$ 狼处于社会层级中的第三层,需要服从于 $\alpha$ 狼和 $\beta$ 狼,同时可以支配 $\omega$ 狼。$\delta$ 狼包括侦查狼、哨狼、老年狼、狩猎狼和看护狼等。

除了灰狼群社会分层的特点,围猎是灰狼群的另一特征:追踪、追逐、接近猎物;追捕、包围和骚扰猎物,直到猎物停止移动;攻击猎物。GWO 算法的具体步骤如下。

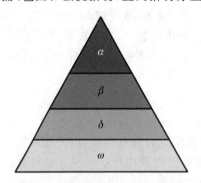

图 5-18　灰狼社会分层等级示意图
(高层支配低层)

#### 1) 社会等级分级(social hierarchy)

在设计 GWO 算法时,为了模拟灰狼社会等级,将最优解当做 $\alpha$ 狼,同时,次优和第三优的解分别命名为 $\beta$ 狼和 $\delta$ 狼。剩余解称为 $\omega$ 狼。在 GWO 算法中,狩猎行为(优化过程)是由 $\alpha$ 狼、$\beta$ 狼和 $\delta$ 狼引导的,$\omega$ 狼跟随着前面三层灰狼行动。上述社会分层等级如图 5-18 所示。

根据灰狼的追捕、围猎行为以及对猎物的分配方式,抽象出探狼游走(searching for prey)、猛狼围猎奔袭(encircling and attacking prey)这两种智能行为以及"胜者为王"的头狼诞生规则。

#### 2) 包围猎物(encircling prey)

如上所述,灰狼群在捕猎过程中具有围猎行为,对其包围猎物的行为进行数学建模[26]:

$$\boldsymbol{D} = \boldsymbol{C}\boldsymbol{X}_p(t) - \boldsymbol{X}(t) \qquad (5.36)$$

$$X(t+1) = X_p(t) - AD \tag{5.37}$$

式中:$t$ 表示当前迭代代数;$A$ 和 $C$ 表示向量系数;$X_p$ 表示猎物的位置向量;$X$ 表示当前灰狼的位置向量。

向量系数 $A$ 和 $C$ 用如下公式表示:

$$A = 2ar_1 - a \tag{5.38}$$

$$C = 2r_2 \tag{5.39}$$

在整个迭代过程中,$a$ 由 2 线性下降到 0,主要用于调整搜索区域的大小。系数 $r_1$ 和 $r_2$ 服从[0,1]分布,随机产生。

3) 狩猎(hunting)数学模型

灰狼群在捕猎过程中识别猎物位置,并围攻它们,狩猎过程(搜索过程)主要是靠 $\alpha$ 狼指引完成的,$\beta$ 狼和 $\delta$ 狼也可能会参与搜索的过程。但是一般情况下,问题的最优解(猎物)是未知的。为了建模并仿真灰狼群的狩猎行为,假设 $\alpha$ 狼(最优候选解)、$\beta$ 狼和 $\delta$ 狼比其他狼更接近于猎物(最优解)。因此,将排名前三的最优解保存,并且引导其他灰狼往可能的猎物的地点前进。狩猎行为的数学模型[26]如下:

$$D_\alpha = C_1 X_\alpha - X, \quad C_\beta = | C_2 X_\beta - X |, \quad D_\delta = | C_3 X_\delta - X | \tag{5.40}$$

$$X_1 = X_\alpha - A_1 D_\alpha, \quad X_2 = X_\beta - A_2 D_\beta, \quad X_3 = X_\delta - A_3 D_\delta \tag{5.41}$$

$$X(t+1) = X_1 + X_2 + X_3/3 \tag{5.42}$$

式(5.40)至式(5.42)描述的是由 $\alpha$ 狼、$\beta$ 狼和 $\delta$ 狼引导的搜索过程。系数 $A$ 主要用于调整搜索方向。当$|A|>1$ 时,鼓励灰狼扩大搜索区域,会远离现在的最优解,避免陷入局部最优解;当$|A|<1$ 时,将会在某一区域内重点搜索并攻击猎物,寻找当前区域的最优解。当满足停止准则时,最终输出最优解(猎物)。

4) 攻击猎物(attacking prey)

构建攻击猎物模型的过程中,由式(5.38)可知,$a$ 值的减小会引起系数 $A$ 值的变化。$A$ 在区间$[-2a,2a]$上随机波动,其中 $a$ 随着迭代过程是在$[0,2]$之间线性下降的。当 $A$ 在区间$[-1,1]$上变化时,搜索代理(search agent)在当前灰狼与猎物之间的位置上进行搜索。

5) 寻找猎物(search for prey)

灰狼个体在 $\alpha$ 狼、$\beta$ 狼和 $\delta$ 狼的位置引导下完成搜索操作。首先灰狼分散各处,扩大搜索区域,寻找猎物;然后根据头狼的位置集中围攻猎物。为了用数学化的方式表示分散搜索,利用随机值 $A$ 大于 1 或者小于$-1$引导算法的搜索远离猎物,在全局范围内完成搜索,以便寻找比当前猎物(当前解)更优的猎物(更优解)。GWO 算法中还有一个搜索系数是 $C$,从式(5.39)可知,$C$ 的取值为$[0,2]$上的随机数,可以为猎物提供随机权重。该系数主要用于在优化过程中改善 GWO 算法的搜索行为。另外,系数 $C$ 与 $A$ 的表现不同,并不是线性下降的,$C$ 是随机产生的,主要用于避免算法在迭代过程中特别是在迭代后期陷入局部最优解。

**2. 改进灰狼算法设计**

　　由于所研究的问题为离散组合优化问题,应用二进制编码方式的灰狼算法求解较困难,因此本节根据问题特点采用十进制编码方式,即将每张钢板用一个十进制整数表示,构成一个十进制序列$(x_{i1},x_{i2},x_{i3},\cdots,x_{ij},\cdots,x_{in})$,也就是 DGWO 算法中每一匹狼的位置。其中$i=1,2,\cdots,M;x_{ip}\neq x_{iq},p\neq q;x_{ip},x_{iq},p,q,j=1,2,\cdots,n$。$M$ 表示狼群大小,$n$ 表示钢板数量。当采用该编码方式时,求解的难点在于如何处理模型中的工艺约束、机器分配和钢板次序问题。在程序中,每个编码位除了用一个变量表示钢板外,还有一个变量用来存储该钢板所分配的机器,而钢板在同一机器中的切割顺序用十进制序列从左到右的先后次序来表示。

　　采用随机方式初始化狼群,即随机生成一个十进制序列,然后在每张钢板的可用机器集合中随机选择一台机器。将前三匹狼(按照成本从小到大排序)选为头狼 $\alpha$、$\beta$、$\delta$,剩余的狼视为探狼,游走搜索"猎物"。灰狼游走搜索猎物,抽象为在解空间中搜索寻求最优解,而求解该问题最优解的核心与难点在于确定钢板的切割机器和次序,所以根据问题特点,针对十进制编码方式,本节对灰狼算法的游走行为进行改进,提出一种适合求解所研究调度问题的游走运动算子,其包含移位和重新分配机器两种操作。移位就是将人工狼 $i$ 的位置 $X_i=(x_{i1},x_{i2},x_{i3},\cdots,x_{ij},\cdots,x_{in})$ 中随机选定含有 $\text{step}_a$ 个编码位的片段插入随机选定的位置,之后对该片段重新随机分配机器,如图 5-19 所示。$\text{step}_a$ 是游走步长,$\text{step}_a=\lceil Nw_1\rceil$,$w_1$ 为游走步长因子,$\lceil * \rceil$ 表示向上取整。移位的工件对应的机器编码则随机重新生成。每执行一次算子就计算其嗅到的猎物气味浓度,狼嗅到的猎物气味浓度抽象为目标函数值 $Y=f(X)$,即解码计算总成本。探狼 $i$ 在游走次数 $h$ 达到上限 $h_{\max}$ 时,取嗅到的气味浓度最大的一次为此次游走的结果。

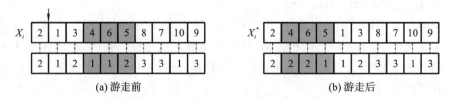

(a) 游走前　　　　　　　　　　　　　　(b) 游走后

**图 5-19　游走运动算子示意图**

　　头狼嚎叫召唤猛狼,指挥它们向其所在的位置 $X_{\text{lead}}$ 靠近,进行围猎。在连续组合优化问题中,两匹狼的距离根据数值的大小来衡量,但在离散组合优化问题中,这种方式并不适用,所以本节用以下定义 5.8 的方式来衡量。向猎物靠近就是对猛狼的位置 $X_i$ 进行某种变换,本节提出一种奔袭运动算子。

　　定义 5.8:灰狼之间的距离。两匹狼 $p$ 和 $q$ 在相同编码位上数值不相等的个数 $D$,用下式所示:

$$D=\sum_{j=1}^{N}d,\quad d=\begin{cases}1, & |x_{pj}-x_{qj}|\neq 0\\0, & |x_{pj}-x_{qj}|=0\end{cases},p,q\in\{1,2,\cdots,M\},p\neq q \quad(5.43)$$

$D$ 越小说明两匹狼之间的距离越近。

奔袭运动算子表示为 $X_i^* = R(X_i, L_1, L_2, \text{step}_b)$，$L_1$ 记录的是猛狼位置 $X_i$ 和头狼位置 $X_{\text{lead}}$ 中不相同编码位的集合，用 $k$ 表示不相同编码位的数目。$L_2$ 记录与 $L_1$ 对应的头狼在该编码位的值。当猛狼与头狼的距离 $D_{il} = k \leqslant d_{\text{near}}$ 时表明该猛狼在头狼附近，已进行了围猎。$d_{\text{near}} = \lceil Nw_2 \rceil$ 为围猎判定距离，$w_2$ 为围猎距离因子。当 $D_{il} = k > d_{\text{near}}$ 时，猛狼按照步长 $\text{step}_b = k - d_{\text{near}}$ 快速奔袭，根据记录的信息对 $X_i$ 进行位置变换，如图 5-20 所示，然后计算其嗅到的猎物气味浓度 $Y_i$。

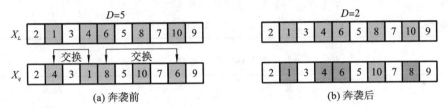

图 5-20　奔袭运动算子示意图

### 3. DGWO 算法的具体步骤

Step 1：算法初始化。设定狼群的规模为 $M$，设置算法最大迭代次数为 $k_{\max}$，设置最大游走次数 $h_{\max}$ 及两个步长因子 $w_1$、$w_2$，初始化狼群。

Step 2：根据"胜者为王"的头狼产生规则，嗅到猎物气味浓度最大的前三匹狼（即成本最小）为头狼 $\alpha$、$\beta$、$\delta$，剩余的狼为探狼，进行游走，直到 $h > h_{\max}$。

Step 3：三匹头狼召唤，猛狼随机选择一匹奔向的头狼，此时的头狼被视为猎物。猛狼对猎物发起围攻行为，即根据奔袭运动算子猛狼进行位置的变换，根据围攻前后 $Y$ 值大小，进行贪婪决策。

Step 4：按照头狼角逐规则对三匹头狼进行更新。

Step 5：判断算法是否达到了终止条件，若是则输出求解问题的最优解——头狼 $\alpha$ 的位置编码 $X_p$ 和其感受到的猎物气味浓度 $Y_{\text{lead}}$，若否则转 Step 2。

## 5.4.3　数值实验及结果分析

为了验证灰狼算法应用在不相关并行机调度问题上的有效性，本节根据 Liaw 等[19] 和 Kim 等[21] 介绍的标准算例生成方式以及金属结构件车间调研情况，生成算例数据。因为很多企业在购买切割机器时，每次购买的切割机器类型不同，可以切割的钢板类型也不同，本节算例假设有四种类型的切割机器各 1 台，具体的机器信息如表 5-15 所示。

一共生成五组算例进行测试，钢板数量分别为 20、40、60、80、100。每个算例中有关钢板的数据按表 5-16 和表 5-17 中列出的方式在一定范围内随机生成，板材类型从表 5-16 中随机选择，库存成本为定值。交货期则根据生成公式 $\text{Rand}[P(1 - \tau - \rho/2), P(1 - \tau + \rho/2)]$ 随机生成。其中本节设置 $\tau = 0.2$，$\rho = 0.4$，交货期不是非常紧急，而且各零件的交货期分散度也不是非常集中。

**表 5-15　切割机器信息**

| 机器种类 | 准备时间/min | 启动成本/(元/min) | 切割速度/(mm/min) | 切割能力($h \times l \times w$)/(mm×mm×mm) | 切割成本/(元/min) | 穿孔成本/(元/孔) | 穿孔时间/s |
|---|---|---|---|---|---|---|---|
| 火焰 | 0.5 | 1.5 | 600 | 20×10000×2000 | 0.8 | 2 | 6 |
| 等离子 A | 0.25 | 2.5 | 1200 | 14×8000×2000 | 2 | 4 | 5 |
| 等离子 B | 0.25 | 2 | 1500 | 9×8000×2000 | 1.6 | 3 | 4 |
| 激光 | 0.2 | 2.2 | 1500 | 5×6000×1500 | 1.8 | 3.5 | 2 |

**表 5-16　钢板类型**

| 参　数 | 高度/mm | 长度/mm | 宽度/mm |
|---|---|---|---|
| 值 | 14 | 8000 | 2000 |
| | 9 | 8000 | 1800 |
| | 5 | 6000 | 1500 |
| | 20 | 8000 | 2000 |

**表 5-17　算例数据生成**

| 钢 板 数 据 | 数 值 范 围 |
|---|---|
| 准备时间/min | [20,40] |
| 收件时间/min | [20,50] |
| 切割长度/mm | [10000,300000] |
| 空行程长度/mm | [3000,10000] |
| 穿孔数量 | [5,30] |
| 延期成本/min | [0,1] |
| 库存成本/min | 0.2 |

$$P = \sum_{i=1}^{n} (L_i / \bar{v}) / m \tag{5.44}$$

式中：$L_i$ 表示切割长度和空行程长度之和；$\bar{v}$ 表示四台切割机的平均速度；$m$ 表示切割机的总数量。

　　GWO 算法是一种智能优化算法，为了评价本节提出的 DGWO 算法的实用性和有效性，选用了遗传算法以及和声算法（harmony search algorithm，HSA）两种常用的智能算法进行对比。在求解许多离散问题过程中，本章参考文献[8]研究的遗传算法表现出良好的求解性能，被广泛用于求解各种优化问题。和声算法[31]也被应用于求解调度优化问题，本节应用基本的和声算法，其参数设置见本章参考文献[31]。三种算法求解结果如表 5-18 所示。三种算法设置相同的迭代次数和种群数量,每组算例独立运行 20 次,选用最优值、平均值、方差作为对比指标。从表 5-18 中可以看出,在钢板数量为 20 时,DGWO 算法在最优值和平均值上劣于 GA,但是从方差上来看,求解结果的稳定性比 GA 好。当钢板数量大于 20 时,从所比较的三个重要指标来看,DGWO 算法都优于 GA 与 HSA。图 5-21 所示是三种算法所求的最优制造成本柱形图,图 5-22 所示是三种算法最优值差值的趋势图,从两图中显见,随着钢板数量的增加,差值越来越大,可见 DGWO 算法能够较好地求解大规模并行机调度问题。

表 5-18　三种算法求解结果对比

| 钢板数量 | 最优值 | | | 平均值 | | | 方差 | | |
|---|---|---|---|---|---|---|---|---|---|
| | DGWO | GA | HSA | DGWO | GA | HSA | DGWO | GA | HSA |
| 20 | 8676 | **8593** | 8681 | 8687 | **8661** | 9089 | **22** | 56 | 240 |
| 40 | **16424** | 17063 | 17708 | **16549** | 17356 | 18562 | **72** | 153 | 358 |
| 60 | **22986** | 25085 | 26114 | **23567** | 25861 | 28622 | **325** | 419 | 1103 |
| 80 | **35872** | 39099 | 41965 | **36942** | 40403 | 46876 | **690** | 723 | 2387 |
| 100 | **53635** | 59380 | 70494 | **55728** | 61604 | 75567 | **952** | 1149 | 3790 |

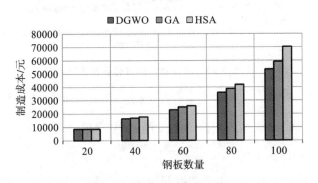

图 5-21　各算法最优制造成本

图 5-23 所示是在钢板数量为 100 时,迭代 2000 次,DGWO、GA 和 HSA 三种算法的进化迭代图,图中黑色虚线表示三者的趋势线。从图中很明显可以看出,DGWO 算法收敛速度快,可以比 GA 和 HSA 更快地寻找到最优解。当迭代 200～400 次时,算法已经取得较优的解,且多次运行的效果也比较稳定。

从以上实验结果可以看出,本节提出的十进制灰狼算法能够有效求解所研究的问题。分析认为,其主要原因是:DGWO 算法根据所研究问题的特点以及求解难点而设计;采用与其他算法不一样的进化策略,即狼群中的狼在三匹头狼中随机选择一匹靠近,这就保证了在整个狼群向最优解方向靠近的同时避免陷入局部解;整个算法结构简洁,进化速度快。

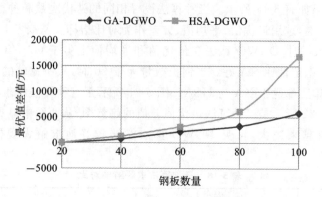

图 5-22　DWGO 算法与 GA、HSA 最优值差值

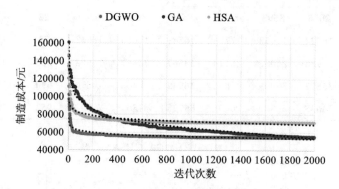

图 5-23　三种算法的进化迭代图

# 5.5　本 章 小 结

　　本章首先对钢板切割下料生产调度问题进行了描述,并针对该问题,研究了考虑完工时间的单目标建模与基于规则的启发式求解算法。在此基础上,提出了最小化总完工时间和最小化总拖期的双目标切割并行机调度问题,综合考虑准备时间、收件时间以及机器-工件确定的加工时间,建立了混合整数规划数学模型,并针对模型特点,设计了改进局部搜索策略的 LNSGAⅢ算法用于求解该模型,数值计算结果证明了该算法求解切割并行机调度问题的有效性。最后,针对钢板切割下料车间的制造成本较高问题,在分析制造成本构成的基础上,以综合成本为目标函数,建立了该问题的调度模型,并且提出了一种十进制灰狼算法对该问题进行求解,通过算例测试说明了所提算法的有效性。

# 本章参考文献

[1] GRAHAM R L, LAWLER E L, LENSTRA J K, et al. Optimization and approximation in deterministic sequencing and scheduling: a survey[M]// HAMMER P L, JOHNSON E L, KORTE B H. Annals of Discrete Mathematics. Elsevier, 1979, 5: 287-326.

[2] LENSTRA J K, RINNOOY KAN A H G, BRUCKER P. Complexity of machine scheduling problems[M]//HAMMER P L, JOHNSON E L, KORTE B H. Annals of Discrete Mathematics. Elsevier, 1977, 1: 343-362.

[3] MOKOTOFF E. Parallel machine scheduling problems: a survey[J]. Asia-Pacific Journal of Operations Research, 2001, 18(2): 193-242.

[4] KAABI J, HARRATH Y. A Survey of parallel machine scheduling under availability constraints [J]. International Journal of Law & Information Technology, 2014, 3(2): 238-245.

[5] CENTENO G, ARMACOST R. Minimizing makespan on parallel machines with release time and machine eligibility restrictions[J]. International Journal of Production Research, 2004, 42(6): 1243-1256.

[6] RABADI G, MORAGA R, AL-SALEM A. Heuristics for the unrelated parallel machine scheduling problem with setup times [J]. Journal of Intelligent Manufacturing, 2006, 17(1): 85-97.

[7] HASHEMIAN N, DIALLO C, VIZVÁRI B. Makespan minimization for parallel machines scheduling with multiple availability constraints[J]. Annals of Operations Research, 2014, 213(1): 173-186.

[8] HAMZADAYI A, YILDIZ G. Modeling and solving static m identical parallel machines scheduling problem with a common server and sequence dependent setup times[J]. Computers & Industrial Engineering, 2017, 106: 287-298.

[9] LIAO T, SU P. Parallel machine scheduling in fuzzy environment with hybrid ant colony optimization including a comparison of fuzzy number ranking methods in consideration of spread of fuzziness[J]. Applied Soft Computing, 2017, 56: 65-81.

[10] 罗家祥, 唐立新. 带释放时间的并行机调度问题的 ILS & SS 算法[J]. 自动化学报, 2005, 31(6): 917-924.

[11] 王凌, 周刚, 许烨, 等. 求解不相关并行机混合流水线调度问题的人工蜂群算法[J]. 控制理论与应用, 2012, 29(12): 1551-1557.

[12] KIM D, KIM K, JANG W, et al. Unrelated parallel machine scheduling with

setup times using simulated annealing[J]. Robotics and Computer-Integrated Manufacturing,2002,18(3):223-231.

[13] SHIM S,KIM Y. Scheduling on parallel identical machines to minimize total tardiness[J]. European Journal of Operational Research, 2007, 177 (1): 135-146.

[14] GONZÁLEZ M,PALACIOS J,VELA C,et al. Scatter search for minimizing weighted tardiness in a single machine scheduling with setups[J]. Journal of Heuristics,2017,23(2):81-110.

[15] RAJKANTH R,RAJENDRAN C,ZIEGLER H. Heuristics to minimize the completion time variance of jobs on a single machine and on identical parallel machines [J]. The International Journal of Advanced Manufacturing Technology,2017,88(5):1923-1936.

[16] 李鹏,刘民,吴澄. 一类并行机调度问题的动态调度算法[J].计算机集成制造系统,2007,13(3):568-572.

[17] DEB K,JAIN H. An evolutionary many-objective optimization algorithm using reference-point-based nondominated sorting approach,part Ⅰ:solving problems with box constraints[J]. IEEE Transactions on Evolutionary Computation,2014,18(4):577-601.

[18] RUBÉN R,MAROTO C,ALCARAZ J. Two new robust genetic algorithms for the flowshop scheduling problem[J]. Omega,2006,34(5):461-476.

[19] LIAW C,LIN Y,CHENG C,et al. Scheduling unrelated parallel machines to minimize total weighted tardiness[J]. Computers & Operations Research, 2003,30(12):1777-1789.

[20] CHENG C, HUANG L. Minimizing total earliness and tardiness through unrelated parallel machine scheduling using distributed release time control [J]. Journal of Manufacturing Systems,2017,42:1-10.

[21] KIM D,NA D,FRANK C. Unrelated parallel machine scheduling with setup times and a total weighted tardiness objective[J]. Robotics and Computer-Integrated Manufacturing,2003,19(1-2):173-181.

[22] ZHANG Q, ZHOU A, ZHAO S, et al. Multiobjective optimization test instances for the CEC 2009 special session and competition[J]. Mechanical Engineering,2008.

[23] ZITZLER E, THIELE L. Multiobjective evolutionary algorithms: a comparative case study and the strength Pareto approach [J]. IEEE Transactions on Evolutionary Computation,1999,3(4):257-271.

[24] PAN Q,WANG L,QIAN B. A novel differential evolution algorithm for bi-

criteria no-wait flow shop scheduling problems[J]. Computers & Operations Research,2009,36(8):2498-2511.

[25] MAVROTAS G. Effective implementation of the e-constraint method in multi-objective mathematical programming problems [ J ]. Applied Mathematics and Computation,2009,213:455-465.

[26] MIRJALILI S, MIRJALILI S M, LEWIS A. Grey wolf optimizer [J]. Advances in Engineering Software,2014,69(Supplement C):46-61.

[27] 吴虎胜,张凤鸣,李浩,等.求解 TSP 问题的离散狼群算法[J].控制与决策,2015(10):1861-1867.

[28] EMARY E, ZAWBAA H, HASSANIEN A. Binary grey wolf optimization approaches for feature selection[J]. Neurocomputing,2016,172(Supplement C):371-381.

[29] KOMAKI G M, KAYVANFAR V. Grey wolf optimizer algorithm for the two-stage assembly flow shop scheduling problem with release time[J]. Journal of Computational Science,2015,8(Supplement C):109-120.

[30] 卢超.加工时间可控的多目标车间调度问题研究[D].武汉:华中科技大学,2017.

[31] MENG R H,RAO Y Q,ZHENG Y,et al. Modelling and solving algorithm for two-stage scheduling of construction component manufacturing with machining and welding process [J]. International Journal of Production Research,2017,56(19):6378-6390.

# 第 6 章　大型构件焊接生产调度优化

在金属结构件制造中,经常涉及大型构件的焊接生产,需要用到焊机等制造资源。在焊接过程中,针对不同的结构件选择合适的焊机并安排合理的加工顺序,不仅可以优化经济指标,而且可以避免在加工过程中的能源浪费,降低化石能源消耗对环境的污染,提高能源利用率,降低企业的生产成本。因此,大型结构件焊接生产调度在系统地考虑了资源配置与环境负荷之后,对焊接车间进行生产调度优化是帮助企业实现经济与绿色生产的关键技术之一。

## 6.1　焊接调度问题描述及其研究现状

在焊接车间的实际焊接生产过程中,每个大型结构件的焊接时间取决于其所被分配的焊机数量。本章研究大型结构件焊接车间多目标调度问题是为了确定各个工件的加工顺序和每个加工阶段所使用的焊机数量,以达到调度模型中最小化最大生产时间与最小化最大生产能耗的目标,从而将需要焊接的工件合理分配给符合需求的焊机,有效地提高设备利用率,缩短焊接车间生产周期。焊接车间作为制造业企业生产过程中的重要一环,被越来越多的国内外研究者所关注。

1996 年,Tu[1]根据船舶侧板焊接过程中的生产特征,对于调度系统由于产品种类多而受到一定程度的干扰的问题,面向焊接装配线设计了一种闭环自动生产调度与控制系统。2005 年,Kim 等[2]研究了带有热变形的电弧焊接机调度问题,以最小化最大完工时间为目标建立了热变形电弧焊相关焊接调度问题模型,考虑了热变形造成的时间延迟,设计了几种针对问题改进 TSP 的启发式算法,还通过随机生成的测试问题的相关测试,证明了这种算法的有效性。2008 年,Park 等[3]着重探讨了具有多个电弧焊接机的焊接生产线排序问题,采用了三种启发式算法,即遗传算法、模拟退火算法、禁忌搜索算法,三种搜索启发式算法结合生成邻域解的新方法,通过随机生成的测试问题的计算结果证明了启发式算法在实际问题应用中的优越性。2009年,樊坤等[4]对实际焊接车间调度问题进行了研究,建立了针对大型机械生产的以最小化最大完工时间的期望与方差为优化目标的多目标随机调度问题的数学模型,在二进制粒子群算法的基础上进行相关设计改进求解,通过生产实例验证了算法能够找到 Pareto 最优解。2016 年,肖胜强[5]基于焊机在各个焊接工位上的分配,建立了大型结构件焊接车间调度问题的单目标模型和考虑车间能耗的焊接车间调度多目标模型,在传统人工蜂群算法的基础上设计了离散人工蜂群算法和多目标人工蜂群算法进行求解。随后,Lu 等[6]研究了焊接车间的动态调度问题,并建立了一个数学模型,以最大限度地缩短最大完工时间,减少机器负荷,提高调度稳定性,采用 GWO 算法与 GA 混合求解,并与其他传统算法进行比较,证明了该算法的优越性。焊接是金属结构件生产过程中非常重要的一环,本章解决了一个双目标焊接车间调度问题(welding flow shop problem,WFSP),考虑了焊接件(工件)的加工生产顺序、与机器数量相关的加工时间、吊装时间、机器可用约束。随着全球污染、气候变暖和其他生态问题变得越来越严重,制造业需要解决的问题不仅仅是提高生产效率并最小化最大完工时间,还需要考虑减少制造过程中的能耗和制造过程中的碳排放。因此,在 6.3 节中我们也研究了考虑能耗的焊接调度问题。

本章研究的问题来源于结构件焊接制造车间,以某车间箱型钢制造工艺为例,描述生产流程如下:

(1) 通过专用吊具将底层板材放入专用机滚道上。

(2) 依次吊装焊接隔膜板、腹式隔膜总成:采用 $CO_2$ 气体保护电弧焊腹式隔膜。

(3) 起吊屋面单元组装:点焊,清除焊渣。

(4) 挑梁总成:点焊。

(5) 整体焊接。

上述点焊完毕后,由于专用装配机的稀有性,焊料被吊装到另一个焊接位置进行内缝焊接,完成后序整体焊接。

(6) 将小焊件焊接到焊接组件上。

(7) 端面密封部件的装配、焊接,主要目的是防止大型焊接件变形。

(1)~(4)为点焊过程,可以归为焊接的第一道工序,即外缝焊接。

根据上述工艺流程描述和使用的焊机的差异,将焊接阶段划分为如图 6-1 所示的四个阶段。

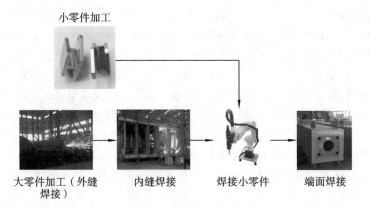

小零件加工

大零件加工(外缝焊接)　　内缝焊接　　焊接小零件　　端面焊接

图 6-1　焊接阶段划分

专用机床主要处理较大零件的点焊拼接和外焊缝拼接。吊装时间是指将工件吊装到专用机床上的时间,准备时间表示固定焊接件的时间,两个时间须分开考虑。由于专用机和吊装机价格非常高，一般都只有一台，因此在外缝焊接完毕后，会将焊接件转移到普通工位进行内缝焊接。小零件的焊接时间远小于大零件的拼接和内缝的焊接时间，且需要的焊机也不一样，因此，本章在研究时没有考虑小零件的焊接时间，而是仅考虑小零件焊接到大零件上的焊接时间，作为第三阶段。每一阶段可以有多台可用机器，多机 WFSP 甘特图如图 6-2 所示。

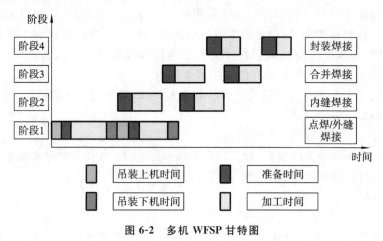

图 6-2　多机 WFSP 甘特图

# 6.2　焊接生产调度模型建立及算法设计

## 6.2.1　问题描述

焊接调度问题描述：有 $m$ 个焊接工作站（$j=1,2,\cdots,m$），每个焊接工作站由 $pN_j$ 台相同的焊接设备所组成；现有一焊接任务，需要焊接 $n$ 个不同的金属结构件；每个金属结构件分别需要依次经过 $m$ 个焊接工作站进行焊接（即需要经过 $m$ 个焊接阶段）。调度任务是对这 $n$ 个金属结构件进行生产排序，并确定每个结构件在每个阶段的焊接设备数量 $N_{ij}$，使得某些生产目标最优（如总生产成本最低）。

假设：所有工件和机器在零时均已提前准备好；所有机器状况良好，不考虑故障的发生；每个阶段使用的焊接机器不能共享；不允许抢占；每台机器同一时间只能处理一项工作；每个焊接件可由多台机器处理；加工时间已知且需要的总时间固定；焊接件的吊装时间和准备时间分别考虑，与加工顺序无关；所有焊接件在每个阶段都以相同的顺序操作。

为描述方便，引入如表 6-1 所示变量。

在加工空间允许的情况下，应尽可能多地安排焊接机器同时加工焊接件，以保证焊接速度。但如果较多的机器同时焊接某一工件，机器间的差异会导致焊接质量受到影响。焊接效果受影响的程度与被操作机器数量之间存在正相关关系。

**表 6-1　变量符号及描述**

| 变量符号 | 描述 | 变量符号 | 描述 |
|---|---|---|---|
| $n$ | 工件的总数量 | $p_{ij}$ | 工件 $i$ 在阶段 $j$ 上的实际加工时间 |
| $m$ | 阶段的总数量 | $sT_{i,j}$ | 工件 $i$ 在阶段 $j$ 上的准备时间 |
| $i,g$ | 工件的索引号 $i,g=1,2,\cdots,n$ | $uT_{i,1}$ | 工件 $i$ 在阶段 $j$ 上的吊装时间 |
| $j$ | 阶段的索引号 $j=1,2,\cdots,m$ | $dT_{i,1}$ | 工件 $i$ 在阶段 1 向后一工序转移的时间 |
| $C_{ij}$ | 工件 $i$ 在阶段 $j$ 上的结束时间 | $pN_j$ | 在阶段 $j$ 可供使用的机器的数量 |
| $P_{ij}$ | 工件 $i$ 在阶段 $j$ 上的加工时间 | $d_i$ | 工件 $i$ 的交货期 |
| $N_{ij}$ | 工件 $i$ 在阶段 $j$ 上的加工机器数量 | $T_i$ | 工件 $i$ 的拖期 |
| $\mu_i$ | 工件 $i$ 使用额外机器的惩罚系数 $\mu_i \in [0,1]$ | $h$ | 在阶段 $j$ 使用的机器的索引号，$h=1,2,\cdots,pN_j$ |

| 决策变量 | 描述 |
|---|---|
| $y$ | $y_{gij}=\begin{cases}1 & \text{在阶段 } j\text{,工件 } g \text{ 在工件 } i \text{ 前加工} \\ 0 & \text{其他情况}\end{cases}$ |
| $z$ | $z_{ijh}=\begin{cases}1 & \text{阶段 } j \text{ 由机器 } h \text{ 加工工件 } i \\ 0 & \text{其他情况}\end{cases}$ |

## 6.2.2　考虑总拖期和机器负荷的数学模型建立

使用 6.2.1 小节中的变量,对所研究的问题可以建立双目标 MIPM,目标为最小化总拖期和最小化机器交互作用的总损失,即机器负荷。模型的表述如下:

$$f_1 = \sum_{i=1}^{n} T_i \quad T_i = \max\{C_{i,m} - d_i, 0\} \tag{6.1}$$

$$f_2 = \sum_{j=1}^{m} \sum_{i=1}^{n} \mu_i N_{i,j} \tag{6.2}$$

式中:$f_1$ 为总拖期,$f_2$ 为总机器负荷。在讨论时将 $\mu_i$ 设置为 1。该问题中相关数据和约束条件的计算公式如下:

$$C_{ij} = \begin{cases} 0 & i=0, j=1 \\ \sum_{g=0}^{n-1} y_{gij}\left[\max(C_{gj}, C_{i(j-1)}) + sT_{ij} + uT_{ij} + dT_{ij} + p_{ij}\right] \\ i=1,2,\cdots,n; j=1,2,\cdots,m \end{cases} \tag{6.3}$$

$$p_{ij} = \frac{P_{ij}}{N_{ij}} \tag{6.4}$$

$$\sum_h z_{ijh} = N_{ij} \quad N_{ij} \geqslant 1 \quad i = 1,2,\cdots,n; \quad j = 1,2,\cdots,m \tag{6.5}$$

$$N_{ij} \leqslant \mathrm{p}N_j \quad N_{ij} \geqslant 1 \quad i = 1,2,\cdots,n; \quad j = 1,2,\cdots,m \tag{6.6}$$

$$\sum_{g=0}^{n} y_{gij} = 1 \quad i = 1,2,\cdots,n; \quad j = 1,2,\cdots,m \tag{6.7}$$

$$\sum_{g=1}^{n+1} y_{igj} = 1 \quad i = 1,2,\cdots,n; \quad j = 1,2,\cdots,m \tag{6.8}$$

约束式(6.3)和式(6.4)定义了各工件在各阶段的完工时间;约束式(6.5)确保工件可以由至少一台机器处理;约束式(6.6)保证加工机器的数量不超过每个阶段可用的机器数量;约束式(6.7)表明每个工件在每个阶段只有一个前序工件;约束式(6.8)表明每个阶段每个工件之后只能有一个后序加工工件。

我们知道流水调度问题(flow scheduling problem,FSP)已经被 Garey,Johnson 和 Sethi[7]证明是 NP 难问题,而本章所研究的问题是较标准 FSP 更复杂的实际车间调度问题,故该问题也具有 NP 难的特点,采用确定性方法无法在合理的计算时间内求解大规模问题。我们利用 NSGAⅢ设计了一种元启发式算法,在可接受的时间范围内搜索调度问题的最优或接近最优的解决方案。

### 6.2.3　基于重启策略的 RNSGAⅢ算法设计

在本小节中,为求解该双目标 WFSP,设计了带重启策略的 NSGAⅢ算法,记作 RNSGAⅢ,其流程图如图 6-3 所示。

RNSGAⅢ算法包括四个关键阶段:初始化、进化操作的设计、重新启动策略、降低机器间相互影响的策略。其主要创新包括快速非支配排序过程、基于参考点集的精英选择策略、基于条件的重启算子、有效降低机器间相互影响效果的策略,其中快速非支配排序和基于参考点集的精英选择策略和 5.3.2 小节一致,因此本章节重点介绍基于条件的重启算子和有效降低机器间相互影响的策略。

#### 1. 编码规则

在根据求解的问题对 NSGAⅢ进行修改之前,设计编码和解码方案是一个重要的过程。每个个体 π 表示一个解决方案;该解决方案同时记录工件的加工顺序和每个阶段上加工的机器编号,因此,提出的编码方案应该包含两个部分。第一部分是用 $\pi^{(1)}$ 表示的工件加工顺序,第二部分是用 $\pi^{(2)}$ 表示的机器数量矩阵。其中,$\pi^{(2)}(1,3)$ =3 表示第一阶段的第三个工件将由三台机器同时处理。例如:

$$\pi = [2,4,3,1,1,1,3,2,1,1,2,1,2,2,3,1,1,1,1,1]$$

$$\pi^{(1)} = [2,4,3,1] \quad \pi^{(2)} = \begin{bmatrix} 1,1,3,2 \\ 1,1,2,1 \\ 2,2,3,1 \\ 1,1,1,1 \end{bmatrix}$$

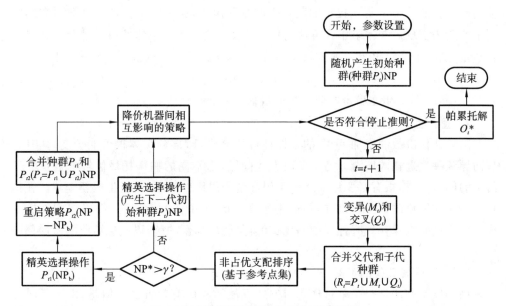

**图 6-3　求解焊接问题的 RNSGA Ⅲ 流程图**

图 6-4 描述了个体 $\pi$ 的解码甘特图。个体的第一部分 $\pi^{(1)}$ 表示的是个体在每一加工阶段的加工顺序。如果加工同一工件的机器多于一台,则加工时间将被平分。如甘特图所示,工件 1 在第一阶段的加工,表示加工时间的长方形分为两部分,表示有两台机器进行焊接。

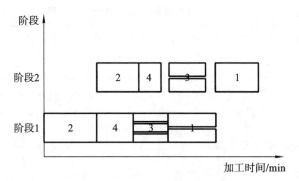

**图 6-4　个体 $\pi$ 的解码甘特图**

**2. 交叉策略**

由于采用两阶段编码,两种不同的交叉策略分别适用于个体的两部分编码,交叉概率为 100%。第一部分 $\pi_1$ 采用部分映射交叉算子,如 5.3.2 小节所述。第二部分采用两点交叉来更新机器数量矩阵部分。

**3. 变异策略**

变异操作是指随机改变解的一个或多个元素,主要协助算法跳出局部最优解。

使用比较多的是 Pan 等[8]提出的两点交换变异操作,通过随机交换一个解决方案的两个元素来实现。在本节中该方法将以概率 $P_m$ 被应用于个体的第一部分。针对机器数量矩阵,本节提出了一种新的变异策略。随机选择一个点,其值为 $n_1$,则

$$n_2 = pN_j + 1 - n_1$$

其中:$n_2$ 是应用变异策略后得到的机器数量。

### 4. 重新生成策略

随着迭代次数的增加,种群的多样性可能会降低,部分个体很可能会变得相同,从而导致种群进化的停滞。为了解决上述问题,当不同的帕累托最优解的数量大于给定的阈值 $\gamma$ 时,很有必要启动基于编码和解码思维的策略,重新生成新个体。在执行重新生成策略时,应从当前的种群中选择 $NP_b$ 个个体,其余按照编码规则随机生成。该方法既能保存现有种群中的优良解,又能增加新的解,以避免算法陷入局部最优解。

### 5. 降低机器负荷的策略

局部搜索方法是提高单目标元启发式算法质量的有效方法。但是,由于所研究 WFSP 的特点,此时的局部搜索不同于其他 FSP 中的局部搜索,而且在多目标问题研究中,一个目标的优化可能会导致另一个目标的恶化。因此,本章设计了一种特殊的改进策略以进一步提高解决方案的质量。该策略主要是在不改变总拖期交货时间的基础上,在一定程度上降低机器交互作用的惩罚值。算法 6-1 是降低机器负荷策略的算法伪代码。

**算法 6-1　机器负荷降低策略算法伪代码**

---

输入:非支配解的集合 ($O_t$,个体数量为 NP*)

输出:改进后的非支配解集合 ($mO_t$)

---

1:i=1,$mO_t=O_t$

2:while i<NP* do

3:将 $\pi_i=O_t(i)$ 从最优种群中选出

4:for j=n+1:n* (m+1)

5:选择对应的机器数量编码 Nm=$\pi_i(j)$

6:if Nm>1 do

7:Nm=Nm-1 降低机器数量编码,形成新个体 $\pi_i'=\pi_i$,$\pi_i'(j)=Nm$

8:解码 $\pi_i'$ 得到解 $f_i'$

9:if $f_i'<=f_i$ do

10:$mO_t(i)=\pi_i'$ 将新个体替换原来的个体

---

```
11:Endif 9
12:Endif 6
13:Endfor 4
14:i= i+1
15:Endwhile 2
```

首先,应该选择一个个体 $\pi_i$,循环提取机器数量的编码 Nm。当 Nm 大于 1 时,那么 Nm＝Nm－1,形成改进后的新个体。计算新个体的目标函数值,如果交货总拖期没有变差,那么被选的个体应该被改进后的个体替换,否则,原来的个体保持不变。该策略将产生更优的非支配解,其主要意义为:在交货总拖期不变差的情况下,减少某一工件在某阶段的加工机器数量。

### 6.2.4　数值实验设计及结果对比分析

#### 1. 评价指标介绍

本小节继续采用 4.3.3 小节中的 $N$、NR 以及 IGD 三个指标,另外引入了平均距离(AD)[9]对结果进行评价。由于两个目标的数量级差别很大,因此平均距离也经常用于评价算法性能。平均距离 AD 是指每个参考解到集合 $S_j$ 中每个解的最短归一化距离的平均值:

$$AD = \frac{\sum_{i=1}^{n^*} \hat{d}_i}{n^*} \tag{6.9}$$

式中:$\hat{d}_i$ 表示参考解 $\pi^* \in S^*$ 到解集 $S_j$ 的最短归一化距离,具体计算方法如下:

$$\hat{d}_i = \min_{x \in S_j}\left\{\sqrt{\sum_{z=1}^{2}\left(\frac{f_z(\pi^j) - f_z(\pi_i^*)}{f_z^{\max}(\cdot) - f_z^{\min}(\cdot)}\right)^2}\right\} \tag{6.10}$$

式中:$f_z(\cdot)$ 表示第 $z$ 个目标值,而且 $f_z^{\max}(\cdot)$ 和 $f_z^{\min}(\cdot)$ 分别是参考解集 $S^*$ 里面第 $z$ 个目标的最大和最小值。

与逆世代距离 IGD 相同,评价指标平均距离 AD 可以用于评价 $S_j$ 的延展性和分布性,同时表征 $S_j$ 与 $S^*$ 的接近程度。另外,指标 AD 可以消除不同数量级之间的影响。明显地,更小的 AD 值表示 $S_j$ 表现更好,且更加接近于参考解集 $S^*$。

#### 2. 算例设计与参数设计

在本小节中,不同规模的算例将用于算法讨论。我们改进了 Minella,Ruiz 和 Ciavotta[10]提出的且已经被广泛应用的 benchmark 集,如表 6-2 所示。每个实例都以 $(n,m)$ 形式标记。例如,$(10,4)$ 表示问题由 10 个工件和 4 个阶段组成。由于该问题来源于焊接车间,因此须根据调研的实际情况,确定阶段的数量以及每个阶段可用的机器数量。每个阶段的加工时间也设置了不同的分布。

**表 6-2　算例数据分布**

| 输　入　变　量 | 分　　布 |
| --- | --- |
| 工件数量($n$) | 20、40、60、80、100 |
| 阶段数量($m$) | 4 |
| 每个阶段 $j$ 可供使用的机器数量(pN$_j$) | (3,3,2,1) |
| 正常加工时间($p$) | $U[50,99]$(阶段1,阶段2)<br>$U[20,50]$(阶段3,阶段4) |
| 准备时间(sT) | $U[1,20]$ |
| 举升时间 | $U[10,20]$ |
| 下机时间 | $U[10,20]$ |
| 交货期 | $U[P_i^{mean},5P_i^{mean}]$ |

交货期的设计对于交货期的研究具有十分重要的意义。Minella,Ruiz 和 Ciavotta[10]设定的 benchmark 给出了 FSP 交货期的计算方式:$d_i = P_i[1+3\mathrm{rand}(0,1)]$,其中 $P_i = \sum_{j=1}^{m} p_{i,j}$,为工件在所有机器上的加工时间总和。针对该 FSP 多机器共同加工的特点,本小节提出一种新的生成该交货期的方法:

$$d_i = P_i^{mean}[1+4\mathrm{rand}(0,1)] \tag{6.11}$$

式中:

$$P_i^{mean} = (P_i^{max} + P_i^{min})/2 \tag{6.12}$$

$$P_i^{max} = \sum_{j=1}^{m}(\mathrm{uT}_{i,1} + \mathrm{sT}_{i,j} + P_{i,j} + \mathrm{dT}_{i,1}) \tag{6.13}$$

$$P_i^{min} = \sum_{j=1}^{m}(\mathrm{uT}_{i,1} + \mathrm{sT}_{i,j} + P_{i,j}/\mathrm{pN}_j + \mathrm{dT}_{i,1}) \tag{6.14}$$

其中:$P_i^{max}$ 表示每个阶段仅有一台焊接机器时需要的总加工时间;而 $P_i^{min}$ 表示所有可用的机器均同时用于焊接时所需要的总加工时间。

通过实验以及参考前人的研究,我们进一步确定了算法的参数,如表 6-3 所示。

**表 6-3　对比算法的参数设置**

| 参　数 | 种群大小 | 迭代次数 | 变异概率 | 帕累托解数量 | $\gamma$ | NP$_b$ |
| --- | --- | --- | --- | --- | --- | --- |
| 值 | 100 | 20$n$ | 0.1 | 30 | 40 | 60 |

为了评价本章所提出的算法 RNSGAⅢ的表现,算法 NSGAⅡ、NSGAⅢ、RNSGAⅡ被引入以求解相同的问题。为了保证对比的公平性,四种算法均应用了降低机器负荷的策略。

### 3. 指标 $N$ 和 NR 分析

各规模的问题设置迭代 $20n$ 次,四种算法独立运行 20 次得到不同问题规模的平均运行时间分别为 30 s、60 s、100 s、149 s、207 s。将该平均运行时间设置为各问题的迭代时间,将算法分别独立运行 20 次,得到各算法评价指标 $N$ 和 NR 的平均值,如表 6-4 所示,最优结果用加粗字体表示。

表 6-4　评价指标 $N$ 和 NR 的平均值

| $(n,m)$ | $N$ | | | | NR | | | |
|---|---|---|---|---|---|---|---|---|
| | NSGAⅡ | RNSGAⅡ | NSGAⅢ | RNSGAⅢ | NSGAⅡ | RNSGAⅡ | NSGAⅢ | RNSGAⅢ |
| (20,4) | 13.00 | **13.20** | 12.45 | **13.20** | 0.09 | 0.12 | 0.40 | **0.41** |
| (40,4) | 13.15 | 15.35 | 18.05 | **19.95** | 0.08 | 0.09 | 0.40 | **0.43** |
| (60,4) | 13.70 | 13.40 | 20.55 | **21.10** | 0.07 | 0.08 | **0.44** | 0.41 |
| (80,4) | 13.40 | 14.30 | 22.95 | **23.85** | 0.06 | 0.04 | 0.39 | **0.51** |
| (100,4) | 13.15 | 13.25 | 22.05 | **23.65** | 0.05 | 0.05 | 0.35 | **0.56** |

如表 6-4 所示,本章所提出的算法 RNSGAⅢ改进了已有算法的求解数量和质量。尽管在求解问题(20,4)时,NSGAⅢ和 RNSGAⅢ获得的帕累托解的数量与NSGAⅡ和 RNSGAⅡ基本上持平,但是随着工件数量的增多,RNSGAⅢ的求解数量优势越来越明显。在帕累托解占帕累托前沿的比例指标方面,除了问题(60,4)以外,算法 RNSGAⅢ均明显优于其他对比算法。本章所提出的重启策略也有助于算法跳出局部最优解,并获得更多的帕累托解。通过对表 6-4 中指标 $N$ 和 NR 值的比较可以发现:基于参考点的 NSGAⅢ和 RNSGAⅢ所得结果在求解数量和质量上明显优于 NSGAⅡ和 RNSGAⅡ的结果。因此,参考点集可以帮助改进帕累托解的性能。

### 4. 指标 IGD 及其箱形图分析

由于评价指标 IGD 是评价解分布的重要指标,因此我们比较了四种算法的 IGD 的最大值(max)、最小值(min)、平均值(mean)和标准差(sd),如表 6-5 所示。

从表 6-5 中可以看出,除了问题(20,4)的最大值和标准差,RNSGAⅢ所得的解的指标均优于其他算法所得到的解的指标。甚至 NSGAⅢ的结果也大大优于NSGAⅡ和 RNSGAⅡ的结果,这充分表明在选择操作中应用的参考点集的排序有助于改善 WFSP 的帕累托解的质量。

箱形图(box-plot)是一种用于形象化展示数据分散情况的统计图,因为形状像一个箱子,因此被称为箱形图。箱形图利用的是统计学四分位数的概念,描述的是数据的离散分布情况。该图汇总了四分位数,包括第一四分位数、第二四分位数(中位数)和第三四分位数。第三和第一四分位数的间距又称为四分位间距。使用加号"+"的为超过上限和下限的数值。箱体越短,表示指标值分布越集中,相反,箱体越长,则表示指标值分布非常分散,数据测量结果不稳定。

**表 6-5　评价指标 IGD 的最大值、最小值、平均值、标准差**

| $(n,m)$ | IGD(max) | | | | IGD(min) | | | |
|---|---|---|---|---|---|---|---|---|
| | NSGA II | RNSGA II | NSGA III | RNSGA III | NSGA II | RNSGA II | NSGA III | RNSGA III |
| (20,4) | 245 | 255 | **82** | 108 | 49 | 46 | 13 | **4** |
| (40,4) | 1645 | 926 | 316 | **255** | 448 | 277 | 42 | **36** |
| (60,4) | 3454 | 1925 | 301 | **234** | 825 | 833 | 24 | **19** |
| (80,4) | 3208 | 2093 | 1001 | **206** | 1476 | 599 | 35 | **30** |
| (100,4) | 5244 | 3235 | 1517 | **620** | 1810 | 1244 | 77 | **34** |

| $(n,m)$ | IGD(mean) | | | | IGD(sd) | | | |
|---|---|---|---|---|---|---|---|---|
| | NSGA II | RNSGA II | NSGA III | RNSGA III | NSGA II | RNSGA II | NSGA III | RNSGA III |
| (20,4) | 135 | 154 | 45 | **37** | 50 | 61 | **19** | 25 |
| (40,4) | 800 | 465 | 137 | **93** | 269 | 170 | 76 | **53** |
| (60,4) | 1376 | 1123 | 189 | **124** | 636 | 276 | 74 | **61** |
| (80,4) | 2324 | 1253 | 294 | **99** | 463 | 360 | 238 | **53** |
| (100,4) | 3344 | 1983 | 764 | **192** | 976 | 609 | 401 | **161** |

为了可视化 IGD 统计结果,图 6-5 以箱形图的形式展示了 4 种算法在 5 个问题上独立运行 20 次的平均 IGD 值。每个图的纵轴表示平均 IGD 值,横轴表示各对比算法。图 6-5 证实了从表 6-4 和表 6-5 得出的结论。从图 6-5 和表 6-5 的统计结果可以看出,基于参考点集的排序对于求解该双目标问题非常有效。改进后的 RNSGA III 算法具有较小且相对集中的 IGD 值,且对大规模问题的求解也几乎没有异常点,表明重启策略在求解较大规模问题时可以改善解的质量,且求解质量相对比较稳定。这充分说明本章所提出的 RNSGA III 算法能够有效地解决本章所提出的问题。

**5. 指标 AD 分析**

表 6-6 所示为 4 种算法求得的指标 AD 的最大值(max)、最小值(min)、平均值(mean)和标准差(sd)。评价指标 AD 减少了对比目标因为数量级带来的影响,在评价解的分布性能方面指标 AD 比指标 IGD 更公平。

从表 6-6 中可以看出,当工件数量小于 60 时,RNSGA III 得到的解的指标值优于其他算法所得到的各值。随着工件数量的增加,NSGA III 的性能与 RNSGA III 表现不相上下。但 RNSGA III 和 NSGA III 都比 RNSGA II 和 NSGA II 的结果表现更好。这主要是因为 RNSGA III 在工件数量较大时,所得帕累托解集的数量也较 NSGA III 算法所得数量多,导致平均距离指标 AD 表现略差。

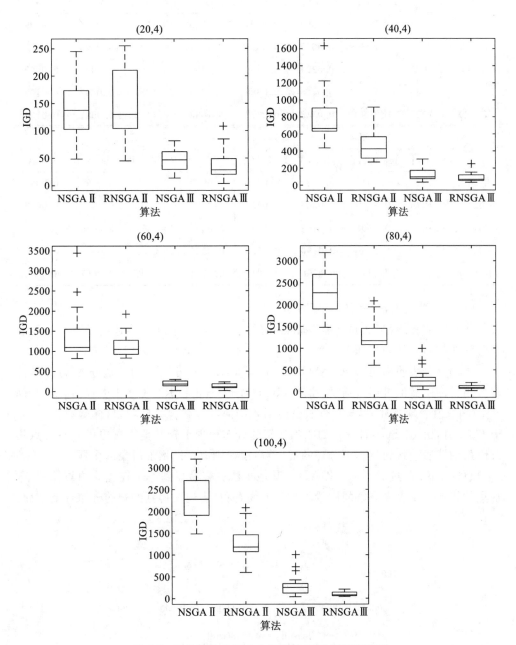

图 6-5　对比算法求解 5 个问题的 IGD 指标箱形图

**表 6-6　指标 AD 的最大值、最小值、平均值和标准差**

| $(n,m)$ | AD(max) | | | | AD(min) | | | |
|---|---|---|---|---|---|---|---|---|
| | NSGA Ⅱ | RNSGA Ⅱ | NSGA Ⅲ | RNSGA Ⅲ | NSGA Ⅱ | RNSGA Ⅱ | NSGA Ⅲ | RNSGA Ⅲ |
| (20,4) | 0.4134 | 0.3825 | 0.0663 | **0.0484** | 0.1325 | 0.1001 | 0.0220 | **0.0099** |
| (40,4) | 0.2376 | 0.2037 | 0.0627 | **0.0425** | 0.1371 | 0.1034 | **0.0103** | 0.0175 |
| (60,4) | 0.3021 | 0.2106 | **0.0224** | 0.0260 | 0.1154 | 0.1463 | 0.0093 | **0.0069** |
| (80,4) | 0.2565 | 0.2054 | 0.0428 | **0.0388** | 0.1273 | 0.1231 | **0.0042** | 0.0103 |
| (100,4) | 0.2073 | 0.1892 | **0.0343** | 0.0377 | 0.1083 | 0.1192 | **0.0082** | 0.0134 |

| $(n,m)$ | AD(mean) | | | | AD(sd) | | | |
|---|---|---|---|---|---|---|---|---|
| | NSGA Ⅱ | RNSGA Ⅱ | NSGA Ⅲ | RNSGA Ⅲ | NSGA Ⅱ | RNSGA Ⅱ | NSGA Ⅲ | RNSGA Ⅲ |
| (20,4) | 0.1921 | 0.1919 | 0.0422 | **0.0310** | 0.0582 | 0.0799 | 0.0108 | **0.0082** |
| (40,4) | 0.1886 | 0.1509 | 0.0306 | **0.0255** | 0.0257 | 0.0288 | 0.0140 | **0.0058** |
| (60,4) | 0.1657 | 0.1698 | 0.0161 | **0.0157** | 0.0359 | 0.0177 | **0.0036** | 0.0053 |
| (80,4) | 0.1906 | 0.1655 | **0.0190** | 0.0209 | 0.0324 | 0.0178 | 0.0098 | **0.0079** |
| (100,4) | 0.1699 | 0.1447 | **0.0206** | 0.0249 | 0.0254 | 0.0172 | **0.0067** | 0.0072 |

### 6. 对比算法帕累托解散点图分析

作为帕累托解，当然是越靠近原点，解的质量越高。图 6-6 描述的是各对比算法求解问题(20,4)的帕累托解集散点图。

该图充分表明参考点集（NSGA Ⅲ 和 RNSGA Ⅲ）可以帮助算法跳出局部最优解。当目标函数值机器负荷 $f_2$ 小于 110 时，NSGA Ⅱ 和 RNSGA Ⅱ 求解的完工时间 $f_1$ 的函数值表现非常差，显然算法已经陷入局部最优解。另外，当目标函数值 $f_1$ 小于 6000 时，由 RNSGA Ⅲ 得到的帕累托解的分布表现也较其他算法更优。参考点集可以帮助算法搜索到分布更合理的解，重启策略则能帮助增加解集的多样性。

总的来说，改进后的 RNSGA Ⅲ 比其他算法更容易找到一个较优的帕累托解集，解集的优秀不仅表现在解的质量和数量方面，而且表现在得到的解的分布性能方面。

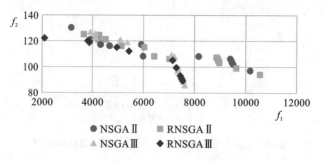

**图 6-6　各对比算法求解问题(20,4)的帕累托解集散点图**

# 6.3　大型焊接件绿色调度问题建模与算法设计

随着全球污染、气候变暖和其他生态问题变得越来越严重，制造业需要解决的问题不仅仅是提高生产效率并最小化最大完工时间，也需要考虑减少制造过程中的能耗和制造过程中的碳排放，所以，当涉及实际的生产计划问题时，通常需要考虑环保指标。

本节所研究的大型结构件焊接车间的调度问题研究过程为首先针对焊接车间实际生产过程中所表现出来的生产特征及能耗特征建立该多目标问题的数学模型，其次在 GWO 算法的基础上设计 MOGWO 算法进行求解。

对于焊接车间的车间能耗，本节将其分为 4 个部分：基本能耗、机器空载能耗、准备能耗、焊接能耗。具体如图 6-7 所示。

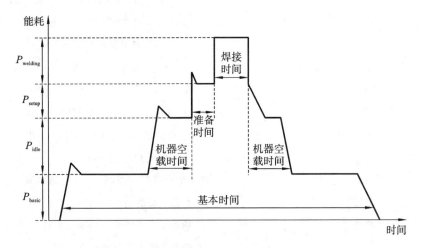

图 6-7　大型结构件焊接车间能耗示意图

## 6.3.1　模型假设与符号定义

考虑到焊接车间的实际生产过程和问题的可求解性，对所建立的多目标数学模型做出以下假设：所有工件以相同顺序流经各个工序；不考虑机器故障或操作失误等情况；多机器可同时独立处理单个工件，每台机器一次只能加工一个工件，同时机器总数是有限的；准备时间与工序中工件的调整时间被考虑在内；焊机在零时刻全部处于可用状态；任一工件可以被满足需求的任一焊机加工。

为描述方便，引入如表 6-7 所示变量。

**表 6-7　变量符号及描述**

| 变 量 符 号 | 描　　述 |
| --- | --- |
| $n$ | 工件数量 |
| $m$ | 工序数量 |
| $j$ | 工件序号，$j=1,2,\cdots,n$ |
| $i$ | 工序序号，$i=1,2,\cdots,n$ |
| $\pi$ | 工件的排列 |
| $C_{\max}$ | 工件焊接最大完工时间 |
| $C_i$ | $i$ 工序所有工件焊接的完成时间 |
| $M_i$ | 应用于 $i$ 工序的一组焊机 |
| $TM_i$ | $i$ 阶段可调用的焊机总数 |
| $k$ | 焊机序号，$k=1,2,\cdots,TM_i$ |
| $O_{ij}$ | 工件 $j$ 在 $i$ 阶段的运作 |
| $N_{ij}$ | 用于加工 $Q_{ij}$ 的焊机实际数量 |
| $S_{ij}$ | $Q_{ij}$ 行动开始的时间 |
| $Q_{ij}$ | $Q_{ij}$ 行动结束的时间 |
| $\mathrm{ST}_{ioj}$ | 工件 $j$ 在 $i$ 阶段第一次调整的时间 |
| $\mathrm{ST}_{ijj'}$ | 在 $i$ 阶段，工件 $j$ 与工件 $j'$ 之间的调整时间 |
| $t_{jii'}$ | 工件 $j$ 由阶段 $i$ 向阶段 $i'$ 的运输时间 |
| $\mathrm{wt}_{ij}$ | 作业 $O_{ij}$ 的空闲时间 |
| $P_{\mathrm{basic}}$ | 在整个生产过程中使用的基本功率(kW) |
| $P_i^{\mathrm{idle}}$ | 阶段 $i$ 焊机的空闲功率(kW) |
| $P_i^{\mathrm{load}}$ | 阶段 $i$ 焊机的装载功率(kW) |
| $P_i^{\mathrm{setup}}$ | 阶段 $i$ 焊机的调整功率(kW) |
| $L$ | 一个正无限值 |

## 6.3.2　考虑最大完工时间和总能耗的模型建立

本节所研究的是大型结构件智能焊接车间的调度问题，所求变量与约束同 6.2.1 小节的保持一致，以最小化最大完工(焊接)时间和最小化总能耗为目标，建立双目标多约束调度数学模型，具体表示如下。

目标一：最小化最大完工时间。

$$\min f_1 = \min C_{\max} = \min(\max\{C_i \mid i=1,2,\cdots,m\}) \qquad (6.15)$$

目标二：最小化总能耗。总能耗由基本能耗 $E_{\mathrm{basic}}$、调整能耗 $E_{\mathrm{setup}}$、空载能耗 $E_{\mathrm{idle}}$

及焊接能耗 $E_{\text{weld}}$ 组成。

$$\min f_2 = \min(E_{\text{basic}} + E_{\text{setup}} + E_{\text{idle}} + E_{\text{weld}}) \tag{6.16}$$

$E_{\text{basic}}$ 是基本的能源消耗，即车间开始工作所必需的能源消耗。$E_{\text{basic}}$ 由基本功率要求和制造要求决定，表达式为

$$E_{\text{basic}} = P_{\text{basic}} \times t_{\text{basic}} \tag{6.17}$$

假设 $t_{\text{basic}} = C_{\max}$，即基本能源消耗仅发生在整个生产过程中。

$$E_{\text{setup}} = \sum_{i=1}^{m} \sum_{j=1}^{n} \sum_{j'}^{n} P_i^{\text{setup}} \cdot Q_{ij} \cdot \text{ST}_{ijj'} \tag{6.18}$$

$$E_{\text{idle}} = \sum_{i=1}^{m} \sum_{j=1}^{n} P_i^{\text{idle}}(Q_{ij} + \text{wt}_{ij}) \tag{6.19}$$

$$E_{\text{weld}} = \sum_{i=1}^{m} \sum_{j=1}^{n} P_i^{\text{load}}(Q_{ij} - S_{ij}) \cdot N_{ij} \tag{6.20}$$

$$x_{i'ij} = \begin{cases} 1, \text{如} O_{i'j} \text{ 在 } O_{ij} \text{ 之前加工} \\ 0, \text{如} O_{ij} \text{ 在 } O_{ij'} \text{ 之前加工} \end{cases} \tag{6.21}$$

$$y_{ij'j} = \begin{cases} 1, \text{如} O_{ij'} \text{ 在 } O_{ij} \text{ 之前加工} \\ 0, \text{如} O_{ij} \text{ 在 } O_{ij'} \text{ 之前加工} \end{cases} \tag{6.22}$$

$$z_{ijk} = \begin{cases} 1, \text{如工件 } k \text{ 在 } O_{ij} \text{ 加工} \\ 0, \text{其他} \end{cases} \tag{6.23}$$

模型建立如下：

$$\begin{cases} \min f_1 = \min C_{\max} \\ \min f_2 = \min(E_{\text{basic}} + E_{\text{setup}} + E_{\text{idle}} + E_{\text{weld}}) \end{cases} \tag{6.24}$$

$$\sum_{M_i} z_{ijk} = N_{ij} \geqslant 1, \quad i = 1,2,\cdots,n; k = 1,2,\cdots,\text{TM}_i \tag{6.25}$$

$$N_{ij} \leqslant \text{TM}_i, \quad i = 1,2,\cdots,m; j = 1,2,\cdots,n \tag{6.26}$$

$$S_{ij} \geqslant t_{j0i}, \quad i = 1,2,\cdots,m; j = 1,2,\cdots,n \tag{6.27}$$

$$S_{ij} \geqslant \text{ST}_{j0i}, \quad i = 1,2,\cdots,m; j = 1,2,\cdots,n \tag{6.28}$$

$$L(1 - x_{i'ij}) + S_{ij} \geqslant S_{i'j} + \frac{p_{i'j}}{N_{i'j}} + t_{ji'i}, \quad i,i' = 1,2,\cdots,m; j = 1,2,\cdots,n \tag{6.29}$$

$$Lx_{i'ij} + S_{i'j} \geqslant S_{ij} + \frac{p_{ij}}{N_{ij}} + t_{jii'}, \quad i,i' = 1,2,\cdots,m; j = 1,2,\cdots,n \tag{6.30}$$

$$L(1 - y_{ij'j}) + S_{ij} \geqslant S_{ij'} + \frac{p_{ij'}}{N_{ij'}} + \text{ST}_{ij'j}, \quad i = 1,2,\cdots,m; j,j' = 1,2,\cdots,n \tag{6.31}$$

$$Ly_{ij'j} + S_{ij'} \geqslant S_{ij} + \frac{p_{ij}}{N_i} + \text{ST}_{ij'j}, \quad i = 1,2,\cdots,m; j,j' = 1,2,\cdots,n \tag{6.32}$$

$$C_{\max} \geqslant S_{ij} + \frac{p_{ij}}{N_{ij}} + t_{jii'}, \quad i,i' = 1,2,\cdots,m; j = 1,2,\cdots,n \tag{6.33}$$

$$x_{i'jj} \in \{0,1\}, \quad y_{ij'j} \in \{0,1\}, \quad N_{ij} \in N^+, \quad i=1,2,\cdots,m; j=1,2,\cdots,n$$

$$(6.34)$$

式(6.25)确保每个操作可以由至少一个焊机处理;式(6.26)确保每个操作上的机器数量不超过其最大值;式(6.27)保证一个任务的当前操作直到被传送到相应的阶段才能开始;式(6.28)强制任务的第一个操作可以在其设置操作完成后处理;式(6.29)和式(6.30)确保属于每个任务的操作之间的优先级关系;式(6.31)和式(6.32)确保同一阶段的操作之间的优先级关系;式(6.33)定义每个任务的完成时间;式(6.34)施加决策变量的范围。

### 6.3.3　改进灰狼算法的设计

**1. 编码与解码**

为了更好地解决该焊接车间调度问题,本节提出了一种多目标灰狼优化算法,对该问题进行求解。

对于焊接车间的调度而言,其核心问题就是确定工件焊接所使用的焊机及工件的加工顺序。当工件所使用的焊机与工件加工顺序被确定后,就可根据相应的生产资料求出该工件的加工时间与完工时间,随之则可根据所使用的焊机资料求出该加工过程中的能耗。

对于一般的编码方式,加工工件与机器之间通常为一一对应的关系,故通常的编码方式并不适合大型结构件焊接车间的实际生产情况,因此,为了实现该焊接车间中加工的焊机数量可以在约束的范围内进行调整,我们提出一种基于机器分配的矩阵编码方式,使多个机器可以同时应用于单个工件的加工。

例如,对于焊接车间调度问题而言,一个 $4 \times 4$ 的矩阵就表示 4 个工件需依次经过 4 个不同的工序进行焊接加工。矩阵中的行和列的数值分别代表不同工序 $i$ 和不同工件 $j$。

$$\boldsymbol{X}(N) = \begin{bmatrix} 1 & 1 & 2 & 4 \\ 2 & 3 & 2 & 1 \\ 2 & 1 & 1 & 1 \\ 1 & 1 & 3 & 4 \end{bmatrix}$$

其中 $\boldsymbol{X}(N)_{13} = 2$ 代表第 1 道工序所加工的第 3 个工件所分配到的机器数为 2,以此类推。该编码方式所生成的机器矩阵中的各个元素分别代表在不同工序上进行加工的不同结构件所分配到的焊机数量。解码则是按照机器分配矩阵,根据机器信息与实际加工时间进行计算,得到调整前后的加工时间及所用能耗。

**2. 领导狼的选择**

对于多目标优化问题,需通过 Pareto 排序将狼群中的个体分为不同的支配等级。首先找出种群中的非支配最优解,组成第一个非支配最优解层级,并把该层级中的非支配最优解的等级定义为 1 级。然后从狼群中去除位于该层级的个体,再从种群剩下的个体中找到非支配最优解,组成第二个非支配最优解层级,将第二个非支配最优解层级中的个体的等级定义为 2 级。以此类推,直到狼群中所有的个体均被定义。在 GA-GWO 算法中,基于 Pareto 占优原理很难直接比较解的优劣,不能直接通过个体的适应度大小来确定三个领导狼个体。因此通过所生成的支配关系来确定解的等级,按照下列规则确定三只领导狼:

(1) 当前种群均在 1 级时,随机选择三个解作为 $\alpha$ 狼、$\beta$ 狼和 $\delta$ 狼。

(2) 当前种群对应解仅存在两个等级时,在 1 级和 2 级中分别选择一个个体作为 $\alpha$ 狼和 $\beta$ 狼,再在 2 级中随机选择一个个体作为 $\delta$ 狼。

(3) 当前种群存在三个及以上数量的等级时,在 1 级、2 级、3 级中分别随机选择一个个体作为 $\alpha$ 狼、$\beta$ 狼和 $\delta$ 狼。

该选择方法可以避开三只领导狼所对应的解集相同,使算法总在已开发的区域执行搜索。采用轮盘赌选择机制,对种群中较为优秀的个体设置概率 $P_i$ 作为候选狼,$P_i = c/NP_i$,其中 $c$ 为常数且 $c>1$,$NP_i$ 是第 $i$ 个搜索区间 Pareto 最优解的个数。根据该选择机制,在 Pareto 解越分散的地方,产生新解的概率越大。CA-GWO 算法流程图如图 6-8 所示,伪代码如算法 6-2 所示。

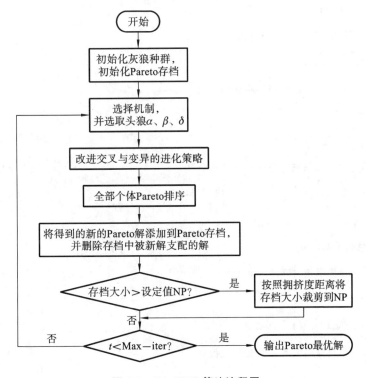

图 6-8　GA-GWO 算法流程图

## 算法 6-2　GA-GWO算法伪代码

初始化灰狼种群 $X_i(i=1,2,\cdots,n)$

设定 $\alpha,A,C$ 初始值

计算每个搜索代理的目标值

找到非占优解并初始化存档

$X_\alpha = \text{SelecLeader(archive)}$

　　舍去临时存档中的 $\alpha$,避免重复搜索

$X_\beta = \text{SelecLeader(archive)}$

　　舍去临时存档中的 $\beta$,避免重复搜索

$X_\beta = \text{SelecLeader(archive)}$

返回 $\alpha$ 和 $\beta$ 存档

While(t<=Max number of iterations)

　　for 每个搜索代理

　　　　更新系数 $\alpha,A,C$

　　　　计算所有搜索代理的目标值

　　　　找到非占优解

　　　　依据获得的非占优解更新存档

　　end for

　　if 存档数量达到最大 NP

　　　　运行边界机制删除当前存档的一个解

　　　　将新的解存档

　　end if

　　if 任何新的解越界

　　　　更新边界以包含新的解

　　end if

　　$X_\alpha = \text{SelecLeader(archive)}$

　　　　舍去临时存档中的 $\alpha$,避免重复搜索

　　$X_\beta = \text{SelecLeader(archive)}$

　　　舍去临时存档中的 $\beta$，避免重复搜索

　$X_\delta = \text{SelecLeader(archive)}$

　返回 $\alpha$ 和 $\beta$ 存档

　$t = t + 1$

end while

return archive 返回存档

### 3. 进化方式确定

在求解该焊接调度问题时，仍然采用 6.2.3 小节中的具体进化策略，变异时，其中的一个个体从头狼中选择，使得个体朝更优的方向进化。

### 4. 算法步骤设计

Step 1：参数设置，设置种群大小 $N$，算法最大迭代次数 $M$，外部存档的大小 NP。

Step 2：初始化种群与外部存档。

Step 3：采用轮盘赌选择机制从 Pareto 排序产生的存档中确定领导狼。

Step 4：执行搜索，比较所有解的 $f_1$、$f_2$ 两个目标值，找到非占优解，判断新解与存档中原有的解的关系，更新存档。

Step 5：判断解的存档情况，按外部存档的存档数量决定是否执行边界机制，判断新解所处的位置，对于任何越界解更新外部存档边界，以保持解的多样性。

Step 6：判断是否满足终止条件，若否则返回 Step 4，若是则输出结果。

## 6.3.4　实验及结果分析

### 1. 实验设计

以大型结构件智能焊接车间为例，探究本节所提出的模型和算法在实际生产过程中的应用。根据对焊接车间的实际调研情况及相关参考文献，焊接车间焊机功率设置如下：在整个生产过程中的基本功率 $P_{\text{basic}} = 5$ kW，焊机的装载功率 $P_{\text{welding}} = 28$ kW，焊机调整功率 $P_{\text{setup}} = 10$ kW，焊机空载功率 $P_{\text{idle}} = 0.36$ kW。根据焊接的实际生产情况，确定工件的加工阶段数量及每个阶段可用的机器。具体算例数据分布如表 6-8 所示。

表 6-8　算例数据分布

| 输 入 变 量 | 分 布 |
|---|---|
| 工件数量 | 20、40、60、80、100 |
| 阶段数量 | 4 |
| 每个阶段可用的机器数量 | (3,3,2,1) |

| 输 入 变 量 | 分　　布 |
|---|---|
| 正常加工时间 | $U[50,99]$（阶段 1，阶段 2）<br>$U[20,50]$（阶段 3，阶段 4） |
| 准备时间 | $U[1,20]$ |
| 举升时间 | $U[10,20]$ |
| 下机时间 | $U[10,20]$ |
| 各阶段功率 | $P_{\text{welding}}=28\ \text{kW},P_{\text{idle}}=0.36\ \text{kW}$<br>$P_{\text{basic}}=5\ \text{kW},P_{\text{setup}}=10\ \text{kW}$ |
| 负载持续率 | $K_{\text{w}}=60\%$ |

**2. 算法指标对比分析**

为了确定本节所提出的多目标灰狼优化算法 GA-GWO 在解决该类问题上的优越性，先将该算法与传统所使用的多目标遗传算法 NSGA Ⅱ、NSGA Ⅱ _R、NSGA Ⅲ 进行对比。分别使用相同的算例，设置相同迭代次数，在 Windows10 系统内采用 MATLAB R2016b 计算 100 次后进行对比，评价指标为算法所得出的解的逆世代距离（IGD）和平均距离（AD），逆世代距离 IGD 主要通过计算每个在真实 Pareto 前沿面上的点（个体）到算法获取的个体集合之间的最小距离和，来评价算法的收敛性能和分布性能。其值越小，算法的综合性能包括收敛性和分布性能越好。

表 6-9 所示为在不同规模的问题下四种算法所得出的所有解与 Pareto 解集的距离的最小值，即逆世代距离 IGD。可以看出，GA-GWO 算法所得出的逆世代距离除了在工件数量为 40 时与 NSGA Ⅱ 算法得出的逆世代距离相比较大之外，在其他规模的问题上都明显小于另外三种求解算法所得出的逆世代距离。

表 6-9　各算法的逆世代距离 IGD

| 工 件 数 量 | NSGA Ⅱ | NAGA Ⅱ _R | NSGA Ⅲ | GA-GWO |
|---|---|---|---|---|
| 20 | 391.3129 | 548.0180 | 1084.0427 | **347.3699** |
| 40 | **566.1494** | 1607.5000 | 985.2060 | 697.3573 |
| 60 | 298.0931 | 1293.2675 | 267.6208 | **234.4979** |
| 80 | 595.3290 | 2970.2967 | 713.7335 | **350.2522** |
| 100 | 590.6356 | 2998.8332 | 1296.6974 | **484.2206** |

平均距离（AD）指标考虑了目标间的数量级差异，更能准确展示结果的优劣。表 6-10 至表 6-13 分别从不同的方面展示了 AD 指标的结果。其中，表 6-10 所示为在以上五个规模的问题下，四种算法所得的所有解中距离 Pareto 最远的解与 Pareto 解集之间的最大平均距离。根据表中所列出的结果，可以观察到，在 GA-GWO 算法下

所得到的解,最大平均距离均小于其他三种算法的。

**表 6-10　各算法最大平均距离 $AD_{max}$**

| 工 件 数 量 | NSGAⅡ | NAGAⅡ_R | NSGAⅢ | GA-GWO |
|---|---|---|---|---|
| 20 | 1.03510 | 0.68581 | 6.32392 | **0.68091** |
| 40 | 0.87838 | 0.83569 | 0.61842 | **0.53752** |
| 60 | 0.26563 | 0.64298 | 0.10176 | **0.06981** |
| 80 | 0.19828 | 0.61698 | 0.12102 | **0.04876** |
| 100 | 0.08799 | 0.21927 | 0.15531 | **0.06954** |

　　表 6-11 所示为四种算法在不同规模的问题下所求出的解距离 Pareto 解集的最小平均距离。在处理工件数量为 20 的问题时,NAGAⅡ_R 算法表现最好;在处理工件数量为 100 的问题时,GA-GWO 算法表现最好;在处理其他问题时,NSGAⅢ 算法表现最好。上述结果说明基于参考点集的排序可以协助算法搜索到非常优秀的解,但是搜索结果不稳定。

**表 6-11　各算法最小平均距离 $AD_{min}$**

| 工 件 数 量 | NSGAⅡ | NAGAⅡ_R | NSGAⅢ | GA-GWO |
|---|---|---|---|---|
| 20 | 0.34941 | **0.25570** | 6.27105 | 0.28165 |
| 40 | 0.32726 | 0.44181 | **0.16701** | 0.20528 |
| 60 | 0.11256 | 0.10567 | **0.01201** | 0.03105 |
| 80 | 0.12413 | 0.28010 | **0.01045** | 0.01525 |
| 100 | 0.03572 | 0.08860 | 0.03053 | **0.02594** |

　　对比表 6-12 中四种算法的平均距离均值,可以明显看出,在工件数量为 20 时,NAGAⅡ_R 算法最优;在其他四个规模问题中,本章节提出的 GA-GWO 算法则明显优于其他三种算法。

**表 6-12　各算法平均距离均值 $AD_{mean}$**

| 工 件 数 量 | NSGAⅡ | NAGAⅡ_R | NSGAⅢ | GA-GWO |
|---|---|---|---|---|
| 20 | 0.60748 | **0.44789** | 6.28573 | 0.49420 |
| 40 | 0.58473 | 0.64615 | 0.44497 | **0.35859** |
| 60 | 0.16728 | 0.37464 | 0.06046 | **0.05009** |
| 80 | 0.16867 | 0.45377 | 0.04844 | **0.03362** |
| 100 | 0.06080 | 0.17144 | 0.06209 | **0.04234** |

　　如表 6-13 所示,对比四种算法处理五个不同规模的问题所得平均距离的标准差,可以看出,在处理最小规模问题时,NSGAⅢ 表现较好;在处理工件数量为 40、

60、80、100 的问题时,本章节设计的 GA-GWO 算法明显优于其他三种算法。

表 6-13　各算法平均距离标准差 $AD_{std}$

| 工件数量 | NSGA Ⅱ | NAGA Ⅱ_R | NSGA Ⅲ | GA-GWO |
|---|---|---|---|---|
| 20 | 0.16112 | 0.11986 | **0.01761** | 0.10638 |
| 40 | 0.16008 | 0.11245 | 0.10195 | **0.08471** |
| 60 | 0.03423 | 0.19399 | 0.02270 | **0.01121** |
| 80 | 0.02176 | 0.10945 | 0.03947 | **0.01025** |
| 100 | 0.01424 | 0.03426 | 0.02928 | **0.01207** |

结合以上结果,无论是 IGD、$AD_{max}$、$AD_{min}$、$AD_{mean}$,还是 $AD_{std}$,GA-GWO 算法所求解集与 Pareto 目标解集的距离都显著优于其他三种多目标遗传算法的求解结果,GA-GWO 算法求出的所有解更接近与符合目标要求的 Pareto 解集,特别是在求解大规模问题时,本章节所提出的这种基于头狼概念改进的遗传算法的优越性更加显著。

**3. 实验方案分析**

大型结构件智能焊接车间调度方案(以工件数量 20 为例):工件的加工顺序及焊机与工件之间的分配关系车间调度方案如表 6-14 所示。

表 6-14　车间调度方案

| 工件编号 | 1 | 2 | 3 | 4 | 5 | 6 | 7 | 8 | 9 | 10 |
|---|---|---|---|---|---|---|---|---|---|---|
| 工件加工顺序 | 7 | 12 | 3 | 4 | 16 | 8 | 10 | 8 | 16 | 13 |
| 阶段 1 焊机数量 | 3 | 3 | 3 | 3 | 3 | 3 | 3 | 3 | 3 | 3 |
| 阶段 2 焊机数量 | 3 | 3 | 3 | 3 | 2 | 3 | 3 | 3 | 3 | 3 |
| 阶段 3 焊机数量 | 2 | 2 | 3 | 3 | 3 | 3 | 1 | 3 | 2 | 3 |
| 阶段 4 焊机数量 | 2 | 1 | 2 | 2 | 2 | 2 | 2 | 2 | 2 | 1 |
| 工件编号 | 11 | 12 | 13 | 14 | 15 | 16 | 17 | 18 | 19 | 20 |
| 工件加工顺序 | 4 | 11 | 2 | 8 | 9 | 14 | 12 | 15 | 1 | 5 |
| 阶段 1 焊机数量 | 3 | 3 | 3 | 3 | 3 | 3 | 3 | 3 | 3 | 3 |
| 阶段 2 焊机数量 | 3 | 3 | 3 | 3 | 3 | 3 | 3 | 2 | 3 | 3 |
| 阶段 3 焊接数量 | 2 | 3 | 2 | 3 | 3 | 2 | 2 | 3 | 2 | 3 |
| 阶段 4 焊机数量 | 1 | 2 | 2 | 1 | 1 | 2 | 2 | 2 | 2 | 2 |

该调度方案通过确定工件的加工顺序及焊机与工件之间的分配关系,同时考虑最小化最大完工时间与最小化最大总能耗两个目标,满足企业生产效率与绿色制造的要求,节约了能源,提高了企业效益。

由 NSGA Ⅱ、NSGA Ⅱ_R、NSGA Ⅲ 和 GA-GWOA 四种算法得到的大型金属结

构件智能焊接车间最优调度方案目标结果(以工件数量 20 为例)如表 6-15 所示。

**表 6-15　工件数量为 20 时各算法最优调度方案目标结果**

| 算　　法 | 最大加工时间/min | 最大总能耗/kW |
|---|---|---|
| NSGA Ⅱ | 2572 | 151370 |
| NSGA Ⅱ_R | 2478 | 151273 |
| NSGA Ⅲ | 2485 | 151716 |
| GA-GWO | 2483 | 151240 |

　　根据算例数据,利用 NSGA Ⅱ 和 GA-GWO 算法所求解出的最优调度方案的最大加工时间与最大总能耗如表 6-16 所示。

**表 6-16　NSGA Ⅱ/GA-GWO 算法最优调度方案目标结果**

| 工 件 数 量 | 最大加工时间/min | 最大总能耗/kW |
|---|---|---|
| 20 | 2572/2483 | 151370/151240 |
| 40 | 3497/3413 | 313922/310859 |
| 60 | 5076/5009 | 479014/471108 |
| 80 | 7254/6771 | 617845/613376 |
| 100 | 8501/8408 | 789441/787588 |

　　由调度方案结果可以看出,相较于其他调度方案,GA-GWO 算法搜索得到的调度方案在两个目标上均表现较优,符合金属结构件车间焊接生产的实际需要。绘制其中工件数量为 20 的车间调度方案甘特图,见图 6-9。

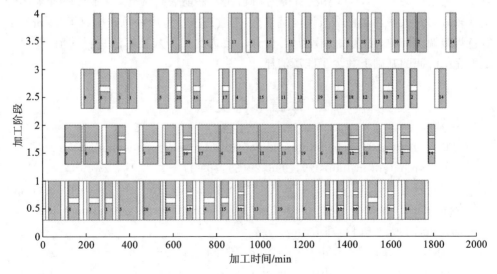

**图 6-9　车间加工过程的甘特图(工件数量为 20)**

　　图6-9所示为加工工件数量为20时,结构件焊接车间加工过程的甘特图。其中纵坐标1、2、3、4分别代表工件在该车间中加工的具体阶段,横坐标则表示工件在该阶段加工所耗费的具体时间,其中不同的色块代表不同的工件,空白纵向色块表示焊机的准备时间。通过甘特图,我们可以直观地看出工件的加工顺序与加工时间的具体组成。甘特图有助于企业了解调度方案在应用过程中的具体表现,以进行准确的信息采集。

# 6.4　本章小结

　　本章首先提出了最小化总完工时间和最小化总拖期的双目标焊接流水车间问题,综合考虑准备时间、收料时间以及机器-工件确定的加工时间,建立了优化模型。针对模型特点,设计了改进的RNSGAⅢ算法用于求解该模型:在平衡解集的分布方面采用了基于参考点集的精英选择操作;混合局部搜索策略用于增强算法的开采能力。大量的数值计算结果证明了改进的RNSGAⅢ算法求解双目标焊接流水车间调度问题的有效性。为进一步剖析算法性能,重点分析了算法的编码方案的作用及其有效性。将约束方法与本章提出的RNSGAⅢ算法进行对比,结果表明启发式算法在求解大规模问题帕累托解集方面较约束算法表现优势明显。

　　其次,针对大型金属结构件的焊接生产调度问题,研究了最小化最大完工时间和最小化总能耗的双目标WFSP,并建立了问题的数学模型,通过引入灰狼算法的头狼概念,改进了遗传算法。将四种算法进行对比,分析各算法的性能评价指标,发现本章设计的改进的GA-GWO算法所得的帕累托解性能表现最优,分布集中且求解稳定性较好。在大型焊接件多机调度基础上,本章进一步考虑绿色碳排放指标,研究了绿色焊接调度问题,建立数学模型,并设计了改进的遗传灰狼算法进行求解,在优化最大完工时间的基础上减少了能源消耗。

## 本章参考文献

[1]　TU Y. Automatic scheduling and control of a ship web welding assembly line [J]. Computers in Industry,1996,29(3):169-177.

[2]　KIM H J, KIM Y D, LEE D H. Scheduling for an arc-welding robot considering heat-caused distortion[J]. Journal of the Operational Research Society,2005,56(1):39-50.

[3]　PARK S, LEE D. Sequencing algorithms for multiple arc-welding robots considering thermal distortion [J]. International Journal of Production Research,2008,46(17):4751-4767.

［4］　樊坤,张人千,夏国平.随机双目标焊接车间调度建模与仿真[J].系统仿真学报,2009,13:3906-3909.

［5］　肖胜强.大型构件焊接车间调度模型与方法研究[D].武汉:华中科技大学,2016.

［6］　LU C,GAO L,LI X,et al. A hybrid multi-objective grey wolf optimizer for dynamic scheduling in a real-world welding industry ［J］. Engineering Applications of Artificial Intelligence,2017,57:61-79.

［7］　GAREY M,JOHNSON D,SETHI R. The complexity of flowshop and jobshop scheduling[J]. Mathematics of Operations Research,1976;1(2): 117-129.

［8］　PAN Q,WANG L,GAO L,et al. An effective hybrid discrete differential evolution algorithm for the flow shop scheduling with intermediate buffers ［J］. Information Sciences,2011,181(3):668-685.

［9］　SHIM S,KIM Y. Scheduling on parallel identical machines to minimize total tardiness［J］. European Journal of Operational Research,2007,177(1): 135-146.

［10］　MINELLA G,RUIZ R,CIAVOTTA M. A review and evaluation of multiobjective algorithms for the flowshop scheduling problem ［J］. INFORMS Journal on Computing,2008,20(3):451-471.

# 第7章　结构件制造多车间协同调度优化

所谓协同调度,是指协调多个具有工艺关系的不同车间的工件和机器,合理安排生产,在满足工艺约束的前提下,协同一致地达到目标函数最优的过程。现有文献对生产调度问题的研究大部分是针对标准问题的研究,而金属结构件产品的生产有其独特性,比如需要考虑零件生产的齐套性,因此有必要进行多车间协同调度。本章主要研究切割车间与机加工车间之间、机加工车间与焊接车间之间,以及切割车间、机加工车间与焊接车间之间的协同调度优化问题。

现阶段国内外较为关注协同调度问题的研究。例如,陈伟达和李剑[1]基于供应链研究了协同生产调度问题。吕晓燕[2]、周力[3]的博士课题研究了协同制造环境下MES制造任务的管理方法,并为其计划排产设计了新的方法。李亚白[4]在其博士论文中分析了协同MES的概念并综述了其优点,最后设计开发了制造执行原型系统,具有良好的可集成性和可重构性。Bhatnagar、Pankaj和Suresh[5]总结分析了研究协同调度问题的文献,为纵向集成的多车间协同安排生产计划建立了一个数学模型,这样可以保证产品和库存决策在多个车间之间达到整体的最优。Tang等[6]针对钢铁铸造行业的集成化制造进行了研究;Behnamian和Ghomi[7]针对多车间调度的相关文献根据车间环境进行了整理分类,并对综述文献进行了量化对比,提出了一些关注度较少的问题。Naderi和Ruiz[8]为最小化完工时间的分布式流水调度问题(flow scheduling problem,FSP)设计了分散搜索算法进行求解,利用完工时间的参考点集和重启、局部搜索等策略进行了改进。Xu等[9]研究了分布式置换FSP,设计了混合免疫算法进行求解,并用大量的算例证明其在求解大规模问题上的有效性。不难发现,现有文献大多关注对具有相同功能的多个车间进行任务分配式的协同调度,而对于切割车间、机加工车间和焊接车间,这样有生产顺序关系的纵向协同调度的研究较少。

## 7.1　切割与机加工车间协同调度问题建模与求解

在金属结构件制造工厂,往往将机加工与钢板切割下料布置在同一个车间,并进行统筹管理,因此有必要对切割车间和机加工车间进行协同生产调度。就生产调度问题而言,切割车间调度问题是典型的并行机调度问题,而机加工车间的排产问题为FSP。在同时考虑两个车间的生产时,并不能简单地将并行机调度问题看作流水调度车间的一道工序,因为在机加工车间加工的零件在并行机部分是合并加工的,多个零件合并在一张板材上加工。因此,切割车间与机加工车间的协同调度问题为带加工约束的混流调度问题。

### 7.1.1　切割与机加工车间协同调度问题建模

本节需要解决的带加工约束的柔性 FSP 描述如下:首先将 $n$ 张板材分配到 $m$ 台切割机器上加工,一台机器在同一时间只能加工一张板材,一张板材仅能在一台机器上切割;确定板材在每台机器上的切割顺序,每块板材包含多个零件,切割完毕后得到 $n'$ 个零件;$n'$ 个零件按照一定的顺序,依次在 $m'$ 台加工机器上加工,需要确定零件在机加工机器上的加工顺序。本节需要求解的问题包括板材的机器安排、板材的切割顺序安排、零件的加工顺序安排,因此,该问题实际上是三个子问题的协同优化。

考虑车间实际与问题解决的有效性,做出如下假设:在同一个时刻一台机器只能加工一个工件;在同一个时刻一个工件只能在一台机器上加工;任何工件都没有优先加工的权利;工件一旦开始加工就不能中断;板材和零件之间的关系已知且固定;不考虑工序之间的物流时间;加工时间已知且固定。

为描述方便,引入表 7-1 所示变量,用以构建本节提出的两阶段数学模型。

表 7-1　变量符号及含义

| 变 量 符 号 | 含　　义 | 变 量 符 号 | 含　　义 |
|---|---|---|---|
| $n$ | 切割阶段工件的数量 | $m$ | 切割阶段机器的数量 |
| $n'$ | 机加工阶段工件的数量 | $m'$ | 机加工阶段机器的数量 |
| $i,g$ | 切割阶段工件的索引 $i,g=1,2,\cdots,n$ | $j,l$ | 机加工阶段工件的索引 $j,l=1,2,\cdots,n'$ |
| $p$ | 切割阶段机器的索引,$p=1,2,\cdots,m$ | $q$ | 机加工阶段机器的索引,$q=1,2,\cdots,m'$ |
| $T'_{jq}$ | 机加工阶段工件 $j$ 在机器 $q$ 上的加工时间 | $C'_{jq}$ | 工件 $j$ 在机器 $q$ 上的完工时间 |
| $\mathrm{sT}_i$ | 工件 $i$ 在切割阶段的准备时间 | $C'_{\max}$ | 零件在机加工阶段的最大完工时间 |
| $\mathrm{pT}_i$ | 工件 $i$ 在切割阶段的收件时间 | $v_{ip}$ | 工件 $i$ 在机器 $p$ 上的切割速度 |
| $L_i$ | 工件 $i$ 的切割长度 | $C_i$ | 板材 $i$ 在切割阶段的完工时间 |
| $z_{ij}$ | $z_{ij}=\begin{cases}1, & \text{工件 } i \text{ 切割后得到工件 } j \\ 0, & \text{其他}\end{cases}$ | $z'_{ip}$ | $z'_{ip}=\begin{cases}1, & \text{工件 } i \text{ 可在机器 } p \text{ 上加工} \\ 0, & \text{其他}\end{cases}$ |

续表

| 决策变量 | 描　　述 |
|---|---|
| $x_{ip}$ | $x_{ip} = \begin{cases} 1, & \text{板材 } i \text{ 在机器 } p \text{ 上加工} \\ 0, & \text{其他} \end{cases}$ |
| $y_{gip}$ | $y_{gip} = \begin{cases} 1, & \text{板材 } g \text{ 是板材 } i \text{ 在机器 } p \text{ 上的前序工件} \\ 0, & \text{其他 } \forall g \in \{0\} \bigcup J, \forall i \in J \bigcup \{n+1\} \end{cases}$ |
| $y'_{lj}$ | $y'_{lj} = \begin{cases} 1, & \text{工件 } l \text{ 是工件 } p \text{ 的前序工件} \\ 0, & \text{其他 } \forall l \in \{0\} \bigcup J', \forall j \in J' \bigcup \{n'+1\} \end{cases}$ |

其中 $z_{ij}$ 和 $z'_{ip}$ 是已知的,且板材 $i$ 切割后可以得到多个零件,而一个零件却只能对应一张板材。

利用上述变量建立以最小化最大完工时间为目标函数的数学模型和约束,该问题最重要的就是将各板材分配到切割机器上并确定切割顺序,确定机加工机器上各工件的加工顺序。

目标函数:
$$f = \min C'_{\max} \tag{7.1}$$

切割阶段的约束:
$$C_i = \begin{cases} 0, & i = 0 \\ \sum_{g=0}^{n} y_{gip} (C_g + sT_i + L_i/v_{ip} + pT_i), & i = 1,2,\cdots,n; p = 1,2,\cdots,m \end{cases} \tag{7.2}$$

$$\sum_{p=1}^{m} x_{ip} = 1 \tag{7.3}$$

$$\sum_{g=0}^{n} \sum_{p=1}^{m} y_{gip} = 1 \quad g \neq i, i = 1,2,\cdots,n \tag{7.4}$$

$$\sum_{i=1}^{n+1} \sum_{p=1}^{m} y_{gip} = 1 \quad i \neq g, g = 1,2,\cdots,n \tag{7.5}$$

$$x_{ip} \leqslant z'_{ip} \tag{7.6}$$

约束式(7.2)表示各板材的完工时间;约束式(7.3)表示每张板材只能分配给一台机器进行切割;约束式(7.4)表示在每台机器上每个工件的前序工件有且只有一个,第一个加工工件的前序工件为虚拟工件0;约束式(7.5)表示在每台机器上,工件 $i$ 最多有一个后序工件,最后加工工件的后序工件为虚拟工件 $n+1$;约束式(7.6)表示工件 $i$ 只能在可用的加工机器上加工。

加工阶段的约束:

$$C'_{jq} = \begin{cases} 0, & i = 0 \\ \max\Big[ \max_i \Big( \sum_{p=0}^{m} z_{ij} x_{ip} C_{ip} \Big), \sum_{l=0}^{n'} y'_{lj} C'_{lq}, C'_{j(q-1)} \Big] + T'_{jq} \\ i = 1,2,\cdots,n ; j = 1,2,\cdots,n' ; q = 1,2,\cdots,m' \end{cases} \tag{7.7}$$

$$C'_{\max} \geqslant C'_{jq} \tag{7.8}$$

$$\sum_{l=0}^{n'} y'_{lj} = 1 \quad l \neq j, j = 1,2,\cdots,n' \tag{7.9}$$

$$\sum_{j=1}^{n'+1} y'_{lj} = 1 \quad j \neq l, l = 1,2,\cdots,n' \tag{7.10}$$

约束式(7.7)、式(7.8)表示的是工件完工时间和最大完工时间的计算方法;约束式(7.9)表示工件 $j$ 只能有一个前序工序;约束式(7.10)表示工件 $l$ 只能有一个后序工序。

由于问题的 NP 难特征,确定性算法在求解大规模问题时很难在合理时间内得到满意解,因此我们设计了改进的 GWO 算法对问题进行求解。

### 7.1.2　基于协同奔袭策略的 CDGWO 算法设计与试验分析

#### 1. 改进 CDGWO 算法的设计

本节针对需要求解的问题设计了带协同奔袭策略(collaborative attacking)的十进制编码的灰狼优化算法(decimal grey wolf optimization,CDGWO),流程图见图 7-1。

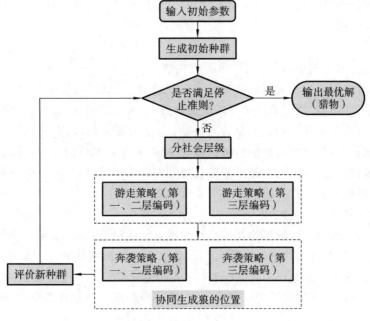

图 7-1　CDGWO 算法流程图

1) 编码规则

由于所研究的问题为离散组合优化问题,应用二进制编码方式的 GWO 算法求解较困难,因此我们根据问题特点采用十进制编码方式,即将每个工件(板材或者零件)用一个十进制整数表示,构成一个十进制序列 $\pi_i$,也就是整数编码的 CDGWO 算法中每一匹狼的位置。

$$\pi_i = (x_{i1}, x_{i2}, x_{i3}, \cdots, x_{ij}, \cdots, x_{in}) \tag{7.11}$$

其中:$n = 2n^1 + n^2$;$i = 1, 2, \cdots, M$。

该编码根据问题分为三层,描述如下。

第一层编码特征:$x_{ip} \neq x_{iq}$,$p \neq q$;$x_{ip}, x_{iq}$,$p, q = 1, 2, \cdots, n^1$;表示的是切割阶段工件的编码。

第二层编码特征:$x_{ip} \leqslant m^1$,$n^1 + 1 \leqslant p \leqslant 2n^1$;表示的是工件对应切割机器的代码。

第三层编码特征:$x_{ip} \neq x_{iq}$,$p \neq q$;$x_{ip}, x_{iq} = 1, 2, \cdots, n^2$,$p, q = 2n^1 + 1, \cdots, 2n^1 + n^2$。表示的是机加工阶段零件的加工顺序编码。

$M$ 表示狼群大小,$i$ 表示个体的索引,$j$、$p$、$q$ 表示每个个体里面元素的索引。当采用该编码方式时,求解的难点在于如何处理模型中的工艺约束、机器分配和板材次序问题。在算法中,第一层编码存储当前分配的工件编号;第二层编码存储对应板材分配的切割机器,板材在机器中的切割顺序通过十进制序列从左到右的先后次序来表示;第三层编码存储的是机加工阶段零件的加工顺序。

解码策略:解码时首先解码切割阶段,将切割工件分配到各切割机器上,按顺序计算得出切割阶段各板材的加工结束时间,其次解码机加工阶段的工件,计算各工件的加工结束时间。

2) 狼群分级

采用随机的方式初始化狼群,即随机生成一个长度为 $n^1$ 的不重复的十进制序列,然后在对应编码位的可用机器集合中随机选择一台机器;随机生成长度为 $n^2$ 的不重复十进制序列。计算狼群中每匹狼的位置,将头三匹狼(按照目标函数值从小到大排序)选为头狼 $\alpha$、$\beta$、$\delta$,剩余的狼视为 $\omega$ 狼。$\omega$ 狼在游走阶段称为探狼,各探狼进行游走以搜索猎物(最优解);在捕猎阶段称为猛狼,对猎物进行围捕和猎取。

由于最优解是不确定的,并不知道它具体在什么位置,但是头狼被认为是最接近于猎物的,因此探狼均在头狼的带领下靠近猎物。

3) 狼群游走策略

灰狼游走搜索猎物,抽象为在解空间中搜索最优解,而求解该问题最优解的核心与难点在于确定板材的切割机器和次序以及机加工阶段零件的加工顺序,所以根据问题特点,针对十进制编码方式,我们对灰狼算法的游走行为进行改进,提出一种适合求解所研究调度问题的游走运动算子,包含移位和重新分配机器两种操作。

针对第一层工件编码部分,从排列中随机选择一个元素,应用如下游走搜索策略:

$$\pi'^t = \begin{cases} \mathrm{shift}(\pi_\gamma^t, d) & d = z\big[(\pi_a)_\gamma^t - (\pi)_\gamma^t\big], \mathrm{rand} < 1/3 \\ \mathrm{shift}(\pi_\gamma^t, d) & d = z\big[(\pi_\beta)_\gamma^t - (\pi)_\gamma^t\big], 1/3 \leqslant \mathrm{rand} < 2/3 \\ \mathrm{shift}(\pi_\gamma^t, d) & d = z\big[(\pi_\delta)_\gamma^t - (\pi)_\gamma^t\big], \text{其他} \end{cases} \quad (7.12)$$

式中：$\pi$、$\pi_a$、$\pi_\beta$、$\pi_\delta$ 分别是探狼、头狼 $\alpha$、头狼 $\beta$、头狼 $\delta$ 的工件编码；$\pi_\gamma^t$、$(\pi_a)_\gamma^t$、$(\pi_\beta)_\gamma^t$、$(\pi_\delta)_\gamma^t$ 分别表示在第 $t$ 次迭代开始时位于探狼、头狼 $\alpha$、头狼 $\beta$、头狼 $\delta$ 的第 $\gamma$ 个元素对应的板材编号；$\pi'$是探狼更新后的工件编码，亦即猛狼的工件编码；rand 是在 0～1 范围内随机生成的数值；$z$ 是控制元素，为经验值，在该问题中取 1.0。$\mathrm{shift}(\pi_\gamma^t, d)$ 表示 $\pi$ 中的第 $\gamma$ 个元素从当前位置向右或者向左移动$|d|$个单位，$d$ 的符号为"+"表示向右，符号为"−"表示向左。如果向左移动过程中超过了左侧边界，则继续从右侧边界向左移动；如果向右移动过程中超过了右侧边界，则继续从左侧边界向右移动。

图 7-2 所示为该游走过程。

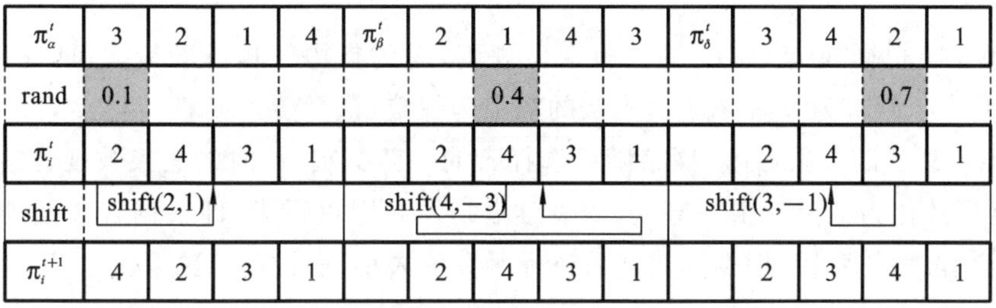

| $\pi_a^t$ | 3 | 2 | 1 | 4 | $\pi_\beta^t$ | 2 | 1 | 4 | 3 | $\pi_\delta^t$ | 3 | 4 | 2 | 1 |
|---|---|---|---|---|---|---|---|---|---|---|---|---|---|---|
| rand | 0.1 | | | | | | 0.4 | | | | | | 0.7 | |
| $\pi_i^t$ | 2 | 4 | 3 | 1 | | 2 | 4 | 3 | 1 | | 2 | 4 | 3 | 1 |
| shift | shift(2,1) | | | | | shift(4,−3) | | | | | shift(3,−1) | | | |
| $\pi_i^{t+1}$ | 4 | 2 | 3 | 1 | | 2 | 4 | 3 | 1 | | 2 | 3 | 4 | 1 |

图 7-2　向猎物游走示意图

针对第二层机器编码部分，被选择元素 $i$ 对应的机器 $\pi'_i$ 则重新从可用机器集合 $M_{Fi}$ 中选择生成。所有的 $\pi'$构成新一代种群 $S_{t+1}$。

第三层编码执行与第一层相同的策略。

每一层编码执行游走策略之后，形成新的灰狼的位置，与游走前灰狼的位置对比，采用"胜者为王"策略(目标函数值更优者)择优保存。

4) 协同奔袭操作

探狼游走后转化为猛狼，头狼嚎叫召唤猛狼，指挥它们向猎物所在的位置 $\pi^*$ 靠近，进行围猎。原始的 GWO 算法有 2 个系数对搜索方向进行调整，避免陷入局部最优解，针对离散 CDGWO 算法的特点，我们设计了协同奔袭操作，主要用于使算法跳出局部最优解。

两点交换奔袭策略被应用于所选择个体 $\pi$ 的第一部分，对应的机器编码从可用机器集合里面随机选择。设需要奔袭的灰狼第一层、第二层编码为 $\pi^{12}$，第三层编码为 $\pi^3$。

针对第一层编码：随机选择两个不同位置的元素，进行交换操作得到新的编码。

针对第二层编码：第一层两个位置的对应元素进行交换操作；第一层和第二层表示的是切割阶段的工件安排，该操作的意思为不改变切割的机器，仅改变每台机器上工件的切割顺序；第一层与第二层编码合并为 $\pi'^{12}$。

针对第三层编码：随机选择两点，进行两点交换操作，改变机加工车间的工件加工顺序得到编码 $\pi'^3$。

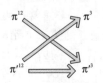

图 7-3　协同奔袭示意图

图 7-3 所示为该奔袭过程。

以上原始灰狼与两点交换后的灰狼四段编码执行协同奔袭操作，得到新的三匹灰狼：$[\pi^{12},\pi'^3]$，$[\pi'^{12},\pi^3]$，$[\pi'^{12},\pi'^3]$。

计算新个体的位置，从游走后狼群中随机选择对比狼，采用"胜者为王"策略（目标函数值更小者）择优保存。

5）CDGWO 算法的具体步骤

Step 1：算法初始化。设定狼群的规模为 $M$，设置算法最大迭代次数为 $k_{max}$，初始化狼群。

Step 2：根据"胜者为王"的头狼产生规则，嗅到猎物气味浓度最大（即完工时间最小）的头三匹狼为头狼 $\alpha$、$\beta$、$\delta$，剩余的灰狼为探狼，执行游走策略。

Step 3：三匹头狼召唤，探狼随机选择奔向一匹头狼，此时的头狼被视为猎物，探狼游走后转化为猛狼。根据概率，猛狼对猎物发起围攻行为，即根据奔袭运动算子，猛狼进行位置的变换，根据围攻前后目标函数值大小，进行贪婪决策。

Step 4：按照头狼角逐规则对三匹头狼进行更新。

Step 5：判断算法是否达到了终止条件，若是则输出求解问题的最优解，头狼 $\alpha$ 的位置编码 $\pi_\alpha$ 和其感受到的猎物气味浓度 $f(\pi_\alpha)$，若否则转 Step 2。

**2. 实验设计与参数设置**

本小节讨论了不同规模的算例。并行机调度阶段采用 benchmark 算例，并综合考虑了金属结构件切割车间的部分实际生产数据。表 7-2 展示的是算例数据集的分布。工件的材质设置为 3 类，工件的加工速度、切割长度生成方式见表 7-2，板材数量分别设置为 7、10、20。Hall 和 Posner[10] 曾经分析了数据多样性的重要性，本小节采用了 Hariri 和 Potts[11] 提出的服从 $U[1,100]$ 分布随机生成机加工阶段工件在各机器上的加工时间。许多学者（Yan，Wan 和 Xiong[12]；Pan 和 Chen[13]；Allahverd 和 Al-Anzi[14]）在他们的实验中也应用了这种分布。较大范围内的均匀分布，可以满足数据多样性的需求。机加工流水车间机器数量设置为 6。

表 7-2　算例数据集分布

| 变　　量 | 分　　布 |
| --- | --- |
| 切割阶段工件数量（$n^1$） | 7、10、20 |
| 机加工阶段工件数量（$n^2$） | 20、40、60、80 |
| 机器的类型数量（$d$） | 3 |

| 变　　　量 | 分　　布 |
|---|---|
| 切割速度矩阵(**V**) | $\begin{bmatrix} 1.7 & 2 & 0 \\ 2 & 0 & 2.7 \\ 0 & 2.7 & 1 \end{bmatrix}$ 随机选择 |
| 切割长度(L) | $U[101,200]$ |
| 准备时间(sT) | $U[1,20]$ |
| 收件时间(pT) | $U[1,20]$ |

CDGWO 算法和对比算法的参数设置如表 7-3 所示。

**表 7-3　算法参数设置**

| 参　　数 | 种群大小 | 迭代次数 | 游走概率 | 奔袭概率 | GA 交叉概率 | GA 变异概率 |
|---|---|---|---|---|---|---|
| 值 | 100 | $10(n^1+n^2)$ | 1 | 0.1 | 1 | 0.1 |

## 7.1.3　试验结果及对比

平均值、最优值、相对百分比偏差(RPD)和标准差(SD)这 4 个指标被用于评价算法的性能。其中 RPD 和 SD 的计算公式如下：

$$RPD = 100(G_{aver} - G_{best})/G_{best} \tag{7.13}$$

$$SD = \sqrt{\frac{1}{20}\sum_{i=1}^{20}(G_i - G_{aver})^2} \tag{7.14}$$

式中：参数 $G_i$ 表示每次运行后算法 $i$ 的结果；$G_{aver}$ 表示算法结果的平均值；$G_{best}$ 表示当前算例的所有算法结果中的最优值。很显然，RPD 与 SD 值越小表示算法所得结果越接近于最优值，意味着算法的性能越好。

采用 GA、GWO 算法、带协同奔袭策略的 CDGWO 算法分别求解设置的算例，并独立运行 20 次，得到各指标平均值如表 7-4 至表 7-7 所示。其中横向表头表示的是切割车间的钢板数量，纵向表头表示的是机加工车间的零件数量。

**表 7-4　对比算法的最小值统计**

| 钢板数量 | | 7 | | | 10 | | | 20 | | |
|---|---|---|---|---|---|---|---|---|---|---|
| | 算法 | GA | GWO | CDGWO | GA | GWO | CDGWO | GA | GWO | CDGWO |
| 零件数量 | 20 | 1442 | **1433** | 1438 | 1427 | **1414** | **1414** | 1496 | 1443 | **1427** |
| | 40 | 2492 | **2467** | **2467** | 2483 | **2440** | **2440** | 2492 | 2471 | **2470** |
| | 60 | 3706 | 3643 | **3624** | 3691 | 3641 | **3619** | 3734 | 3796 | **3789** |
| | 80 | 4814 | 4778 | **4773** | 4800 | **4733** | **4733** | 4863 | 4777 | **4774** |

表 7-5　对比算法的平均值统计

| 钢板数量 | | 7 | | | 10 | | | 20 | | |
|---|---|---|---|---|---|---|---|---|---|---|
| | 算法 | GA | GWO | CDGWO | GA | GWO | CDGWO | GA | GWO | CDGWO |
| 零件数量 | 20 | 1488 | 1447 | **1443** | 1489 | 1421 | **1417** | 1777 | 1471 | **1444** |
| | 40 | 2777 | 2479 | **2474** | 2740 | 2477 | **2447** | 2787 | 2473 | **2460** |
| | 60 | 3792 | 3679 | **3679** | 3800 | 3676 | **3674** | 3816 | 3648 | **3624** |
| | 80 | 4884 | 4784 | **4778** | 4890 | 4776 | **4777** | 4942 | 4787 | **4769** |

表 7-6　对比算法的 RPD 统计

| 钢板数量 | | 7 | | | 10 | | | 20 | | |
|---|---|---|---|---|---|---|---|---|---|---|
| | 算法 | GA | GWO | CDGWO | GA | GWO | CDGWO | GA | GWO | CDGWO |
| 零件数量 | 20 | 3.17% | 0.97% | **0.36%** | 4.46% | 0.47% | **0.20%** | 7.38% | 1.96% | **1.30%** |
| | 40 | 2.60% | 0.49% | **0.30%** | 2.31% | 0.68% | **0.22%** | 3.80% | 0.88% | **0.39%** |
| | 60 | 2.33% | 1.00% | **0.98%** | 2.96% | **0.97%** | 0.96% | 2.18% | 1.43% | **0.98%** |
| | 80 | 1.47% | 0.77% | **0.72%** | 1.88% | 0.90% | **0.47%** | 1.63% | 0.64% | **0.31%** |

表 7-7　对比算法的 SD 统计

| 钢板数量 | | 7 | | | 10 | | | 20 | | |
|---|---|---|---|---|---|---|---|---|---|---|
| | 算法 | GA | GWO | CDGWO | GA | GWO | CDGWO | GA | GWO | CDGWO |
| 零件数量 | 20 | 24.76 | 8.77 | **6.11** | 37.20 | 6.67 | **7.48** | 47.46 | 19.92 | **17.81** |
| | 40 | 27.82 | 13.88 | **8.13** | 31.31 | 17.29 | **6.37** | 46.49 | 12.40 | **10.09** |
| | 60 | 34.17 | 21.77 | **14.29** | 76.17 | **19.76** | 23.13 | 42.71 | **24.31** | 24.66 |
| | 80 | 44.34 | 23.00 | **13.77** | 33.13 | 26.24 | **17.68** | 47.31 | 32.41 | **24.73** |

　　从表 7-4 到表 7-7 可以看出,GWO 算法在求解过程中与基本的 GA 相比表现更优秀,而改进的 CDGWO 算法较 GWO 算法表现更好。CDGWO 算法均取得了最好的最优解和平均解,切割阶段工件数量为 7 和 10 时,GWO 算法也能取得与 CDGWO 算法一致的最优解,但是随着工件数量的增大,GWO 算法与 CDGWO 算法的最优解也出现了差距。这说明 GWO 算法在求解该协同调度问题时,寻求问题的最优解的过程是非常有效的。CDGWO 算法在平均解的对比中优势明显,可以看出 CDGWO 算法较其他两种算法更加稳定。从指标 RPD(表 7-6)和指标 SD(表 7-7)可以看出,除了算例(10,60)和(20,60)之外,在其他算例上 CDGWO 算法均优于其他两种对比算法。经过分析可以发现,其主要原因是 CDGWO 算法求解算例(10,60)和(20,60)时,最优解优于 GWO 算法的最小值太多,导致 RPD 和 SD 表现略差。

## 7.2　机加工与焊接车间协同调度问题建模与求解

在金属结构件制造中,为了提高材料综合利用率,很多企业采取集中下料模式,以降低生产成本,此时机加工和焊接成为企业的主要关联工艺。在大型机械制造过程中,焊接组件属于中间过程,最终装配过程不能在焊接过程完成之前开始,焊接阶段也不能在其需要的零件完工之前开始。为了确定合理的焊接开始时间,必须协同考虑机加工和焊接两个阶段的生产安排。

### 7.2.1　机加工与焊接车间调度特点描述

本节研究的焊接车间主要指重型金属结构件的焊接车间。以图 7-4 中描述的焊接件与零件的支配关系为例对该问题进行描述:机加工阶段有五个零件需要加工,焊接阶段有两个构件需要焊接。构件和相应零件的相互依赖性可以用式(7.15)描述。构件 B1 包括零件 A1 和 A2,而构件 B2 包括零件 A3、A4 和 A5。构件和零件之间的这种关系可以通过稀疏矩阵(式(7.15))来描述。在本节中,为了方便,机加工阶段的准备时间包含在加工时间内,而焊接阶段根据实际情况,准备时间需要单独考虑。

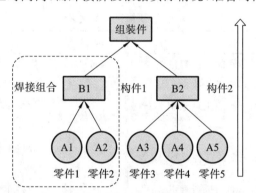

图 7-4　焊接件和零件之间的单级支配关系

$$Craft = \begin{bmatrix} 1 & 2 \\ 1 & 0 \\ 1 & 0 \\ 0 & 1 \\ 0 & 1 \\ 0 & 1 \end{bmatrix} \qquad (7.15)$$

每个构件由两个或多个零件组成。对于给定的一组构件订单,本节所关注的主要目标是确定最佳排产计划,以确保完成所有构件加工的时间最小化。应注意,构件的最小完成时间与零件的最小完成时间不同。因此,我们应该将这个问题与构件和零件的相互依赖性一起考虑。在表示该依赖性的稀疏矩阵中,行号表示零件代码,列号表示焊接件代码。如公式(7.15)所示,Craft(1,1)＝1表示零件1是焊接件1的零件组成之一。如果Craft(1,2)＝0,表明零件1和焊接件2之间没有焊接关系。在对该协调优化问题进行求解时,焊接件和零件之间的关系利用稀疏矩阵作为初始值输入。

问题假设如下:

(1) 所有机器和工件在机加工车间的零时间都可用;

(2) 运输时间不单独考虑,可将运输时间计入焊接件的准备时间中考虑;

(3) 机加工车间的加工时间包括准备时间;

(4) 机加工车间所有工件的加工时间保持不变;

(5) 机器状况良好且随时可用;

(6) 工件加工完成前不能加工其他工件;

(7) 焊接车间每阶段使用的焊机数量相同;

(8) 两个车间之间的缓冲区大小没有限制。

为描述方便,引入表7-8所示变量,用以构建所提出的两车间协同调度优化数学模型。

表 7-8　变量符号及含义

| 变量符号 | 含　　义 | 变量符号 | 含　　义 |
|---|---|---|---|
| $n'$ | 机加工车间的工件数量 | $m'$ | 机加工车间机器的数量 |
| $n''$ | 焊接车间的工件数量 | $m''$ | 焊接车间的加工阶段数量 |
| $i,g$ | 机加工车间的工件索引 $i,g=1,2,\cdots,n'$ | $j,l$ | 焊接车间的工件索引 $j,l=1,2,\cdots,n''$ |
| $N_j$ | 构件 $j$ 包含的零件数量 | $q$ | 焊接车间的过程索引 $q=1,2,\cdots,m''$ |
| $p$ | 机加工车间的机器索引 $p=1,2,\cdots,m'$ | $T''_{jq}$ | 焊接车间工件 $j$ 在过程 $q$ 需要的加工时间 |
| $T'_{ip}$ | 机加工车间工件 $i$ 在机器 $p$ 上的加工时间 | $\mathrm{s}T_{jq}$ | 焊接车间工件 $j$ 在过程 $q$ 的准备时间,$q\in M''$ |
| $\mathrm{u}T_{jq}$ | 焊接车间工件 $j$ 在过程 $q$ 的吊装上机时间,$q=1$ | $\mathrm{d}T_{jq}$ | 焊接车间工件 $j$ 在过程 $q$ 的吊装下机时间,$q=1$ |
| $C'_{ip}$ | 机加工车间工件 $i$ 在机器 $p$ 上的完工时间 | $C''_{jq}$ | 焊接车间工件 $j$ 在过程 $q$ 的完工时间 |
| $z_{ij}$ | $z_{ij}=\begin{cases}1, & 零件\ i\ 是焊接件\ j\\ & 的组成零件之一\\ 0, & 其他\end{cases}$ |  |  |

| 决 策 变 量 | 含 　 义 |
|---|---|
| $x'_{gi}$ | $x'_{gi} = \begin{cases} 1, & \text{工件 } g \text{ 是工件 } i \text{ 的前序工件} \\ 0, & \text{其他} \end{cases}$ |
| $x''_{lj}$ | $x''_{lj} = \begin{cases} 1, & \text{工件 } l \text{ 在是工件 } j \text{ 的前序工序} \\ 0, & \text{其他 } \forall\, l \in \{0\} \bigcup J'', j = 1,2,\cdots,n'', n''+1 \end{cases}$ |

在机加工车间,来自集合 $J'$ 的工件 $n'$ 必须在机器集合 $M'$ 里的机器上处理,每个工件以相同的顺序依次经过加工机器 $p$。第二阶段有 $n''$ 个焊接件,每个焊接件都由多个零件组成,加工过程含 $m''$ 个阶段,所有的 $n''$ 个构件必须在焊接阶段的相应机器上按顺序加工,且只有其所包含的零件全部机加工完毕后才能开始焊接阶段的加工。因此,每个零件都有 $m'+m''$ 个加工阶段。建立数学模型的目的是寻求工件加工顺序 ($\pi'$ 和 $\pi''$),从而通过该顺序调度零件和构件的加工,最小化最大完工时间,也就是最后一个完工构件的完成时间。

因此,我们建立了 MIPM 模型:

$$f = \min(C''_{\max}) \tag{7.16}$$

机加工阶段约束:

$$C'_{ip} = \begin{cases} 0, & i = 0 \\ \max\left(\sum_{g=0}^{n'} x'_{gi} C'_{gp}, C'_{i(p-1)}\right) + T'_{ip}, & i = 1,2,\cdots,n'; p = 1,2,\cdots,m' \end{cases} \tag{7.17}$$

$$\sum_{j=1}^{n''} N_j = n' \tag{7.18}$$

$$\sum_{g=0}^{n'} x_{gi} = 1 \quad g \neq i, i = 1,2,\cdots,n' \tag{7.19}$$

$$\sum_{i=1}^{n'+1} x_{gi} = 1 \quad g \neq i, g = 1,\cdots,n' \tag{7.20}$$

约束式(7.17)表示各零件的完工时间;约束式(7.18)规定各焊接件包括的零件数量之和应等于所有加工零件的数量之和;约束式(7.19)表示零件 $i$ 只有一个前序零件;约束式(7.20)表示零件 $g$ 只有一个后序零件。

焊接阶段约束:

$$C''_{jq} = \begin{cases} 0, & j = 0, q = 1 \\ \max\left[\max_i(z_{ij} C'_{im'}), C''_{lq}, C''_{j(q-1)}\right] + \mathrm{sT}_{jq} + \mathrm{uT}_{jq} + \mathrm{dT}_{jq} + T''_{jq} \end{cases} \tag{7.21}$$

$$y_{lj} = 1, \quad j,l = 1,2,\cdots,n''; p = m'; q = 1,2,\cdots,m''$$

$$C_{\max} \geqslant C''_{jq}, \quad j,q = 1,2,\cdots,n'' \tag{7.22}$$

$$\sum_{j=1}^{n''} y_{0j} = 1 \tag{7.23}$$

$$\sum_{l=0}^{n''} x''_{lj} = 1 \quad l \neq j, j = 1, 2, \cdots, n'' \tag{7.24}$$

$$\sum_{j=1}^{n''+1} x_{lj} = 1 \quad j \neq l, l = 1, \cdots, n'' \tag{7.25}$$

实际的焊接最大完工时间由约束式(7.21)、式(7.22)计算得到;约束式(7.23)确定了每个加工过程的第一个工件,且只有一个;约束式(7.24)表示焊接件 $j$ 只有一个前序工件;约束式(7.25)表示焊接件 $l$ 只有一个后序工件。

机加工阶段的调度问题是一个典型的 FSP,焊接阶段的调度问题也是 FSP,但是不能简单地将两阶段的协调调度考虑为 FSP,因为在两个阶段排序的工件并不是同一个群体,需要分开排产调度,且需要考虑不同阶段加工零件/焊接件的工艺约束。显然机加工与焊接车间协同调度问题是一个 NP 难问题,因此有必要设计一个智能算法求解这个问题。

### 7.2.2 基于调度规则的 MGWO Ⅱ 算法设计

本节根据问题特征改进灰狼算法的奔袭策略,得到改进的灰狼优化(modified GWO,MGWO)算法,以适应该复杂 FSP 的求解。

**1. 编码与解码**

本节根据问题特点,设置了两种不同的编码方式,分别介绍如下。

1) 编码 1:(MGWO Ⅰ)

本节的算法同样采用十进制整数编码,构成一个十进制序列 $\pi_i$,也就是整数编码的 GWO 算法中每一匹灰狼的位置。

因为焊接阶段和机加工阶段需要排序的零件并不是同样的零件,所以可以对这两个阶段分开编码,记为编码 1:

$$\pi_i = (x_{i1}, x_{i2}, x_{i3}, \cdots, x_{ij}, \cdots, x_{in}) \tag{7.26}$$

式中: $n = n' + n''$; $i = 1, 2, \cdots, M$。

第一层编码: $x_{ip} \neq x_{iq}, p \neq q; x_{ip}, x_{iq}, p, q = 1, 2, \cdots, n'$;表示机加工阶段零件的加工顺序。

第二层编码: $x_{ip} \neq x_{iq}, p \neq q; x_{ip}, x_{iq} = 1, 2, \cdots, n'', p, q = n' + 1, n' + 2, \cdots, n' + n''$;表示焊接阶段焊接件的加工顺序。

如图 7-4 所示,焊接件 1 包括零件 1 和零件 2,而焊接件 2 包括零件 3、4 和 5。编码 1 的焊接阶段编码可能会有(1,2)和(2,1)两种方案,解码过程则如图 7-5 所示。

2) 编码 2:(MGWO Ⅱ)

因为焊接件需要等待包含的所有零件加工完毕后才能开始加工,因此焊接件的加工顺序可以由所包含零件的最大完工时间 $\max(z_{ij} E^1_{ip})$ 确定。根据该特点设计焊

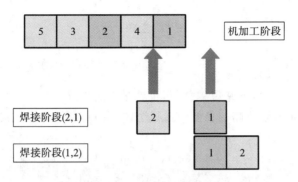

**图 7-5　算法编码解码示意图**

接阶段的加工规则为"先到(零件)先得(焊接件)",意思是焊接件中包含的零件最大完工时间越小的,对应焊接件越早加工。编码方式如下:

$$\pi_i = (x_{i1}, x_{i2}, x_{i3}, \cdots, x_{ij}, \cdots, x_{in}) \tag{7.27}$$

其中:$n = n'$;$i = 1, 2, \cdots, M$,也就是机加工阶段零件的加工顺序;$x_{ip} \neq x_{iq}$,$p \neq q$;$x_{ip}$,$x_{iq}$,$p, q = 1, 2, \cdots, n'$;狼群 wolf $= \{\pi_1, \pi_2, \cdots, \pi_M\}$($M$ 表示狼群中狼的数量)。$\pi_i$ 表示一个 $n$ 维的实数个体。本节根据式(7.15)的描述,工件 $i$ 在编码中出现的顺序表示其在机加工机器上的加工工序,每个工件必须在机加工阶段的所有机器上按顺序加工。

解码:对灰狼个体 $\pi = (5, 3, 2, 4, 1)$ 进行解码,首先对零件机加工阶段进行解码,得到每个零件的加工完成时间,焊接阶段加工顺序与所包含零件的最大机加工完工时间保持一致。根据式(7.15),可以得到(2,1)这一种加工顺序,如图 7-5 所示。

编码并解码求得灰狼个体的适应度值之后,狼群的分级方法与 7.1.2 小节一致。

**2. 狼群游走策略**

算法 MGWO I 的狼群游走策略:

针对第一层和第二层编码分别使用 7.1.2 小节中对第一层设计的游走策略,生成游走后新的灰狼位置,利用"胜者为王"策略保存较优解到狼群中。

算法 MGWO II 的狼群游走策略:

直接使用 7.1.2 节中对第一层设计的游走策略,将游走后与游走前灰狼的位置进行对比,利用"胜者为王"策略保存较优解到狼群中。

**3. 改进奔袭策略**

本节对 7.1.2 小节中的奔袭策略做了改进。在连续组合优化问题中,两匹灰狼的距离根据数值的大小来衡量,但在离散组合优化问题 GWO 算法的具体步骤中,这种方式并不适用,所以本节采用定义 7.1 给出的方式来衡量。向猎物靠近就是对猛狼的位置 $X_i$ 进行某种变换,我们提出一种自适应奔袭运动策略(记为奔袭1)。

定义 7.1:两匹灰狼的距离指两匹灰狼 $p$ 和 $q$ 在相同编码位上数值不相等的个数,表示为

$$d = \sum_{j=1}^{n} w_j \tag{7.28}$$

式中： $w_j = \begin{cases} 1, & |\pi_{pj} - \pi_{qj}| \neq 0 \\ 0, & |\pi_{pj} - \pi_{qj}| = 0 \end{cases}, p,q \in \{1,2,\cdots,M\}, p \neq q$

距离 $d$ 越小，表明两匹灰狼越相似，也就是距离越近。

从执行过游走搜索策略的狼群中选择个体 $X(\pi)$，利用如下公式从 $\alpha$、$\beta$ 和 $\delta$ 中随机选择一个解 $X(\bar{\pi})$：

$$X(\bar{\pi}) = \begin{cases} X(\pi_a), & \text{rand} < 1/3 \\ X(\pi_\beta), & 1/3 \leqslant \text{rand} < 2/3 \\ X(\pi_\delta), & \text{其他} \end{cases} \tag{7.29}$$

统计 $X(\pi)$ 和 $X(\bar{\pi})$ 中不同元素的数量 $d$。当 $d$ 非常小时，表示两个个体中有较少数量的不同元素，奔袭策略应该增加种群的多样性；当 $d/n$ 大于 0.7 时，表示两个个体之间有较多的不同。本节设计了一种新的奔袭策略以减少两者之间的不同，使猛狼 $\pi$ 向头狼 $\bar{\pi}$ 靠近，具体如下：

（1）选择 $\pi^t$ 中的第 $g$ 个元素，且要保证与 $\bar{\pi}_g$ 对应的值不同；

（2）找到元素 $\pi_g^t$ 在头狼 $\bar{\pi}$ 中对应的位置 $k$；

（3）交换灰狼 $\pi$ 中的两个元素 $\pi_g^t$ 和 $\pi_k^t$；

（4）奔袭解 $\pi^m$ 形成；因此奔袭后的解个体 $\pi^m$ 形成奔袭狼群 $M_t$。

将奔袭后的狼与狼群中随机选择的狼进行对比，留下更接近于猎物（目标函数值更优）的狼。

针对 MGWO I 两层编码的特点，本节还设计了协同奔袭策略（记为奔袭2），对两层编码分别执行上述策略，且与原灰狼的两层编码协同生成3个灰狼的位置点，形成奔袭狼群 $M_t$。随机选择狼群中的狼与之进行对比，利用贪婪算法，形成新的狼群。

**4. 局部搜索策略**

局部搜索策略是很多算法中常用的改进最优目标的策略，它是一种有效的解决优化问题的启发式算法，为了增强算法的开发能力，本节根据焊接件与机加工件的包含特性，设置了局部搜索的策略，如图7-6所示。

设置搜索概率为0.1，局部搜索步骤如下：

（1）选择一匹需要局部搜索的灰狼；

（2）计算焊接件中第一阶段的每个工件 $i$ 开始时间与前序工序结束时间之差 $\text{Diff}_i$；

（3）随机选择一个有待件时间的后加工焊接件，$\text{Diff}_i \neq 0$ 的工件；

（4）根据焊接件与零件的焊接关系，找到焊接件 $i$ 需要的所有零件集合 $J$；

（5）找到集合 $J$ 里最晚加工的零件 $j$；

（6）将零件 $j$ 向前移动随机数量位置；

（7）得到新的灰狼位置，并重新计算；

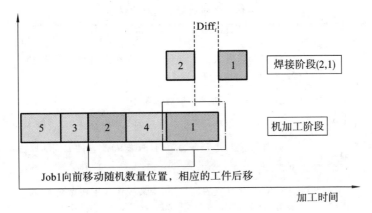

图 7-6　局部搜索示意图

（8）采用贪婪算法，保存较优的灰狼位置。

## 7.2.3　实验设计与算例分析

### 1. 算例生成及参数设置

为了保证数值测试的准确性，我们利用三种算法对随机生成的算例进行了求解。在本节中，机加工阶段的算例采用表 7-9 所示方式生成。由于第二阶段来源于焊接车间，根据调研的实际情况，确定阶段的数量以及每个阶段可用的机器数量。每个阶段的加工时间也设置了不同的分布。

表 7-9　算例数据集及分布

| | 变　　量 | 分　　布 |
|---|---|---|
| 机加工阶段 | 工件数量（$n^1$） | 20、40、60、80 |
| | 机器数量（$m^1$） | 6 |
| | 加工时间（$sT_{ip}^1$） | $U[1,30]$ |
| | 工件数量（$n^3$） | 7、10、20 |
| | 阶段数量 | 4 |
| | 加工时间（$p$） | $U[70,99]$（阶段 1，阶段 2）<br>$U[20,70]$（阶段 3，阶段 4） |
| 焊接阶段 | 准备时间（sT） | $U[1,20]$ |
| | 举升时间（uT） | $U[10,20]$ |
| | 下机时间（dT） | $U[10,20]$ |

根据 7.2.2 节中的算法描述，本节设计了 8 种不同的算法进行对比，具体说明如表 7-10 所示。

**表 7-10　各对比算法的具体说明**

| 算法 | 编码方式 | 说明 |
|---|---|---|
| 2-1 | 编码 1 | GA(选择方式为轮盘赌;交叉操作采用两点交叉,概率为 1;变异概率为 0.1) |
| 2-2 | 编码 1 | GWO 算法(两层编码分别游走) |
| 2-3 | 编码 1 | 协同奔袭策略(奔袭 2)改进的 GWO 算法(奔袭概率为 0.1) |
| 2-4 | 编码 1 | 局部搜索和协同奔袭策略(奔袭 2)改进的 GWO 算法(奔袭概率为 0.1) |
| 2-7 | 编码 2 | GA(选择方式为轮盘赌;交叉操作采用两点交叉,概率为 1;变异概率为 0.1) |
| 2-6 | 编码 2 | GWO 算法 |
| 2-7 | 编码 2 | 奔袭策略(奔袭 1)改进的 GWO 算法(奔袭概率为 0.1) |
| 2-8 | 编码 2 | 局部搜索和奔袭策略(奔袭 1)改进的 GWO 算法(奔袭概率为 0.1) |

### 2. 迭代时间设置及实验结果分析

为了算法对比的公平性,对各算法需要设置相同的运行时间。首先要确定各个规模问题的运行时间。对各问题用 8 种算法运行相同的迭代次数 $10(n'+n'')$,各自独立运行 20 次,得到每个算法的平均运行时间,如图 7-7 所示。

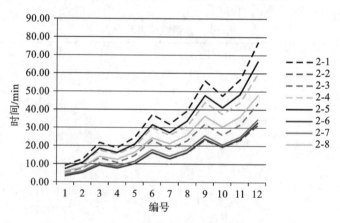

**图 7-7　对比算法的平均运行时间**

上图中横坐标表示不同的问题规模编号,可以看出,相同进化策略下使用编码 2 的算法运行时间普遍短于使用编码 1 的算法的运行时间,使用规则加算法进化编码的方式可以有效缩短算法的运行时间。针对 8 种算法的运行时间求平均值并四舍五入取整,将其设置为每种算法的迭代停止时间。各问题规模设定的时间如表7-11所示。

在相同的迭代时间下，各算法在不同规模的算例上分别独立运行 20 次，得到问题的最优值 $G_{best}$、每次运行最优解的平均值 $G_{aver}$、相对百分比偏差（RPD）和标准差（SD），分别如表 7-12 到表 7-15 所示。

**表 7-11　各问题规模设定的迭代停止时间**　　　　（单位：s）

| 问题规模 | (20,7) | (20,10) | (20,20) | (40,7) | (40,10) | (40,20) |
|---|---|---|---|---|---|---|
| 运行时间 | 6 | 8 | 14 | 12 | 16 | 27 |
| 问题规模 | (60,7) | (60,10) | (60,20) | (80,7) | (80,10) | (80,20) |
| 运行时间 | 21 | 27 | 36 | 30 | 36 | 49 |

**表 7-12　对比算法的最优解（最小值）**　　　　（单位：min）

| 算例 | | (20,7) | (20,10) | (20,20) | (40,7) | (40,10) | (40,20) | (60,7) | (60,10) | (60,20) | (80,7) | (80,10) | (80,20) |
|---|---|---|---|---|---|---|---|---|---|---|---|---|---|
| 算法 | 2-1 | 989 | **1383** | **2772** | **1711** | 1632 | **2618** | 2109 | 2178 | **2616** | 2704 | 2724 | 2734 |
| | 2-2 | 1001 | **1383** | **2772** | 1731 | 1641 | 2641 | 2111 | 2149 | 2697 | 2499 | 2761 | 2961 |
| | 2-3 | 972 | **1383** | **2772** | **1711** | 1778 | **2618** | 2101 | 2070 | **2616** | 2481 | 2484 | 2627 |
| | 2-4 | 984 | **1383** | **2772** | 1712 | 1774 | **2618** | 2086 | 2083 | **2616** | 2482 | **2480** | 2667 |
| | 2-7 | 967 | **1383** | **2772** | 1712 | 1770 | **2618** | 2107 | 2106 | **2616** | 2491 | 2497 | 2627 |
| | 2-6 | 983 | **1383** | **2772** | 1734 | 1798 | 2621 | 2136 | 2132 | **2616** | 2718 | 2716 | 2632 |
| | 2-7 | 961 | **1383** | **2772** | **1711** | 1772 | **2618** | 2082 | 2077 | **2616** | 2476 | 2482 | **2612** |
| | 2-8 | 973 | **1383** | **2772** | **1711** | 1746 | **2618** | 2077 | 2067 | **2616** | **2477** | 2487 | 2616 |

**表 7-13　对比算法的平均解**　　　　（单位：min）

| 算例 | | (20,7) | (20,10) | (20,20) | (40,7) | (40,10) | (40,20) | (60,7) | (60,10) | (60,20) | (80,7) | (80,10) | (80,20) |
|---|---|---|---|---|---|---|---|---|---|---|---|---|---|
| 算法 | 2-1 | 1027.30 | 1423.87 | 2614.70 | 1767.30 | 1707.10 | 2670.47 | 2146.27 | 2278.97 | 2682.10 | 2743.87 | 2601.40 | 2908.87 |
| | 2-2 | 1037.90 | 1474.90 | 2610.87 | 1612.07 | 1807.47 | 2770.77 | 2176.77 | 2298.20 | 2904.17 | 2764.37 | 2706.77 | 3167.30 |
| | 2-3 | 998.20 | 1403.80 | 2601.70 | 1771.30 | 1603.47 | 2647.56 | 2124.67 | 2121.77 | 2673.40 | 2706.67 | 2737.77 | 2711.17 |
| | 2-4 | 997.90 | 1407.37 | 2792.10 | 1778.17 | 1793.47 | 2643.56 | 2121.40 | 2134.00 | 2679.17 | 2701.17 | 2720.47 | 2722.40 |
| | 2-7 | 1000.27 | 1383.60 | 2773.00 | 1777.27 | 1610.47 | 2618.77 | 2139.40 | 2163.20 | 2626.67 | 2720.77 | 2747.67 | 2678.40 |
| | 2-6 | 1013.67 | 1387.37 | 2772.30 | 1790.47 | 1671.47 | 2628.60 | 2178.47 | 2204.07 | 2677.37 | 2789.67 | 2797.10 | 2776.00 |
| | 2-7 | **989.90** | 1383.17 | **2772.00** | 1748.60 | 1784.60 | 2618.30 | 2122.20 | **2121.17** | **2618.70** | 2496.27 | 2710.97 | **2647.97** |
| | 2-8 | 990.20 | 1383.47 | **2772.00** | **1747.00** | 1773.77 | **2618.17** | 2118.87 | 2121.27 | 2622.40 | 2704.80 | **2707.07** | 2673.37 |

各表中算例(20,7)的第一个元素表示机加工阶段的零件数量是 20，第二个元素表示的是焊接阶段构件的数量是 7。各表中第一列表示的是 8 种不同算法，加粗数值为算法所得结果的最优值。

表 7-14  对比算法的相对百分比偏差(RPD)

| 算 法 | 算例 | (20,7) | (20,10) | (20,20) | (40,7) | (40,10) | (40,20) | (60,7) | (60,10) | (60,20) | (80,7) | (80,10) | (80,20) |
|---|---|---|---|---|---|---|---|---|---|---|---|---|---|
| | 2-1 | 3.67% | 2.97% | 1.67% | 3.79% | 4.60% | 1.24% | 1.77% | 4.68% | 2.73% | 1.79% | 3.07% | 6.40% |
| | 2-2 | 3.49% | 7.20% | 1.71% | 7.29% | 10.14% | 4.17% | 3.11% | 6.94% | 7.68% | 2.62% | 7.68% | 6.90% |
| | 2-3 | 2.70% | 1.70% | 1.17% | 2.67% | 2.92% | 1.04% | **1.12%** | 2.70% | 2.19% | 1.03% | 2.16% | 3.28% |
| | 2-4 | **1.21%** | 1.76% | 0.78% | 3.07% | 2.74% | 0.96% | 1.70% | 2.47% | 1.67% | **0.77%** | 1.63% | 2.17% |
| | 2-7 | 3.67% | 0.04% | 0.04% | 2.86% | 2.76% | 0.03% | 1.63% | 2.72% | 0.41% | 1.19% | 2.03% | 2.03% |
| | 2-6 | 3.12% | 0.17% | 0.04% | 3.67% | 4.78% | 0.29% | 1.99% | 3.40% | 1.70% | 2.87% | 3.14% | 4.71% |
| | 2-7 | 3.01% | **0.01%** | **0.00%** | 2.49% | 2.10% | **0.01%** | 1.93% | **2.22%** | **0.10%** | 0.82% | 1.17% | **1.38%** |
| | 2-8 | 1.77% | 0.03% | **0.00%** | 2.38% | 1.79% | **0.01%** | 2.11% | 2.62% | 0.24% | 1.20% | **0.81%** | 1.43% |

表 7-15  对比算法的标准差(SD)

| 算 法 | 算例 | (20,7) | (20,10) | (20,20) | (40,7) | (40,10) | (40,20) | (60,7) | (60,10) | (60,20) | (80,7) | (80,10) | (80,20) |
|---|---|---|---|---|---|---|---|---|---|---|---|---|---|
| | 2-1 | 17.71 | 33.96 | 27.06 | 30.78 | 66.07 | 39.97 | 19.83 | 76.38 | 47.34 | 33.72 | 77.92 | 107.40 |
| | 2-2 | 30.21 | 39.70 | 31.80 | 69.38 | 136.08 | 64.26 | 40.94 | 94.43 | 100.94 | 39.84 | 128.12 | 190.42 |
| | 2-3 | 17.17 | 30.60 | 30.91 | 26.09 | 29.23 | 37.07 | 17.00 | 74.97 | 37.07 | 17.93 | 40.27 | 38.64 |
| | 2-4 | **11.12** | 34.48 | 16.47 | 33.28 | 33.28 | 17.69 | 40.49 | 34.46 | 13.80 | 27.19 | **23.97** | |
| | 2-7 | 20.10 | 1.23 | 4.47 | **27.10** | 29.67 | 1.33 | 21.62 | 36.98 | 11.82 | 17.77 | 23.20 | 38.77 |
| | 2-6 | 17.82 | 2.70 | 0.47 | 40.74 | 41.46 | 6.40 | 27.74 | 43.60 | 29.49 | 82.97 | 72.04 | 77.64 |
| | 2-7 | 14.27 | **0.67** | **0.00** | 27.40 | 23.84 | 0.92 | 17.71 | 38.69 | **4.27** | **13.21** | 18.68 | 33.49 |
| | 2-8 | 12.10 | 1.10 | **0.00** | 28.26 | **20.96** | 0.67 | **17.17** | **36.77** | 8.66 | 16.81 | **16.70** | 37.16 |

可以看出,在最优解中,在算例(20,10)、(20,20)、(40,20)、(60,20)上,8种算法大部分都能得到相同的最优解,也就是说零件与焊接件的比例比较小的时候,各算法在最小值的性能表现会更好一些。但是在平均解的指标对比中可以发现,采用编码2的算法中的2-7和2-8表现最好,可以看出这2种算法在求解所研究问题时较其他算法更加稳定。

通过RPD和SD两个指标的对比,可以看出,使用编码2的4种算法,较使用编码1的4种算法,大部分指标值会更小一些,也就是说使用编码2的4种算法所得的结果值更集中一些。虽然算法2-4在求解焊接件只有7个的算例时的SD指标比较好,但是在其他规模的问题上表现一般,且算法2-8的值也没有差很多。

综上所述,使用编码2的2-7和2-8这2种算法在求解所研究的车间协同调度问题时表现最好,且添加了局部搜索策略的算法2-8在求解性能上表现更加稳定一些。

**3. 对比算法迭代进化图分析**

对比算法的迭代进化图可以反映各算法的进化速度,求解规模为(20,7)的问题时,前 300 代进化的折线图如图 7-8 所示。

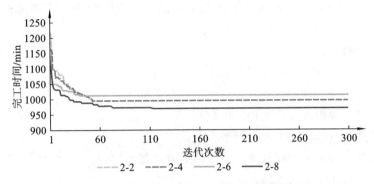

图 7-8　各算法求问题(20,7)时的进化折线图

从图中我们可以看出,算法 2-8 较其他算法进化速度较快,迭代至 100 多代时仍然能找到更优的解;添加了局部搜索策略的算法 2-4,进化速度虽然比算法 2-6 的慢,但是找到的解比算法 2-6 的更优,可见局部搜索策略有助于算法寻找较优的解。使用了编码 2 的 2-6 和 2-8 两种算法进化速度明显比使用编码 1 的 2-2 和 2-4 两种算法的快,充分证明了本节所设计的编码方式在求解所研究问题时比较有效。

# 7.3　切割-机加工-焊接三车间协同调度问题建模与求解

在实际车间生产过程中,对多车间进行协同调度可以有效缩短总完工时间,提高企业的生产效率。本节在单车间调度和双车间调度研究的基础上,针对结构件制造切割车间、机加工车间和焊接车间协同调度问题进行建模,并设计智能算法对该问题进行求解,同时通过算例对算法进行验证。

## 7.3.1　三车间协同调度问题建模

本节研究对象为柔性流水车间,但与一般柔性流水车间相比,其最大的特点是需要考虑各零件之间的齐套性,且零件加工与装配生产并存,在每个车间需要排序的对象均不一样。三车间协同调度,需要考虑板材在切割阶段的机器安排与切割顺序、机加工阶段的零件加工顺序、焊接阶段的结构件加工顺序。由于三车间协同调度问题的复杂性及其求解困难性,本节暂时只考虑焊接机器数量固定的情况,需要同时求解切割阶段的机器安排以及三个生产阶段的工件加工顺序,最小化终产成品的完工时间。另外,由于产品生产的复杂性,处于生产过程中的在制品数量越少越好,因此本节考虑了各焊接件的总流经时间最小化。

定义 7.2:产品总流经时间。每个产品的流经时间在本书中定义为从零时刻开始,对应板材经历切割、零件经过机加工、结构件焊接需要的时间。因为在三车间生产中,最终产品为焊接件,所以本节涉及的产品总流经时间为每个焊接件流经时间之和。

**1. 问题假设**

(1) 同一个时刻一台机器只能加工一个工件;

(2) 同一个时刻一个工件只能在一台机器上加工;

(3) 任何工件都没有优先加工的权利;

(4) 工件一旦开始加工就不能被打断;

(5) 所有机器和工件在机加工阶段的零时间都可用,且状况良好;

(6) 运输时间不单独考虑;

(7) 机加工阶段的加工时间包括准备时间,其值已知且固定;

(8) 机加工阶段所有工件的加工时间保持不变;

(9) 焊接阶段每阶段使用的焊机数量相同;

(10) 各阶段之间的缓冲区大小没有限制。

**2. 符号定义**

本节在 7.1 节和 7.2 节模型的基础上建立三车间协同调度数学模型,重新定义变量符号如表 7-16 所示。

表 7-16　变量符号及描述

| 变量符号 | 描述 | 变量符号 | 描述 |
|---|---|---|---|
| $n$ | 对应车间工件的数量 | $g,i$ | 对应车间工件的索引 $g,i \in J$ |
| $m$ | 对应车间机器(阶段)的数量 | $M$ | 对应车间机器的集合 $M=\{1,2,\cdots,m\}$ |
| $C_{ij}$ | 对应车间工件 $i$ 在机器 $j$ 上的完工时间 | $j$ | 对应车间机器(阶段)的索引 $j \in M$ |
| $T_{ij}$ | 对应车间工件 $i$ 在机器 $j$ 上的加工时间 | $sT_{ij}$ | 对应车间工件 $i$ 在机器 $j$ 上的准备时间 |
| $L_i$ | 切割车间工件 $i$ 的切割长度 | $uT''_{ij}$ | 焊接阶段吊装上机时间 |
| $v_{ij}$ | 切割板材 $i$ 在机器 $j$ 上的切割速度 | $dT''_{ij}$ | 焊接阶段吊装下机时间 |
| $pT_{ij}$ | 切割阶段工件 $i$ 在机器 $j$ 上的收件时间 | | |
| $z_{ii'}$ | $z_{ii'}=\begin{cases}1, & \text{板材 } i \text{ 切割后得到工件 } i' \\ 0, & \text{其他情况}\end{cases}$ | $z'_{i'i''}$ | $z'_{i'i''}=\begin{cases}1, & \text{零件 } i' \text{ 是焊接件 } i'' \text{ 的 BOM 件} \\ 0, & \text{其他情况}\end{cases}$ |

| 决 策 变 量 | 描　　述 |
|---|---|
| $x_{ij}$ | $x_{ij} = \begin{cases} 1, 在对应车间,工件 i 在机器 j 上加工 \\ 0, 其他情况 \end{cases}$ |
| $y_{gij}$ | $y_{gij} = \begin{cases} 1, 在对应车间机器 j 上工件 g 是工件 i 的前序工件 \\ 0, 其他 \forall g \in \{0\} \cup J, \forall i \in J \cup \{n+1\}, \forall j \in M \end{cases}$ |

对于符号说明中没有明确到具体车间,而是提到对应车间的符号,分别添加上标索引,如 $C$、$C'$、$C''$。其中,无上标的符号对应切割车间,上标单撇($'$)对应机加工车间,上标双撇($''$)对应焊接车间,其他符号以此类推。变量的上标与符号的上标保持一致。其中 $z_{ii'}$、$z'_{i'i''}$ 是已知的,板材 $i$ 切割后可以得到多个零件,且一个零件只能对应一个板材;多个零件进行焊接得到焊接件,零件全部加工完毕后,焊接件才能开始生产。

**3. 数学模型**

在实际生产过程中,不仅要考虑最终结构件的完工时间,还需要考虑各焊接件的总流经时间。

目标函数:

$$f_1 = \min(C'_{\max}) \tag{7.30}$$

$$f_2 = \min\left(\sum_{i''=1}^{n''} C''_{ij}\right) \quad j'' = m'' \tag{7.31}$$

切割阶段完工时间计算:

$$C_i = \begin{cases} 0, & i = 0 \\ \sum_{g=0}^{n} y_{gij}\left(C_g + sT_i + \dfrac{L_i}{v_{ij}} + pT_i\right), & i = 1,2,\cdots,n; j = 1,2,\cdots,m \end{cases} \tag{7.32}$$

机加工阶段完工时间计算:

$$C'_{ij} = \begin{cases} 0, & i' = 0 \\ \max\left[\max_{i'}\left(\sum_{j=0}^{m} z_{ii'} x_{ij} C_{ij}\right), \sum_{g=0}^{n'} y'_{gij} C'_{gj}, C'_{i(j-1)}\right] + T'_{ij} \\ i = 1,2,\cdots,n; \quad i' = 1,2,\cdots,n'; \quad j' = 1,\cdots,m' \end{cases} \tag{7.33}$$

焊接阶段完工时间计算:

$$C''_{ij} = \begin{cases} 0, & i'' = 0 \ 或 \ j'' = 0 \\ \sum_{g=0}^{n''} y''_{gij}\left[\max(\max(z'_{i'i''} C'_{i'm'}), C''_{gj}, C''_{i(j-1)}) + sT''_{ij} + uT''_{ij} + dT''_{ij} + T''_{ij}\right] \\ i'' = 1,2,\cdots,n''; \quad j'' = 1,2,\cdots,m''; \quad i' = 1,2,\cdots,n' \end{cases} \tag{7.34}$$

约束：

$$\sum_{g=0}^{n} y_{gij} = 1 \quad i = 1,2,\cdots,n, \quad j = 1,2,\cdots,m \tag{7.35}$$

$$\sum_{g'=0}^{n'} y'_{gij} = 1 \quad i' = 1,2,\cdots,n', \quad j' = 1,2,\cdots,m' \tag{7.36}$$

$$\sum_{g''=0}^{n''} y''_{gij} = 1 \quad i'' = 1,2,\cdots,n'', \quad j'' = 1,2,\cdots,m'' \tag{7.37}$$

$$\sum_{i=0}^{n+1} y_{gij} = 1 \quad g = 1,2,\cdots,n, \quad j = 1,2,\cdots,m \tag{7.38}$$

$$\sum_{i=0}^{n'+1} y'_{gij} = 1 \quad g' = 1,2,\cdots,n', \quad j' = 1,2,\cdots,m' \tag{7.39}$$

$$\sum_{i=0}^{n''+1} y''_{gij} = 1 \quad g'' = 1,2,\cdots,n'', \quad j'' = 1,2,\cdots,m'' \tag{7.40}$$

$$\sum_{j=1}^{m} x_{ij} = 1 \quad i = 1,2,\cdots,n \tag{7.41}$$

式(7.30)表示的是目标函数 $f_1$，最小化所有零件的最大完工时间；式(7.31)表示的是目标函数 $f_2$，最小化所有焊接件的总流经时间之和。所有零件在零时刻均已准备好开始加工，焊接件焊接完毕才表示该工件加工完毕。式(7.32)至式(7.34)表示的是各阶段工件完工时间的计算方法。

约束式(7.35)至式(7.37)表示在各车间的加工过程中，工件只能有一个前序工件；约束式(7.38)至式(7.40)表示在各车间的加工过程中，工件只能有一个后序工件；约束式(7.41)表示在切割车间，每个工件只能在其中一台机器上切割。

### 7.3.2　基于参考点集的 EBGWO 算法设计

本节中的问题需要同时确定切割车间的机器安排，确定每台机器加工板材的切割顺序，确定机加工车间各零件的切割顺序，确定焊接阶段的焊接件加工顺序。最关键的是每个阶段需要排序的对象是不一样的，但是各对象之间具有包含关系。如果对每个加工顺序均设计一层编码，则需要四层编码，各编码的搜索规则也是不一样的，计算量会非常大。因此本节基于规则约束设计了协同奔袭的双目标灰狼优化(encircling and attacking bi-objective grey wolf optimizer，EBGWO)算法对所研究问题进行求解。EBGWO 算法流程图如图 7-9 所示。

#### 1. 编码和解码

EBGWO 算法利用 7.2.2 小节的算法编码规则进行群个体编码。解码时，考虑 7.2.2 小节中编码 2 的先到先得规则求解，切割车间板材的加工机器和加工顺序由第一层和第二层编码确定，零件的加工顺序由第三层编码确定。焊接件根据包含的零件全部完工时间的先到先得规则安排生产加工。

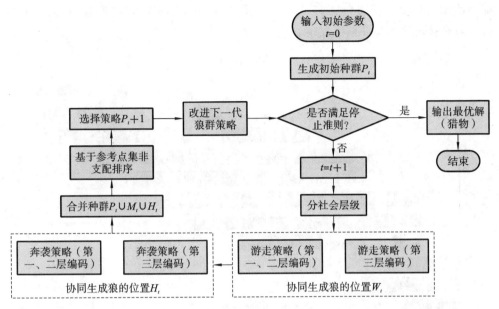

图 7-9　EBGWO 算法流程图

### 2. 狼群分级

GWO 算法的核心思想是通过当前种群中最优的三匹灰狼（最优个体）引导其他灰狼（个体）向猎物（最优解）靠近。但是 Pareto 解中的多个目标相互之间是冲突的，而且经常是多个非支配解的折中集合。经常出现的情况是，随着其中一个解的优化，另一个解很有可能会变差。基于参考点集的 Pareto 支配关系，灰狼群可以被划分为不同的非支配层级。处于第一层级的灰狼被称作 $\alpha$ 狼，位于第二、第三层级的灰狼被称为 $\beta$ 狼和 $\delta$ 狼，剩余灰狼均归为 $\omega$ 狼。

本节为头狼（即 $\alpha$ 狼、$\beta$ 狼、$\delta$ 狼）设置了新的选择方法，具体如下：

如果当前灰狼群均处于非支配层，即仅有一个层级，则从灰狼群中随机选择三匹灰狼作为 $\alpha$ 狼、$\beta$ 狼和 $\delta$ 狼，其他灰狼为 $\omega$ 狼；

如果当前灰狼有两层支配层级，且第二层级的灰狼少于 2 匹，则从第一层级的灰狼中随机选择 2 匹灰狼作为 $\alpha$ 狼和 $\beta$ 狼，从第二层级的灰狼中随机选择 1 匹灰狼作为 $\delta$ 狼；如果第二层级的灰狼大于或等于 2 匹，则从第一层级的灰狼中随机选择一匹灰狼作为 $\alpha$ 狼，从第二层级的灰狼中随机选择 2 匹灰狼作为 $\beta$ 狼和 $\delta$ 狼；

如果当前灰狼的层级有三层或者多于三层，则分别从第一层、第二层、第三层中随机选择一匹灰狼（优秀个体）作为 $\alpha$ 狼、$\beta$ 狼和 $\delta$ 狼。

### 3. 进化策略与局部搜索策略设计

本节算法执行 7.2.2 小节中的狼群游走策略和协同奔袭操作，同时为双目标问题选用基于参考点集的排序策略，执行 4.3.2 小节设计的基于参考点集的精英选择策略。

### 4. 局部搜索策略

根据调度特点，我们为机加工阶段工件的排序设计了局部搜索的微调策略。由随机给出的调度甘特图(见图 7-10)可以看出,如果在加工时安排不合理,很有可能会导致焊接阶段的待件情况发生。

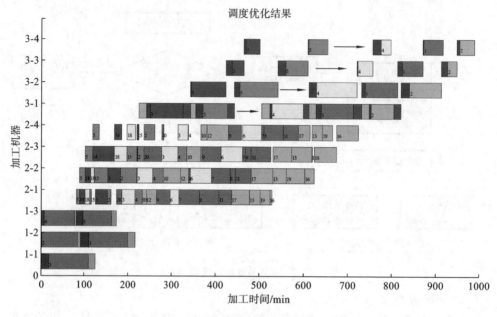

图 7-10　随机调度甘特图

如图 7-10 所示,在焊接件 7 和 4 之间,每个加工阶段均有待件情况。一般情况下,在实际加工过程中是由某一班组负责各车间的加工情况的,车间之间相互影响,又相互独立。因此在解码过程中应考虑焊接件的待件情况,设计局部搜索算法,对待件的焊接件包含的零件生产情况进行分析,选择最后完工的零件(本例中为零件 6)随机前移,以缩短包含零件的最大完工时间,进而减少焊接件的总流经时间。具体局部搜索策略见 7.2.2 小节。

**5. 重启策略**

鉴于算法迭代过程中,选取的是所有改进中得到的较优解进入下一代迭代循环,容易导致陷入局部最优解情况的出现,因此,本小节设计了一种可以协助狼群跳出局部最优解的重启策略,用于扩大算法的搜索区域。每次迭代得到的非支配解的数量小于某一定值时,执行局部搜索策略,增强算法的开采能力;大于某一定值时,执行重启策略,增强算法的勘探能力。局部搜索与重启策略伪代码如算法 7-1 所示。

算法 7-1　局部搜索与重启策略伪代码

输入:进化后的解集 ($W_t$,狼群中个体的数量为 NP),帕累托解集的数量 n,$NP^*$ 为保存的帕累托解的最大数量

输出:改进后的解集 ($mW_t$)

1:if n<NP* n 为每次迭代得到的非支配解的数量

2:以概率 $P_1$ 对解集 $W_t$ 执行局部搜索

3:得到新的解,并进行解码

4:判断新解是否帕累托支配原来的解

5:若是,则用局部搜索后的新解替换原来的个体解

6:若否,则保持原个体不变

7:else 帕累托解的数量较多时

8:利用精英选择策略从当前种群中选择 $N'$ 个解

9:剩余 NP-$N'$ 个个体按照初始种群生成策略重新生成

10:end

11:得到改进的解集,作为下一次迭代的初始种群

### 7.3.3　算法对比

本节主要针对三个车间的协同调度问题进行研究,根据 7.1 节和 7.2 节算例生成的方法,设计了本节研究问题的数据分布。其中板材与零件的关系以及焊接件与零件的关系需要提前确定,设计了代码随机生成。各切割板材在机器上的加工速度

从 $\mathbf{V}=\begin{bmatrix} 1.7 & 2 & 0 \\ 2 & 0 & 2.7 \\ 0 & 2.7 & 1 \end{bmatrix}$ 中随机选择,算例的其他数据分布见表 7-17。

经过多次试验以及依据前文的参数经验,本节算法的参数设置如下:灰狼群大小 $M$ 设置为 100,奔袭策略参数设置为 0.2,局部搜索概率 $P_1$ 设置为 0.1,NP* 设置为 30,$N'$ 设置为 90。

表 7-17　算例数据分布　　　　　（时间单位:min）

| 加工阶段 | 输入变量 | 分　布 |
|---|---|---|
| 切割阶段 | 工件数量($n$) | 7、10、20 |
| | 机器数量($m$) | 4 |
| | 准备时间 | $U[1,20]$ |
| | 收件时间 | $U[1,20]$ |
| | 切割长度 | $U[101,200]$ |
| 机加工阶段 | 工件数量($n'$) | 20、40、60、80 |
| | 机器数量 | 6 |
| | 加工时间 | $U[1,30]$ |

续表

| 加 工 阶 段 | 输 入 变 量 | 分　　布 |
|---|---|---|
| | 工件数量($n''$) | 7、10、20 |
| | 阶段数量 | 4 |
| 焊接阶段 | 加工时间($p$) | $U[70,99]$(阶段1,阶段2)<br>$U[20,70]$(阶段3,阶段4) |
| | 准备时间(sT) | $U[1,20]$ |
| | 吊装上机时间(uT) | $U[10,20]$ |
| | 吊装下机时间(dT) | $U[10,20]$ |

　　为了保证算法对比的公平性,需要对各算法设置相同的运行时间。首先要确定各个问题规模的运行时间。各算法运行相同的迭代次数 $10(n+n'+n'')$,各自独立运行 20 次,得到每种算法的平均运行时间,求其平均值并四舍五入取整,将其设置为每种算法的迭代停止时间。各问题设定的迭代停止时间如表 7-18 所示。

表 7-18　各问题设定的迭代停止时间　　　　　　　　　　　(单位:s)

| 问题规模 | (20,7) | (20,10) | (20,20) | (40,7) | (40,10) | (40,20) |
|---|---|---|---|---|---|---|
| 7 | 70 | 84 | 116 | 162 | 179 | 220 |
| 10 | 87 | 97 | 134 | 183 | 199 | 244 |
| 20 | 116 | 129 | 167 | 227 | 247 | 286 |
| 问题规模 | (60,7) | (60,10) | (60,20) | (80,7) | (80,10) | (80,20) |
| 7 | 290 | 306 | 364 | 443 | 468 | 726 |
| 10 | 312 | 336 | 391 | 477 | 702 | 764 |
| 20 | 370 | 393 | 446 | 738 | 773 | 630 |

　　表 7-18 中第一列表示切割车间板材数量,第一行(20,7)中的 20 表示机加工车间零件的数量,7 表示焊接车间焊接件的数量。

**1. 实验结果**

　　各算法独立运行 20 次,得到各指标平均值分别如表 7-19 和表 7-20 所示。

表 7-19　评价指标(N/NR)的平均值

| 算　例 | | (7,20,7) | (7,20,10) | (7,20,20) | (7,40,7) | (7,40,10) | (7,40,20) |
|---|---|---|---|---|---|---|---|
| 算<br>法 | EBGWO | 29.17/0.28 | **30/0.28** | 30/0.32 | **30/0.32** | **30/0.23** | **30/0.28** |
| | GWOⅡ | 24.70/0.18 | 29.90/0.23 | 22.80/0.10 | 29.27/**0.36** | 22.17/0.22 | 27.77/0.27 |
| | NSGAⅢ | 28.17/0.16 | **30/0.27** | **30/0.17** | 19.60/0.16 | 27.90/0.24 | 28.60/0.20 |
| | NSGAⅡ | **29.47/0.40** | 30/0.27 | **30/0.42** | 26.07/0.18 | 27.37/**0.32** | 27.70/0.27 |

续表

| 算　例 | | (7,60,7) | (7,60,10) | (7,60,20) | (7,80,7) | (7,80,10) | (7,80,20) |
|---|---|---|---|---|---|---|---|
| 算法 | EBGWO | **29.67/0.44** | **29.87/0.71** | **30/0.49** | **30/0.21** | **30/0.37** | **30/0.21** |
| | GWOⅡ | 22/0.39 | 22.7/0.22 | 22/0.44 | 28.30/**0.61** | 28.17/**0.43** | 24.10/0.32 |
| | NSGAⅢ | 17.60/0.07 | 26.87/0.13 | 23.27/0.03 | 23/0.07 | 24.37/0.11 | 27.60/0.10 |
| | NSGAⅡ | 19.47/0.16 | 27.20/0.19 | 23.90/0.07 | 20.87/0.14 | 28.97/0.13 | 29.10/**0.36** |
| 算　例 | | (10,20,7) | (10,20,10) | (10,20,20) | (10,40,7) | (10,40,10) | (10,40,20) |
| 算法 | EBGWO | 27.77/**0.34** | **30/0.24** | **30/0.29** | **30/0.41** | **30/0.24** | **30/0.43** |
| | GWOⅡ | 24.27/0.19 | 28.20/0.33 | 24.47/0.19 | 27.20/0.32 | 19.60/**0.32** | 26.90/0.30 |
| | NSGAⅢ | 27.70/0.16 | 28.60/0.08 | **30/0.28** | 27.20/0.16 | 21.67/0.18 | 27.40/0.10 |
| | NSGAⅡ | **27.30/0.31** | **30/0.37** | 28.8/0.27 | 28.37/0.13 | 24.90/0.28 | 21.87/0.18 |
| 算　例 | | (10,60,7) | (10,60,10) | (10,60,20) | (10,80,7) | (10,80,10) | (10,80,20) |
| 算法 | EBGWO | **29.97/0.47** | **30/0.47** | **30/0.77** | **30/0.74** | **30/0.49** | **30/0.18** |
| | GWOⅡ | 20.17/0.39 | 19.77/0.27 | 21.10/0.20 | 23.07/0.26 | 23.87/0.28 | 27.87/0.27 |
| | NSGAⅢ | 21.87/0.03 | 20.70/0.10 | 27.87/0.10 | 20.70/0.07 | 20.07/0.03 | 27.20/0.20 |
| | NSGAⅡ | 19.20/0.14 | 27.20/0.20 | 19.80/0.17 | 27.77/0.16 | 27.90/0.24 | 16.77/**0.37** |
| 算　例 | | (20,20,7) | (20,20,10) | (20,20,20) | (20,40,7) | (20,40,10) | (20,40,20) |
| 算法 | EBGWO | 20.70/0.27 | **30/0.47** | **30/0.37** | **29.80/0.48** | **30/0.30** | **29.97/0.34** |
| | GWOⅡ | 13.77/**0.36** | 27.77/0.32 | 28.67/0.34 | 26.60/0.37 | 24.17/**0.31** | 26.10/**0.40** |
| | NSGAⅢ | **22.17/0.12** | 24.70/0.08 | 27.70/0.11 | 27.10/0.06 | 24.40/0.09 | 22.47/0.16 |
| | NSGAⅡ | 20.07/0.27 | 28.77/0.14 | 28.60/0.2 | 26.40/0.12 | 27.20/**0.31** | 28.07/0.10 |
| 算　例 | | (20,60,7) | (20,60,10) | (20,60,20) | (20,80,7) | (20,80,10) | (20,80,20) |
| 算法 | EBGWO | **29.47/0.48** | **28.70/0.63** | **30/0.43** | **30/0.71** | **30/0.77** | **30/0.41** |
| | GWOⅡ | 21.90/0.32 | 16.27/0.18 | 24.27/0.33 | 21.97/0.22 | 24.70/0.31 | 23.17/0.36 |
| | NSGAⅢ | 22.70/0.10 | 27.37/0.17 | 24/0.14 | 16.97/0.02 | 27.80/0.06 | 26.17/0.17 |
| | NSGAⅡ | 19.70/0.16 | 21.67/0.09 | 24.30/0.1 | 27.27/0.1 | 24.87/0.11 | 26.07/0.09 |

如表 7-19 所示,EBGWO 算法在帕累托解集的数量和质量方面表现优异,只有在求解算例(7,20,7)、(10,20,7)、(20,20,7)时,平均帕累托解的数量不是最优的,在其他算例上,EBGWO 算法与其他算法相比均能获得最多数量的帕累托解。对指标 NR 的结果进行分析,发现 EBGWO 算法在共计 13 个算例上表现一般,在其他 23 个算例上表现较好,能够求得最多的帕累托前沿解的数量。特别是问题规模较大时,如切割板材数量为 20、机加工零件数量为 60 和 80 时,EBGWO 算法在对比算法中表现最优且较稳定。

表 7-20　评价指标(GD/IGD)的平均值

| 算　例 | | (7,20,7) | (7,20,10) | (7,20,20) | (7,40,7) | (7,40,10) | (7,40,20) |
|---|---|---|---|---|---|---|---|
| 算法 | EBGWO | 6.47/8.34 | **3.69**/9.39 | 0.14/1.07 | **7.17**/12.92 | **20.3/29.20** | **10.77/13.37** |
| | GWOⅡ | 4.24/10.77 | 4.03/10.20 | 0.62/1.68 | 8.17/**7.13** | 71.47/42.74 | 11.77/20.47 |
| | NSGAⅢ | 7.04/13.07 | 4.00/17.77 | 0.80/1.47 | 18.36/29.28 | 71.70/47.74 | 17.33/28.77 |
| | NSGAⅡ | **3.33/7.41** | 9.97/**9.00** | **0.07/0.03** | 11.13/26.70 | 30.19/73.39 | 17.10/27.06 |
| 算　例 | | (7,60,7) | (7,60,10) | (7,60,20) | (7,80,7) | (7,80,10) | (7,80,20) |
| 算法 | EBGWO | 11.81/**24.49** | **10.12/21.26** | **9.23/17.73** | 23.61/38.02 | 31.41/38.32 | 49.83/**71.73** |
| | GWOⅡ | **11.42**/32.87 | 26.97/28.73 | 23.61/16.70 | **9.79/29.49** | **20.43/37.7** | **47.23**/79.79 |
| | NSGAⅢ | 41.17/61.19 | 22.37/67.46 | 89.69/61.80 | 69.60/129.16 | 74.61/178.84 | 174.37/198.77 |
| | NSGAⅡ | 38.96/69.74 | 30.74/61.70 | 70.39/46.73 | 78.38/110.7 | 67.97/141.87 | 77.80/116.87 |
| 算　例 | | (10,20,7) | (10,20,10) | (10,20,20) | (10,40,7) | (10,40,10) | (10,40,20) |
| 算法 | EBGWO | **7.17/8.71** | 10.77/17.34 | **0.49/1.44** | 7.07/**13.79** | **31.09/42.37** | **13.70/17.63** |
| | GWOⅡ | 14.06/18.27 | **7.36/11.17** | 3.26/2.24 | **6.18**/17.67 | 77.08/61.98 | 27.62/27.04 |
| | NSGAⅢ | 13.13/19.87 | 18.81/29.86 | 4.94/7.71 | 17.27/39.71 | 81.77/107.97 | 30.72/33.93 |
| | NSGAⅡ | 7.16/13.77 | 17.88/20.80 | 4.34/2.82 | 8.90/29.37 | 74.74/60.07 | 47/36.34 |
| 算　例 | | (10,60,7) | (10,60,10) | (10,60,20) | (10,80,7) | (10,80,10) | (10,80,20) |
| 算法 | EBGWO | **11.36/24.27** | **14.92/27.33** | **19.91/42.33** | 18.92/21.62 | **29.27/38.19** | **97.81**/124.10 |
| | GWOⅡ | 16.99/26.92 | 34.80/46.72 | 76.70/60.67 | 17.73/43.08 | 36.66/47.76 | 123.67/146.09 |
| | NSGAⅢ | 70.77/78.18 | 46.47/114.26 | 77.23/107.76 | 149.03/168.76 | 148.14/204.70 | 180.82/277.67 |
| | NSGAⅡ | 47.93/77.17 | 38.37/88.60 | 84.69/104.62 | 64.38/137.37 | 71.08/134.87 | 124.39/**116.64** |
| 算　例 | | (20,20,7) | (20,20,10) | (20,20,20) | (20,40,7) | (20,40,10) | (20,40,20) |
| 算法 | EBGWO | **23.33/24.27** | **18.21**/42.30 | 2.03/16.19 | 9.06/**12.24** | 42.87/**43.16** | **18.86/16.72** |
| | GWOⅡ | 27.70/33.78 | 22.89/**34.86** | **1.32**/17.09 | **7.62**/18.47 | **40.03**/62.67 | 31.82/80.19 |
| | NSGAⅢ | 43.93/70.47 | 47.82/82.91 | 4.01/18.74 | 30.98/67.79 | 110.77/106.91 | 110.19/93.37 |
| | NSGAⅡ | 37.77/48.76 | 38.28/67.91 | 3.30/11 | 19.47/39.70 | 41.79/74.22 | 63.67/82.12 |
| 算　例 | | (20,60,7) | (20,60,10) | (20,60,20) | (20,80,7) | (20,80,10) | (20,80,20) |
| 算法 | EBGWO | **10.66/18.22** | **19.48/33.48** | 37.67/88.66 | **14.13/17.79** | **19.17/44.17** | **71.16/78.11** |
| | GWOⅡ | 16.70/47.69 | 41.84/76.96 | **34.62/44.31** | 37.10/72.71 | 40.16/87.87 | 140.01/171.39 |
| | NSGAⅢ | 43.76/67.97 | 77.30/136.87 | 111.21/178.87 | 221.64/233.79 | 144.02/267.77 | 240.86/381.93 |
| | NSGAⅡ | 34.66/77.40 | 112.83/136.8 | 86.40/114.37 | 71.87/179.78 | 90.83/208.13 | 277.18/267.13 |

从表 7-20 可以看出,EBGWO 算法的指标 GD 平均值在 23 个算例上表现较好,IGD 平均值在 27 个算例上表现最好,表现不好的主要集中在规模较小的算例上。这说明 EBGWO 算法在求解三车间协同调度问题时表现较好,设计的策略有助于改善帕累托解的质量。另外上述性能指标也充分说明了多车间协同调度优化问题与单车间的优化问题相比更加复杂,求解难度更大,并不能用一种算法对所有规模的问题进行求解。

**2. IGD 箱形图分析**

我们知道,IGD 是分析多目标问题求解效果的重要指标之一。由于不同规模的算例共有 36 个,其 IGD 的箱形图没有必要全部展示,因此特别选择了 8 个有代表性的算例,展示其 IGD 指标的箱形图,如图 7-11 所示。

箱形图详细展示了 IGD 指标的分布情况。对于小规模算例,各对比算法的 IGD 指标值分布比较一致,算法之间没有明显的优劣势,且 NGSA Ⅱ 在求解算例(7,20,20)时 IGD 指标表现较好,但在求其他规模算例时表现一般。从大规模算例的箱形图中可以看出 EBGWO 算法的 IGD 指标比较小且分布比较集中,表示本节所设计的智能算法在求解大规模算例时性能显著优于其他对比算法的性能。

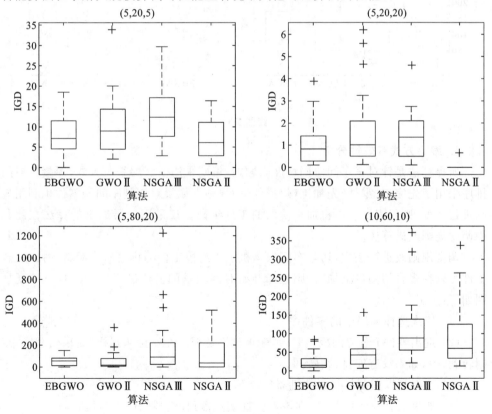

**图 7-11　IGD 的箱形图分析**

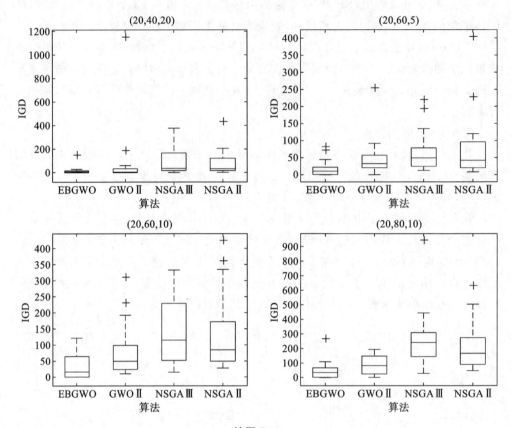

续图 7-11

## 3. 编码方式有效性分析

所提算法是针对三车间协同调度问题的,编码采用了三层编码方式,焊接阶段的排序采用了先完工(零件)先加工(焊接件)的规则。如果对切割车间的零件也利用规则进行调度,则仅需要一层机加工阶段的工件编码。仅采用一层编码的算法在此称为调度规则改进算法。

调度规则改进算法中,切割车间根据机加工阶段工件的排序对应板材的排序,若工件可以在多台切割机上加工,则选择开始时间较早的机器进行加工。具体调度规则如下:

(1) 依次选择编码中的零件序号 $i$;

(2) 选出零件 $i$ 对应的板材 $i'$;判断板材 $i'$ 是否已经安排切割机,如果已经安排,则转到(1),如果没有安排,则转到(3);

(3) 选择可以切割板材 $i'$ 的机器集合 Set;

(4) 如果仅有一台切割机,则该板材直接安排到该切割机上进行切割;

(5) 如果有 2 台以上切割机,则先判断开始时间,选择开始时间较早的机器进行安排；如果有 2 台以上切割机开始时间相同，则计算该零件的完工时间，选择完工时间较早的机器进行加工；如果开始时间与完工时间均相同的机器有 2 台以上，则优先安排编号较小的一台；

（6）依次循环，直到所有的板材均被安排好切割机。

三层编码的 EBGWO 算法与单层编码的 EBGWO 算法（RBGWO 算法）、单层编码的 GWO 算法（RGWO 算法）、单层编码的 NSGA Ⅲ（RNSGA Ⅲ）、单层编码的 NSGA Ⅱ（RNSGA Ⅱ）分别运行 20 次，求解 36 个不同规模的算例，得到 GD 和 IGD 指标的平均值如表 7-21 所示。

**表 7-21　评价指标（GD/IGD）的平均值**

| 算　　例 | | (7,20,7) | (7,20,10) | (7,20,20) | (7,40,7) | (7,40,10) | (7,40,20) |
|---|---|---|---|---|---|---|---|
| 算法 | EBGWO | **7.72/0** | **0/0** | **0/0** | **10.16/9.88** | **3.86/0** | **1.33/0** |
| | RBGWO | 20.19/34.08 | 119.18/406.69 | 288.2/483.79 | 39.97/73.06 | 117.09/424.18 | 76.77/407.71 |
| | RGWO | 27.32/34.07 | 123.11/419.02 | 411.08/483.72 | 26.41/76.9 | 141.14/406.7 | 78.07/427.49 |
| | RNSGA Ⅲ | 40.27/78.14 | 137.61/424.97 | 198.1/474.69 | 67/109.27 | 169.77/747.48 | 167.74/473.3 |
| | RNSGA Ⅱ | 22.47/37.61 | 119.11/409.11 | 186.61/474.69 | 48.17/106.98 | 274.67/444.94 | 179.99/487.29 |
| 算　　例 | | (7,60,7) | (7,60,10) | (7,60,20) | (7,80,7) | (7,80,10) | (7,80,20) |
| 算法 | EBGWO | **4.37/10.11** | **3.9/47.87** | **1.74/0** | 21.46/117.16 | 17.79/**14.22** | 117.78/761.4 |
| | RBGWO | 24.08/41.83 | 37.27/77.42 | 298.47/1786.79 | 47/122.49 | 32.7/71.7 | 82.72/287.33 |
| | RGWO | 70.6/77.18 | 37.19/71.9 | 303.23/1660.68 | **17.37/74.36** | **14.22**/48.29 | **8.87/77.19** |
| | RNSGA Ⅲ | 90.8/126.17 | 67.17/114.98 | 484.88/1820.46 | 124.96/303.23 | 226.49/292.74 | 43.83/286.76 |
| | RNSGA Ⅱ | 43.77/104.9 | 191.23/148.73 | 994.77/1676.27 | 103.77/248.7 | 172.48/289.89 | 19.02/140.37 |
| 算　　例 | | (10,20,7) | (10,20,10) | (10,20,20) | (10,40,7) | (10,40,10) | (10,40,20) |
| 算法 | EBGWO | 3.61/21.28 | **0/16.29** | **0.03/37.73** | 6.76/**19.27** | **11.17/4.98** | **17.63/76.73** |
| | RBGWO | **1.62**/14.39 | 24.7/76.72 | 74.47/127.47 | 11.64/29.79 | 76.38/233.13 | 70.84/278.28 |
| | RGWO | 6.2/**11.34** | 21.63/30.89 | 80.67/132.27 | **4.42**/22.37 | 92.88/234.17 | 42.33/196.64 |
| | RNSGA Ⅲ | 7.81/14.77 | 18.31/73.9 | 77.91/148.06 | 12.97/79.17 | 169.07/268.99 | 68.17/230.77 |
| | RNSGA Ⅱ | 7.24/11.68 | 24.01/39.88 | 32.31/130.14 | 11.01/71.77 | 77.14/280.26 | 101.83/208.94 |
| 算　　例 | | (10,60,7) | (10,60,10) | (10,60,20) | (10,80,7) | (10,80,10) | (10,80,20) |
| 算法 | EBGWO | **6.08/31.94** | **3.82/71.78** | **3.3/17.31** | 29.87/46.3 | 42.2/73.16 | 111.29/634.38 |
| | RBGWO | 16.83/64.83 | 23.08/84.73 | 71.77/246.07 | 21.01/**37.76** | 17.91/78.83 | **37.04/68.07** |
| | RGWO | 24.77/62.44 | 40.43/63.79 | 124.77/216.06 | **7.84**/74.34 | **16.08/43.89** | 90.23/148.38 |
| | RNSGA Ⅲ | 116.03/192.67 | 127.72/191.11 | 147.47/386.2 | 69.74/173.83 | 164.77/238.47 | 91.97/298.18 |
| | RNSGA Ⅱ | 22.47/134.23 | 108.73/180.16 | 73.73/340.24 | 47.77/184.7 | 103.44/237.03 | 163.14/281.67 |

| 算　例 | (20,20,7) | (20,20,10) | (20,20,20) | (20,40,7) | (20,40,10) | (20,40,20) |
|---|---|---|---|---|---|---|
| EBGWO | **20.71/0** | **0/0** | **1.07/0** | **4.76/6.67** | **22.67**/112.7 | **1.17/0** |
| RBGWO | 397.77/419.04 | 194.77/677.77 | 492.94/701.97 | 24.36/72.99 | 44.08/117.83 | 308.21/1676.99 |
| RGWO | 716.97/472.4 | 227.22/641.27 | 774.11/712.34 | 27.46/68.7 | 40.7/**98.19** | 436.23/1789.34 |
| RNSGAⅢ | 472.18/467.69 | 183.74/609.73 | 407.94/716.01 | 22.87/91.72 | 89.79/223.32 | 314.93/1724.97 |
| RNSGAⅡ | 638.17/447.87 | 241.03/628.71 | 324.62/722.11 | 33.13/98.96 | 46.77/137.43 | 309.3/1627.33 |

| 算　例 | (20,60,7) | (20,60,10) | (20,60,20) | (20,80,7) | (20,80,10) | (20,80,20) |
|---|---|---|---|---|---|---|
| EBGWO | 12.07/**47.08** | **11.26**/61.88 | 38.39/199.64 | 27.97/**33.66** | **7.37/41.73** | **31.03/0** |
| RBGWO | 13.47/47.47 | 27.43/**76.41** | **17.19/76.64** | 17.87/46 | 80.68/121.16 | 369.17/2014.67 |
| RGWO | **9.74**/76.78 | 37.87/77.7 | 26.11/67.17 | **10.48**/41.64 | 89.32/99.23 | 771.72/1989.87 |
| RNSGAⅢ | 29.37/98.17 | 20.88/101.04 | 33.34/168.64 | 171.02/223.37 | 219.88/374.07 | 674.96/2329.44 |
| RNSGAⅡ | 27.74/102.06 | 47.11/117.22 | 44.34/176.78 | 117.42/270.48 | 174.72/371.04 | 1297.6/2317.93 |

由表 7-21 可以看出,EBGWO 算法与其他单层编码的算法相比,GD 和 IGD 指标大部分都能取得最优,特别是在算例(7,20,10)、(7,20,20)和(20,20,10)求解中,EBGWO 算法的 GD 和 IGD 指标值均为 0,表示该算法所得的解均为该算例的帕累托解,且该算例的帕累托解也均为该算法所求得的。虽然也有部分算例的指标没有取得最优解,但是 GD 指标最优的比例已经达到了 27/36,IGD 指标最优的比例已经达到了 27/36,因此,基于三层编码的 EBGWO 算法比较适用于求解本节所提出的问题。

# 7.4　本章小结

本章研究了切割、机加工、焊接多车间之间的协同调度问题。针对切割与机加工车间之间的协同调度问题,建立了以最小化完工时间为目标的整数规划数学模型,并设计了改进灰狼优化算法进行求解;针对机加工与焊接加工车间之间的协同调度问题,建立了以最小化总完工时间为目标的优化模型,并设计了基于调度规则的改进灰狼优化算法进行求解;针对切割-机加工-焊接三车间协同调度问题,建立双目标数学模型,并设计了基于参考点集的协同奔袭的双目标灰狼优化算法进行求解。

## 本章参考文献

[1]　陈伟达,李剑.基于供应链的协同生产调度研究[J].东南大学学报(哲学社会科

学版),2005(2):18-22.

[2] 吕晓燕. 协同制造执行系统中的关键技术研究[D]. 南京:南京航空航天大学,2005.

[3] 周力. 面向离散制造业的制造执行系统若干关键技术研究[D]. 武汉:华中科技大学,2016.

[4] 李亚白. 面向服务的协同制造执行系统集成与重构技术研究[D]. 南京:南京航空航天大学,2007.

[5] BHATNAGAR R, PANKAJ C, SURESH K. Models for multi-plant coordination[J]. European Journal of Operational Research, 1993, 67(2): 141-160.

[6] TANG L, LIU J, RONG A, et al. A review of planning and scheduling systems and methods for integrated steel production [J]. European Journal of Operational Research, 2001, 133(1):1-20.

[7] BEHNAMIAN J, GHOMI S. A survey of multi-factory scheduling[J]. Journal of Intelligent Manufacturing, 2016, 27(1):231-249.

[8] NADERI B, RUIZ R. A scatter search algorithm for the distributed permutation flowshop scheduling problem [J]. European Journal of Operational Research, 2014, 239(2):323-334.

[9] XU Y, WANG L, WANG S, et al. An effective hybrid immune algorithm for solving the distributed permutation flow-shop scheduling problem [J]. Engineering Optimization, 2013, 46(9):1269-1283.

[10] HALL N, POSNER M. Generating experimental data for computational testing with machine scheduling applications[J]. Operations Research, 2001, 49(6):854-865.

[11] HARIRI A, POTTS C. A branch and bound algorithm for the two-stage assembly scheduling problem[J]. European Journal of Operational Research, 1997, 103(3):547-556.

[12] YAN H, WAN X, XIONG F. A hybrid electromagnetism-like algorithm for two-stage assembly flow shop scheduling problem[J]. International Journal of Production Research, 2014, 52(19):5626-5639.

[13] PAN C, CHEN J. Scheduling alternative operations in two-machine flow-shops[J]. Journal of the Operational Research Society, 1997, 48(5):533-540.

[14] ALLAHVERD A, AL-ANZI F. The two-stage assembly scheduling problem to minimize total completion time with setup times [J]. Computers & Operations Research, 2009, 36(10):2740-2747.

# 第8章  多排料方案下的结构件
# 生产调度优化

多种排料方案下的结构件生产调度优化问题,是指针对需要进行钢板切割下料、机加工、折弯、焊合等加工的金属结构件产品,探讨在尽可能满足约束条件的前提下,怎样安排下料模型,同时安排这些零件在后续加工过程中使用哪些资源及加工先后顺序,以实现产品制造时间及成本等指标方面的优化。通过有效的生产调度,不仅可以使产品总完工时间、延迟时间、加工成本、客户满意度等指标优化,而且可以实现相邻工序的紧密衔接,保持加工过程的顺畅性,同时提高设备利用率,减少加工等待时间,缩短生产周期,降低生产成本,进而提高企业竞争力。

## 8.1  问题描述与分析

在金属结构件生产中,钢板切割下料往往是首道工序。不同类型的数控切割机具有不同的生产能力,例如激光切割机一般能切割 0.15~6 mm 厚的钢板,切割速度达到 20 m/min;等离子切割机可以切割 1~20 mm 厚的钢板,切割速度达到 10 m/min;火焰切割机可以切割 5~200 mm 厚的钢板,切割速度达到 0~700 mm/min。因此,不同材质及板厚的下料模型应选用不同类型的切割机,也就是说,多任务混合下料生产过程具有一定的工艺约束。另外,同一下料模型也可以选用不同类型的切割机,但对应的切割速度是不同的。

不同的下料零件组合在一起形成一个下料模型(cutting pattern),在同一下料模型上所有零件的切割完成时间是相同的。如何安排不同的零件组成同一下料模型,在保证材料利用率的同时,使得后序生产过程中在制品的数量最少,也是多种排料方案下的生产调度优化问题所需解决的关键问题之一;如何安排下料模型在不同切割机上切割,以及如何安排零件在后续不同的机器上加工使得某些生产性能指标最优,是多种排料方案下的生产调度优化问题所要解决的另一关键问题。

### 1. 问题描述

多种排料方案下的生产调度优化问题可以简要描述如下:确定 $N$ 个零件生成 $P$ 个下料模型,并在 $M$ 台不同类型机器上完成加工的生产调度安排,其中下料工序以下料模型为单位,并且同一下料模型在不同切割机下料时其切割速度不一定相同,其他的加工工序以零件为单位,同一零件在不同的并行机器上的加工时间是相同的。

每个零件或下料模型仅需在某一机器上加工一次,优化目标有材料利用率、总完工时间和每台机器的完工时间等。该问题属于带工艺约束的非等同并行机调度问题。

为不失一般性,引入如下假设:不存在因缺人而造成的机器利用率损失;产品合格率为 100%,即不存在重复加工的情况;一旦开始加工就不允许中断;同一种排料方案包含若干个下料模型,并且下料模型之间相互独立;每个零件具有相同的加工优化级;空行程时间忽略不计,即加工时间为实际切割时间和打孔时间;同一零件除下料工序外的其他工序在并行机器上的加工时间是相同的。

多种排料方案下的生产调度优化问题可以用一个二维表来描述,表 8-1 给出了一个 3 工件、2 种排样方案、9 台机器的生产调度优化问题实例,表中的数据显示了工件、排料方案和机器的数目,以及工件包含的工序(其中,$O_{21}$ 表示下料,$O_{22}$ 表示机械加工,$O_{23}$ 表示成形,$O_{24}$ 表示焊接),每道工序在不同机器上的加工时间不尽相同,例如,零件 $J_1$ 在排料方案 $l_1$ 上选择在机器 $M_1$ 和 $M_2$ 上切割的时间为 25 min,但同样是零件 $J_1$ 在排料方案 $l_1$ 上选择在机器 $M_3$ 上切割的时间为 35 min。零件 $J_1$ 在排料方案 $l_2$ 上选择在机器 $M_1$ 和 $M_2$ 上切割的时间为 35 min。加工时间为 $\infty$,表示此工序无法在该机器上加工。问题目标是选择一种合理排样方案,分配零件在各工序 $O_{ij}$ 到可用机器上并在机器上排序加工,使得各个优化目标(例如材料利用率、最后完工工件的完工时间、最大负荷等)最优。

表 8-1　3 工件、9 台机器加工的实例

| 工件 | 加工工序 | 机器加工时间/min | | | | | | | | |
| --- | --- | --- | --- | --- | --- | --- | --- | --- | --- | --- |
| | | $M_1$ | $M_2$ | $M_3$ | $M_4$ | $M_5$ | $M_6$ | $M_7$ | $M_8$ | $M_9$ |
| $J_1$ | $O_{11}$ | $l_1-25/$ $l_2-35$ | $l_1-25/$ $l_2-35$ | $l_1-35/$ $l_2-45$ | $\infty$ | $\infty$ | $\infty$ | $\infty$ | $\infty$ | $\infty$ |
| | $O_{13}$ | $\infty$ | $\infty$ | $\infty$ | $\infty$ | $\infty$ | 6 | 4 | $\infty$ | $\infty$ |
| | $O_{14}$ | $\infty$ | $\infty$ | $\infty$ | $\infty$ | $\infty$ | $\infty$ | $\infty$ | 8 | 10 |
| $J_2$ | $O_{21}$ | $l_1-40/$ $l_2-45$ | $l_1-40/$ $l_2-45$ | $\infty$ | $\infty$ | $\infty$ | $\infty$ | $\infty$ | $\infty$ | $\infty$ |
| | $O_{22}$ | $\infty$ | $\infty$ | $\infty$ | 12 | 11 | $\infty$ | $\infty$ | $\infty$ | $\infty$ |
| | $O_{23}$ | $\infty$ | $\infty$ | $\infty$ | $\infty$ | $\infty$ | 20 | 20 | $\infty$ | $\infty$ |
| | $O_{24}$ | $\infty$ | $\infty$ | $\infty$ | $\infty$ | $\infty$ | $\infty$ | $\infty$ | 8 | 10 |
| $J_3$ | $O_{31}$ | $l_1-35/$ $l_2-28$ | $l_1-35/$ $l_2-28$ | $l_1-48/$ $l_2-40$ | $\infty$ | $\infty$ | $\infty$ | $\infty$ | $\infty$ | $\infty$ |
| | $O_{32}$ | $\infty$ | $\infty$ | $\infty$ | 9 | 8 | $\infty$ | $\infty$ | $\infty$ | $\infty$ |
| | $O_{34}$ | $\infty$ | $\infty$ | $\infty$ | $\infty$ | $\infty$ | $\infty$ | $\infty$ | 8 | 10 |

**2. 问题分析**

如前所述,不同的零件组合在一起形成一个下料模型,在同一下料模型上所有的零件的下料加工完成时间是一致的,不同的排料方案会使后序生产过程中在制品的数量不同,并且材料利用率也不同。因此,在金属结构件生产调度前,针对同一组零件排料时会提供多种排料方案,在生产调度时综合考虑各种因素从这些排料方案中选择一种合理的排料方案,可以降低其生产过程中在制品的数量,从而降低金属结构件的生产成本。换句话说,金属结构件生产调度优化问题是需要考虑多种排料方案的生产调度优化问题,该问题属于多目标柔性作业车间调度问题。由于多目标柔性作业车间调度问题是传统作业车间调度问题的一种扩展,它不仅要解决工件加工路径和加工顺序问题,还要考虑材料利用率问题,因此问题的复杂性大大增加。另外,多目标柔性作业车间调度问题在求解过程中并不存在一种使所有优化目标都达到最优的方案,甚至有些目标之间是相互冲突和矛盾的,如何对各个目标进行权衡取舍是多目标柔性作业车间调度问题所需要考虑的[1]。如何求解多目标柔性作业车间调度问题已成为调度问题领域最难的组合优化问题之一,既要考虑调度方法又要考虑方案评判的决策方法。

多种排料方案下的生产调度优化问题是一种多目标优化问题,目前国内外尚没有相关文献对该问题进行论述、建模和求解。传统多目标优化问题的求解方法是基于权重,将多目标优化问题转换为单目标优化问题,然后利用单目标优化方法来求解。传统多目标问题求解策略[2]有如下几种。

分量加权法:把多目标函数 $\boldsymbol{F}(x)=[f_1(x)\ \ f_2(x)\ \ \cdots\ \ f_m(x)]^\mathrm{T}$ 的各个分量 $f_i(x)$ 按一定的准则加权后以某种方式进行求和,构造新评价函数;再对新的评价函数进行单目标极小化。常用的分量加权法有线性加权和法、平方和加权法、统计加权和法和变动权系数法。

分量最优化法:把多目标问题归结为求其各个分量的单目标最小化问题,对于极小化分量函数进行不同处理,形成不同方法。常用的分量最优化法有主要目标法和恰当约束法。

构造函数法:根据多目标问题的特殊性,构造一些特殊函数对优化问题进行求解。常用的构造函数法有分量乘除法和功效系数法。

淘汰方案法:首先对于给定的备选方案规定某一淘汰准则,然后逐步淘汰掉劣方案,最后留下满意方案。设定不同的淘汰准则,可形成不同的方法。常用的淘汰方案法有线性加权和淘汰法和优劣系数淘汰法。

目的规划法:首先给出各分量函数的目的值,然后按某种尺度使各分量与相应的目的值尽可能接近。常用的目的规划法有理想点法、最大最小原理法和目标规划法。

分量排序法:对多目标函数的各个分量函数按其重要程度排出次序,然后依此次序逐个进行最优化,最后求出满意解集。常用的分量排序法有简单排序法和宽容排序法。

传统方法的优点在于其继承了求解单目标优化问题的一些成熟算法的机理,但是这些方法由于对 Pareto 最优前沿的形状很敏感,不能处理前沿的凹部,并且求解问题所需的与应用背景相关的启发式知识信息很少,导致优化效果差,特别是对于大规模优化问题,这些多目标优化方法很少真正能被使用[3]。由于现实问题的复杂性,一般来说要想精确求得 Pareto 最优集是不可能的,因此目前有关多目标优化算法方面的主要工作集中在如何求得 Pareto 最优集的近似集。为此,研究者提出了一系列的随机优化技术,如进化算法、模拟退火算法、蚁群算法、禁忌搜索算法、微粒群算法等,这些算法通常不能保证找到真实的 Pareto 最优集,但可以找到 Pareto 最优集的近似集。针对多种排料方案下的生产调度优化问题的特性,本章设计了一种蚁群-递阶遗传算法。

## 8.2　多种排料方案下的生产调度优化问题建模

为了对问题进行简化,针对多种排料方案下的生产调度优化问题模型,做如下假设:

(1) 同一组零件有多种排料方案,不同的排料方案下材料利用率也不相同;

(2) 在同一张板材或下料模型上的零件的切割时间相同;

(3) 在 $t=0$ 时刻,所有零件都可被加工;

(4) 在 $t=0$ 时刻,所有机器都可用;

(5) 每个工件的加工工序必须按照先后顺序加工;

(6) 在任意时刻任一工件都只能在一台可用机器上加工;

(7) 每道工序在可用机器上的加工时间不尽相同且已经确定;

(8) 工件的加工过程一旦开始就不允许中断,即工件的加工采用非抢点的方式进行。

为描述方便,引入如下符号。

$i$:零件索引。

$I$:零件总数。

$j$:工序索引。

$J_i$:零件 $i$ 的加工工序集合。

$l$:排料方案索引。

$l\_n$:排料方案 $l$ 所包含下料模型索引。

$m$:可用机器索引。

$M$:可用机器数量。

$P_{l_n}$:排料方案 $l$ 第 $n$ 个下料模型。

$LN$:排料方案 $l$ 所包含下料模型个数。

$S\_part_i$:零件 $i$ 的面积。

$S\_layout_{l\_n}$:排料方案 $l$ 第 $n$ 个下料模型的面积。

$SM_{ij}$:零件 $i$ 的第 $j$ 道工序可用机器集合。

$LR_i$:零件 $i$ 的切割长度。

$VP_{l\_nm}$:下料模型 $P_{l\_n}$ 在机器 $m$ 上的切割速度。

$Pn_{l\_n}$:下料模型 $P_{l\_n}$ 所包含的零件个数。

$Ph_{l\_n}$:下料模型 $P_{l\_n}$ 需要打孔的个数。

$tp_{l\_nm}$:下料模型 $P_{l\_n}$ 在机器 $m$ 上的切割时间。

$ST_{ijm}$:零件 $i$ 的第 $j$ 道工序在机器 $m$ 上加工的开始时间。

$t_{ijm}$:零件 $i$ 的第 $j$ 道工序在机器 $m$ 上的加工时间。

$CT_i$:零件 $i$ 的完工时间。

$C_{ijm}$:零件 $i$ 的第 $j$ 道工序在机器 $m$ 上的完工时间。

$\omega_{ij}$:零件 $i$ 的第 $j$ 道工序的加工权系数。

决策变量如下:

$$z_{ijm} = \begin{cases} 1, & \text{零件 } i \text{ 的第 } j \text{ 道工序选择在机器 } m \text{ 上加工} \\ 0, & \text{否则} \end{cases}$$

$$Y_l = \begin{cases} 1, & \text{排样方案 } l \text{ 被选中} \\ 0, & \text{否则} \end{cases}$$

目标函数如下。

①材料损失率最小:

$$f_1 = \min\left\{1 - \frac{\sum\limits_{i=1}^{I} S\_part_i}{\sum\limits_{l\_n=1}^{LN} S\_layout_{l\_n}} Y_l\right\} \tag{8.1}$$

②最后完工工件的完工时间最短:

$$f_2 = \min\left(\max_{i=1}^{I} CT_i\right) \tag{8.2}$$

③最大负荷最小:

$$f_3 = \min\left(\max_{m=1}^{M} \sum_{i=1}^{I} \sum_{j \in J_i} t_{ijm} z_{ijm}\right) \tag{8.3}$$

约束条件:

$$R_i \cap R_j = \varnothing, \quad i, j = 1, 2, \cdots, n \tag{8.4}$$

$$R_i \subseteq S\_layout_l, \quad i = 1, 2, \cdots, I \tag{8.5}$$

$$\sum_{m \in SM_{ij}} z_{ijm} = 1 \tag{8.6}$$

$$c_{x1m} = c_{y1m} = c_{l\_n1m}, \quad x, y \in [1, I], R_x, R_y \in P_{l\_n} \tag{8.7}$$

$$SM_{ij} \in M, \quad SM_{ij} \neq \varnothing \tag{8.8}$$

$$\mathrm{ST}_{ijm} \geqslant \mathrm{ST}_{i(j-1)m} + t_{i(j-1)m} \tag{8.9}$$

$$\mathrm{tp}_{l\_nm} = \frac{\sum\limits_{R_i \in P_{l\_n}} \mathrm{LR}_i}{\mathrm{VP}_{l\_nm}} + \mathrm{Pn}_{l\_n} \times 0.5 + \mathrm{Ph}_{l\_n} \times 0.3 + 5 \tag{8.10}$$

$$C_{ijm} = \mathrm{ST}_{ijm} + \omega_{ij} t_{ijm} \tag{8.11}$$

$$\mathrm{CT}_i = \max_{j \in J_i} C_{ijm} z_{ijm} \tag{8.12}$$

$$\mathrm{ST}_{ojm} \geqslant \mathrm{ST}_{ijm} + t_{ijm} \bigcup \mathrm{ST}_{ijm} \geqslant \mathrm{ST}_{ojm} + t_{ojm} \tag{8.13}$$

其中:约束式(8.4)表示零件 $R_i$ 和 $R_j$ 互不重叠。约束式(8.5)表示零件 $R_i$ 均排在钢板 $S$ 内。约束式(8.6)表示零件某道工序只能在一台机器上加工。约束式(8.7)表示同一下料模型的零件 $x$ 和零件 $y$ 下料完成时间与零件 $x$ 和 $y$ 所在的下料模型 $P_{l\_n}$ 的完工时间相同。约束式(8.8)表示加工过程含有特殊工艺约束,即零件 $i$ 的第 $j$ 道工序可用机器集合 $\mathrm{SM}_{ij} \in M, \mathrm{SM}_{ij} \neq \varnothing$。约束式(8.9)表示加工顺序,即约束每一个工件的工序是按顺序完成的,也就是说必须在上一道工序完成后才能进行下一道工序加工,不可以先进行下一道工序的加工。约束式(8.10)包括四部分,其中第一部分表示切割零件的时间,第二部分表示零件收件时间,第三部分表示打孔时间(每个孔的打孔时间为 1 min),第四部分表示钢板放置时间。约束式(8.11)表示每个零件在每道加工工序上的完工时间。约束式(8.12)表示每个零件的完工时间。约束式(8.13)表示机器约束,即一台机器工作时,至多只能加工一个工件,不能同时加工两个工件。

在研究该问题时,随着问题规模的增大,问题的解也变得很复杂,甚至无法通过传统的优化方法来求解,并且该问题已被证明是 NP 难题。因为蚁群算法具有简单通用、鲁棒性强等优点,所以我们先利用蚁群算法选择一套排料方案。由于递阶遗传算法对初始值的依赖性小,对目标函数没有连续性、凸凹性和线性要求,而且具有较强的全局性搜索能力,因此我们利用递阶遗传算法作为主算法来求解该问题。

# 8.3　基于蚁群算法与递阶遗传算法的求解框架

## 8.3.1　算法概述

蚁群优化(ant colony optimization,ACO)算法简称蚁群算法,又称蚂蚁算法,是一种用来在途中寻找优化路径的概率型算法。它由 Marco Dorigo[4] 于 1992 年在他的博士论文中提出,其灵感来源于蚂蚁在寻找食物过程中发现路径的行为,即各个蚂蚁在没有事先告诉它们食物在什么地方的前提下开始寻找食物,当一只蚂蚁找到食物以后,它会向环境释放一种挥发性分泌物——pheromone,称为信息素,该物质随着时间的推移会逐渐挥发消失,信息素浓度的大小表征路径的近远。信息素会吸引其他蚂蚁过来,这样越来越多的蚂蚁会找到食物。有些蚂蚁并没有像其他蚂蚁一样总重复同样的路径,它们会另辟蹊径,如果另开辟的道路比原来的道路更短,渐渐地更多的蚂蚁会被吸引到这条较短的路上。经过一段时间,最后可能会出现一条被大多数蚂蚁重复的最短的路径[5,6]。

递阶遗传算法(hierarchical genetic algorithm,HGA)是 Man 和 Tang 等根据染色体中基因结构存在递阶形式而提出的,即一些基因的活动被另一些基因控制。该算法中的染色体可表示为包括控制基因和参数基因的递阶结构,参数基因处于最低级,控制基因处于上级,下级基因受上级基因控制[7,8]。利用这种方法的递阶结构能够达到解决工程问题的目的。

多种排料方案下的生产调度优化问题属于多目标柔性作业车间调度问题,该问题不仅包括路径选择问题和加工排序问题,还包括下料优化问题。对于该问题的求解,我们采用分解法和集成法两种方法,设计一种蚁群-递阶遗传算法(ACGA)求解该问题。首先,采用分解法分别考虑排料方案选择问题(下料优化)和生产调度优化问题,然后采用集成法同时考虑路径选择和排序两个子问题。其中,利用本课题组开发的专业排料软件(SmartNest)对待下料零件进行排料,并提供多种不同的排料方案。例如,将一组零件放置在 2500 mm×6000 mm 和 2200 mm×8000 mm 两种规格不同的板材上,其排料方案是不一样的。另外,选用不同的排料算法(例如包络矩形算法、真实形状算法等)将一组零件放置在同规格板材上,其排料方案也是不同的。用蚁群算法选择一种合理的排料方案,然后基于该排料方案,用递阶遗传算法求解路径选择和加工排序问题,其求解流程如图 8-1 所示。

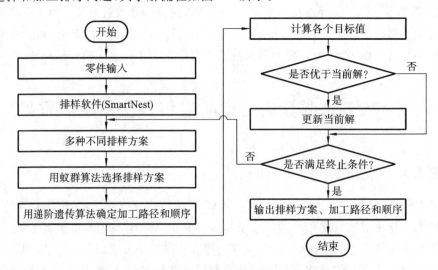

图 8-1　多排料方案下的生产调度优化问题求解流程

### 8.3.2 蚁群算法选择排料方案

所有待下料零件被分成若干个小组,每个小组可以在不同规格的板材上排料,进而得到不同的排料方案。这些排料方案并不是材料利用率越高越好,因为选用材料利用率高的排料方案有可能造成其他优化目标(例如,最大负荷、零件最大完工时间)不理想,从而造成整体的优化目标不好。所以在选择排料方案时,应统筹考虑全局优化目标,而并不是一味选择材料利用率高的排料方案。根据目标函数及约束条件的特征,排料方案选择问题构造图设计如图 8-2 所示。现有 $G$ 组零件需要下料,可以将 $G$ 组待下料零件变成 $G$ 级决策问题。每个节点 $\{y_{lg} \mid l=1,2,\cdots,L; g=1,2,\cdots,G\}$ 表示第 $g$ 小组零件的第 $l$ 套排料方案。

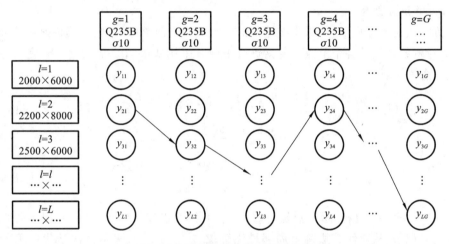

图 8-2 排料方案选择问题构造图

#### 1. 选择路径

蚁群在各节点间移动,并留下一定量的信息素,以此影响下一批蚁群的移动方向。$\tau_{y_{lg}}(t)$ 表示 $t(t=1,2,3,\cdots)$ 时刻各节点的信息素量,开始时刻的信息素量 $\tau_{y_{jm}}(0)=\varepsilon(\varepsilon$ 是一个很小的正实数)。在 $t$ 时刻将 $N_{\text{ant}}$ 只蚁群放置在图 8-2 第一小组各个节点上,然后每只蚁群根据下一级节点上的信息素和启发式因子独立地选择下一级某一节点,直到不能向前移动为止。$p_{y_{lg}y_{z(g-1)}}^{k}(t)$ 表示蚁群 $k(k=1,2,\cdots,N_{\text{ant}})$ 在 $t$ 时刻的状态转移概率,其表达式为

$$p_{y_{lg}y_{z(g+1)}}^{k}(t) = \begin{cases} \dfrac{\left[\tau_{[y_{lg}][y_{z(g+1)}]}(t)\right]^{\alpha}\left[\eta_{[y_{lg}][y_{z(g+1)}]}(t)\right]^{\beta}}{\displaystyle\sum_{r\notin\text{allowed}_k}\left[\tau_{r(g+1)}(t)\right]^{\alpha}\left[\eta_{r(g+1)}(t)\right]^{\beta}}, & y_{z(g+1)}\notin\text{tabu}_k \\ 0, & \text{其他} \end{cases} \quad (8.14)$$

式中:$\text{tabu}_k$ 表示蚁群 $k$ 的禁忌表,其记录当前走过的节点所选择的排料方案;$\alpha$ 为信息启发式因子,其值越大,该蚁群越倾向于选择其他蚁群经过的路径,蚁群之间的协

作能力越强;$\beta$为期望式启发因子,反映了启发信息在蚂蚁选择路径中的受重视程度,其值越大,说明状态转移概率越接近贪心规则[9-11];$\eta_{[y_{lg}][y_{z(g+1)}]}(t)$为蚂蚁选择节点$y_{z(g+1)}$的期望值,其值可由式(8.15)获得,$\eta_{[y_{lg}][y_{z(g+1)}]}(t)$越大,下一小组$g+1$选择排料方案$z$的可能性越大。

$$\eta_{[y_{lg}][y_{z(g+1)}]}(t) = \frac{1}{\sqrt{(100\mu_{lm} - 100\mu_{z(g+1)})^2 + (q_{lg} - q_{z(g+1)})^2}} \qquad (8.15)$$

其中:$\mu_{lg}$为当前节点第$g$小组第$l$套排料方案的材料利用率;$\mu_{z(g+1)}$为下一节点第$g+1$小组第$z$套排料方案的材料利用率;$q_{lg}$为当前节点第$g$小组第$l$套排料方案要用到的板材数量;$q_{z(g+1)}$为下一节点第$g+1$小组第$z$套排料方案要用到的板材数量。

**2. 更新信息素**

待一次迭代结束后,如果本次迭代最好解优于当前最好解,则用其替换当前最好解,并对蚂蚁经过的各个节点信息素进行更新。采用式(8.16)至式(8.18)完成各个节点信息素更新:

$$\tau_{[y_{lg}][y_{z(g+1)}]}(t+1) = (1-\rho)\tau_{[y_{lg}][y_{z(g+1)}]}(t) + \Delta\tau_{[y_{lg}][y_{z(g+1)}]}(t) \qquad (8.16)$$

$$\Delta\tau_{[y_{lg}][y_{z(g+1)}]}(t) = \sum_{k=1}^{N_{ant}} \Delta\tau_{[y_{lg}][y_{z(g+1)}]}^k(t) \qquad (8.17)$$

$$\Delta\tau_{[y_{lg}][y_{z(g+1)}]}^k = \begin{cases} \dfrac{Q}{Z_K}, & \text{如果蚂蚁 } k \text{ 经过节点 } y_{z(g+1)} \\ 0, & \text{其他} \end{cases} \qquad (8.18)$$

式中:$\rho(0<\rho<1)$为信息素的蒸发系数,$1-\rho$为信息素残缺因子,该参数用于防止信息的无限积累,从而使算法跳出局部最优解;$\Delta\tau_{[lg][z(g+1)]}^k(t)$表示本次迭代中第$k$只蚂蚁在节点$y_{z(g+1)}$上的信息素增量;$\Delta\tau_{[lg][z(g+1)]}(t)$表示本迭代环中蚂蚁在节点$y_{z(g+1)}$上的信息素增量;$Z_K$表示第$k$只蚂蚁在本次迭代中选择排料方案后的优化目标值;$Q$表示信息素强度,它在一定程度上影响算法的收敛速度。

排料方案选择问题的蚁群算法如算法8-1所示。

**算法 8-1　排料方案选择问题的蚁群算法**

Step 1:初始化;

　　设置相关参数:$\alpha$、$\beta$、$\rho$、$\varepsilon$、NC$_{max}$(最大迭代次数)、Q、N$_{ant}$(蚂蚁数量)。

Step 2:生成 N$_{ant}$只蚂蚁并放置在第一级节点上($y_{1g}$,g=1,l=1,2,…,L);

Step 3:for NC=1:NC$_{max}$

　　for k=1:N$_{ant}$

　　　for g=2:G

　　　　按式(8.14)和式(8.15)计算状态转移概率并选择下一组的节点;

　　　　如果蚂蚁没有能够走完所有小组,则将该蚂蚁 k 所选择的节点放入的禁忌表 tabu$_k$;

```
    End;

    End;

Step 4:计算本次迭代的最好解,如果优于当前的最好解,则用其替换当前的最好解;

Step 5:按式(8.16)至式(8.18)更新各个节点的信息素量;

Step 6:if NC<NCmax

    NC=NC+1;

    返回 Step 2;

        Else

    输出选择排样方案;

    End;

End;
```

　　蚁群算法是一种并行算法,该算法中每只蚁蚁搜索的过程彼此独立,仅通过信息素进行通信。它可以在问题空间的多点同时开始进行独立的解搜索,不仅增加了算法的可靠性,也使得算法具有较强的全局搜索能力。与此同时,蚁蚁能够最终找到最优排料方案,直接依赖于最优方案上信息素的堆积,而信息素的堆积是一个正反馈的过程,这个正反馈的过程使得初始方案的不同得到不断扩大,同时又引导整个系统向最优解的方向进化,即蚁群算法的求解结果不依赖于初始方案的选择,而且在搜索过程中不需要进行人工调整。另外,蚁群算法的参数数目少,设置简单,所以采用蚁群算法选择排料方案是一种较优的解决方案。

### 8.3.3　递阶遗传算法求解调度方案

　　调度方案求解问题要比排料方案选择问题复杂度高出许多,由于递阶遗传算法对初始值的依赖性小,对目标函数没有连续性、凸凹性和线性要求,且具有较强的全局性搜索能力[12],因此我们利用递阶遗传算法求解调度方案。

#### 1. 编码与解码

　　对于调度优化问题,若初始解直接采用二进制编码,那么得到的染色体将会十分复杂,而且在交叉和变异操作时也很困难,所以我们采用自然数编码方式进行编码。

　　图 8-3 给出了表 8-1 所提到的例子(3 个工件经 4 道工序在 9 台不同机器上加工)的编码方案。控制基因代表零件加工顺序,其中,该基因中每个数值从右边数第一位表示加工工序,其余若干位表示零件编号。如图 8-3 所示,零件的加工顺序依次是:零件 1 下料→零件 3 下料→零件 2 下料→零件 2 成形→零件 3 成形→零件 2 机加工→零件 1 机加工→零件 3 焊接→零件 1 焊接→零件 2 焊接。参数基因表示零件加工路径选择,即零件所经每道工序选择在哪台机器上加工。参数基因值取 1,表示选取的机器为 M1;参数基因值取 2,表示选取的机器为 M2,以此类推。图 8-3 中零

件对应控制基因所给出的加工顺序分别选取机器 M1、M1、M2、M5、M4、M6、M7、M8、M8 和 M9。每个参数基因解码对应一个问题的决策变量 $z_{ijm}$。

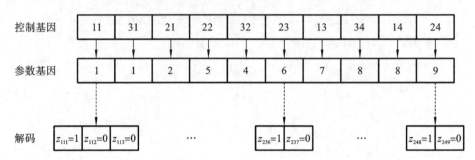

图 8-3　编码与解码方法

### 2. 初始化种群

首先将生产调度优化问题分解为确定零件加工顺序和选择加工路径两个子问题;然后采用启发式规则确定零件加工顺序(控制基因),即先将所有零件按其加工工序排序,若工序相同,则再随机产生一组(假设产生 $N_{ind}$ 个)加工顺序,这样就可以得到 $N_{ind}$ 个可行加工序列,其中 $N_{ind}$ 表示种群的大小;最后给每个可行加工序列中每个零件的每道工序随机分配一台可用机器。

注意:同一下料模型的零件在下料工序可视为一个整体,不能分开,一起组焊的零件同样在焊合工序不能分开,即同一下料模型的零件分配在同一台切割机上加工,一起组焊的零件分配在同一台机器上焊接。

### 3. 个体适应度

在算法迭代过程中,必须对个体进行评价,因此如何计算个体的适应度是实现算法的关键因素之一[13]。我们所提出的递阶遗传算法中的个体适应度由每个个体所在的 Pareto 阶层和同一阶层个体之间的相似程度决定。

Pareto 阶层由非支配解和 Pareto 集合等概念衍生而来。首先检查种群中每个个体解的占优性。一个个体的解 $i$ 的等级 $r_i$ 等于 1 加上优于它的解的个数 $n$,即 $r_i = n+1$。由于种群中没有优于非劣解的解,因此非劣解的等级等于 1。种群中至少有一个个体解的等级等于 1,任何一个个体解的等级 $r_i$ 不可能大于 $N$($N$ 是种群大小)。

为了保持非劣解中解的多样性,通过评价个体之间的相似程度,来调整相似程度较高个体中较劣的个体的适应度,使较劣的个体具有更低的被保留的概率,从而在一定相似范围内以较大的概率保留范围内的最优解。我们采用基于共享机制(sharing)的小生境方法[14]实现相似个体适应值的调整。

共享函数是评价种群中两个个体之间相似程度的函数,可记为 $Sh(d_{ij})$,其中 $d_{ij}$ 表示个体 $i$ 和个体 $j$ 之间的欧氏距离,其值可由式(8.19)求得。共享函数值比较大,表示个体之间比较相似;共享函数值比较小,表示个体之间不太相似。

$$d_{ij} = \sqrt{\sum_{k=1}^{K} \left( \frac{f_k^{(i)} - f_k^{(j)}}{f_k^{\max} - f_k^{\min}} \right)^2} \tag{8.19}$$

式中：$f_k^{\max}$ 和 $f_k^{\min}$ 分别表示第 $k$ 个目标函数的最大值和最小值。

我们采用的共享函数如下：

$$\mathrm{Sh}(d_{ij}) = \begin{cases} 1 - \left( \dfrac{d_{ij}}{\sigma_{\mathrm{share}}} \right)^{\alpha}, & d_{ij} < \sigma_{\mathrm{share}} \\ 0, & \text{其他} \end{cases} \tag{8.20}$$

式中：$\alpha = 1$。小生境数就是共享函数值之总和，即

$$\mathrm{nc}_i = \sum_{j=1}^{\mu(r_i)} \mathrm{Sh}(d_{ij}) \tag{8.21}$$

式中：$\mu(r_i)$ 表示个体 $i$ 所在 Pareto 阶层的所有个体数。

个体适应度可以由将 Pareto 阶层与小生境数代入公式（8.22）获得。

$$\mathrm{fitness}(i) = \frac{\exp(-1/r_i)}{\mathrm{nc}_i} \tag{8.22}$$

**4. 选择**

选择算子的作用是将群体中适应度较高的个体以较大的概率保留，同时为了在一定程度上增加群体的多样性，对部分适应度较差的个体也予以保留。采用轮盘赌选择方法[15]，即个体每次被选中的概率与其在整个种群中的相对适应度成正比例关系，完成选择操作，具体步骤如下。

Step 1：将种群中所有个体的适应度相加求总和 $F_{\mathrm{sum}}$；

Step 2：用式（8.23）计算每个个体被选中的概率；

$$p_i = \frac{\mathrm{fitness}(i)}{F_{\mathrm{sum}}} \tag{8.23}$$

Step 3：$s \leftarrow \mathrm{rand}()$，如果 $\sum_{j=1}^{i-1} p_j \leqslant s < \sum_{j=1}^{i} p_j$，将个体 $i$ 复制到下一代；

Step 4：重复 Step 3 $N_{\mathrm{ind}}$ 次后结束。

如果个体 $i$ 的适应度较高，那么区间 $\left[ \sum_{j=1}^{i-1} p_j, \sum_{j=1}^{i} p_j \right]$ 比较长，则随机变量 $s$ 落入该区间的概率较大，因此个体 $i$ 被保留的概率也较大。

**5. 交叉**

针对控制基因的交叉操作采用多点交叉与启发式算子相结合的交叉方法，如图 8-4 所示。

其基本原理如下：假设有 $n$ 个零件需要加工，现有两个父代个体 A 和 B，随机选择在范围内的两个交叉点 $x$ 和 $y$（$x < n$，$y < n$）。分别在父代个体 A 上找到与 $x$ 相关基因的位置、在父代个体 B 上找到与 $y$ 相关基因的位置。生成一子代个体 A$'$，首先给定父代个体 A 上与 $x$ 相关的基因，并保持位置不动，剩余的位置按照父代个体 B 基因的顺序依次填入父代个体 B 中除与 $x$ 相关的基因。同样地，生成一子代个体

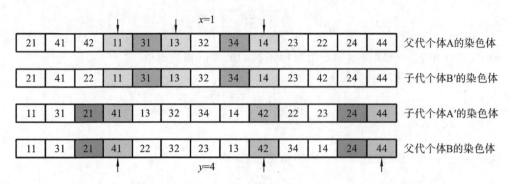

**图 8-4　控制基因交叉操作示意图**

B′,首先给定父代个体 B 上与 $y$ 相关的基因,并保持位置不动,剩余的位置按照父代个体 A 基因的顺序依次填入父代个体 A 中除与 $y$ 相关的基因。在填入其他基因过程中,应注意同一个零件的加工顺序不能改变。若某零件的后一加工工序的基因位置在前一加工工序基因位置的前面,则将这两个基因的位置互换。

如图 8-4 所示,两个父代个体 A 和 B,其中零件 1 和零件 3 是同一下料模型和一起组焊的,零件 2 和零件 4 是同一下料模型和一起组焊的,也就是说,基因 21 和 41、11 和 31、34 和 14、24 和 44 是一体不能分开的。首先,随机选择两个交叉点 1 和 4,在父代个体 A 上找到与 1 相关基因的位置(11、13、14 及 31 和 34),并保持原有位置,剩余的位置按照父代个体 B 基因的顺序依次填入父代个体 B 除基因 11、13、14 及 31 和 34 外的其他基因,这样得到一个子代个体 A′。以同样的方法,在父代个体 B 上找到与 4 相关基因的位置(41、42、44 及 21 和 24),并保持原有位置,剩余的位置按照父代个体 A 基因的顺序依次填入父代个体 A 除基因 41、42、44 及 21 和 24 外的其他基因,这样得到一个子代个体 B′。根据上述法则得到两个子代个体 A′和 B′。采用部分交叉法能够避免产生非法个体。

需要注意的是,若被选择的交叉点与多个零件在同一下料模型上,则该下料模型上所有零件下料工序被视为一体,不能被拆分。另外,一起组焊的相关零件也被视为一体。

若对参数基因进行交叉操作,则容易产生非法解。例如,某染色体零件 1 第一道工序和零件 2 第三道工序分配的机器分别为 M1 和 M6,若这两个位置进行交换,那么零件 1 第一道工序则被分配在机器 M6 上加工,但实际上零件 1 第一道工序不能在机器 M6 上加工,所以这里提出的交叉操作只适用于控制基因。

**6. 变异**

对于控制基因,采用换序变异,即随机选择基因串上的两个位置,将这两个位置上的基因进行交换。由于同一个零件的加工顺序不能改变,因此若某零件的后一加工工序的基因位置在前一加工工序基因位置的前面,则将这两个基因的位置互换。如图 8-5 所示,随机选择父代个体 A 染色体的 6 和 10 两个位置,将这两个位置的基因(13 和 23)互换,得到一个新的染色体。检查该染色体发现零件 2 的第三道工序(基因 23)在该零件第二道工序(基因 22)的前面,将这两个基因的位置互换,得到一个可行的染色体,即子代个体 A′的染色体。

　　注意:若被选择的变异点与多个零件在同一下料模型上,则该下料模型上所有零件的下料工序被视为一体,不能被拆分。另外,一起组焊的零件也被视为一体。

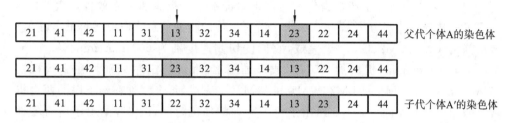

图 8-5　控制基因变异操作示意图

　　对于参数基因,采用整数变异,即对每一个基因以一定的概率用一整数 $k$($k$ 为可以用机器集合里的某一个与该基因不相同的整数)代替该基因。

**7. 停止准则**

　　采用设置最大迭代次数法,即当达到最大迭代次数时算法停止。

　　基于上述规则和定义,求解生产调度优化问题的递阶遗传算法主要步骤如下:

　　Step 1:产生初始种群,将代数置 0,并初始化参数;

　　Step 2:找出种群的 Pareto 集合,并分配阶层;计算种群中每个个体的适应度,将适应度较大的前 Elite_Size 个个体复制到精英列表中;

　　Step 3:选择、交叉、变异;

　　Step 4:将精英列表中的个体添加到种群中,计算种群中每个个体的适应度和各目标值,然后找出该种群的 Pareto 集合,并分配阶层;

　　Step 5:保留阶层数较小的 $N_{ind}$ 个个体;用前 Elite_Size 个个体更新精英列表;更新群体 Pareto 最优解集合;代数自加 1;

　　Step 6:如果代数尚未达到最大代数,转到 Step 3;否则,输出最优解,结束。

　　递阶遗传算法是基于生物的染色体由基因的变化组合形成而提出的,基因以一定的层次、方式排列,分为控制基因和参数基因。控制基因的作用在于控制构造基因是否被激活,被激活的构造基因称为显性基因,未被激活的构造基因称为隐性基因,只有显性基因才能表现生物体的特征。隐性基因与显性基因一起遗传给下一代,并在遗传过程中有可能被激活。染色体按这种层次结构进行编码的遗传算法称为递阶遗传算法(HGA)。因为递阶遗传算法对目标函数没有连续性、凸凹性和线性要求且具有较强的全局性搜索能力,所以用递阶遗传算法求解调度问题是一种较优的解决方案。

# 8.4　实 例 验 证

　　鉴于目前国内外尚无多种排料方案下的金属结构件生产调度优化问题的标准算例,本节以某公司实际生产数据作为实例来验证本章所提算法的有效性。表 8-2 给出了可供选择的排料方案,表 8-3 给出了所有零件的相关信息。假设下料工序可在 3 台切割机(CM1、CM2、CM3)上完成,它们的切割速度别为 600 mm/min、500 mm/min 和 400 mm/min;机械加工工序、成形加工工序、焊合工序分别可在 2 台机器(MM1 和 MM2、BM1 和 BM2、WM1 和 WM2)上完成,每个零件在同工序的两台机器上的加工时间相同。表 8-3 给出了每个零件的加工时间,图 8-6 给出了所有零件的焊接关系及焊合加工时间。

　　运用上述算法求解该实例,相关参数设置如下:种群大小为 200;最大迭代次数为 1000;控制基因的交叉概率为 0.7,变异概率为 0.6;参数基因的变异概率为 0.4;信息启发式因子 $\alpha$ 为 0.9;期望式启发因子 $\beta$ 为 6;信息素的蒸发系数 $\rho$ 为 0.4;信息素强度 $Q$ 为 1000。求解得到的排料方案和生产调度甘特图分别如图 8-7 和图 8-8 所示。

表 8-2　排料方案

| 编　号 | 排 料 方 案 | | | |
| --- | --- | --- | --- | --- |
| | 下料模型 1 | 下料模型 2 | 下料模型 3 | 下料模型 4 |
| 1 | 3/6/8/9/10 /18/29/30 | 2/5/7/12/22 /23/26/27 | 4/13/15/16 /17/19/24 | 1/11/14/20 /21/25/28 |
| 2 | 1/2/3/4/16 /18/19/26 | 11/15/17/21/ 23/24/28/25 | 5/7/8/9/13/ 14/22/25/27 | 6/10/12/ 20/29/30 |
| 3 | 2/3/7/17/18/ 20/29/30 | 1/4/12/13/19/ 22/24/28 | 5/9/10/21/ 23/26/27 | 6/8/11/14/ 15/16/25 |

表 8-3　零件信息

| 零件编号 | 切割长度/mm | 机械加工时间/min | 成形加工时间/min |
| --- | --- | --- | --- |
| 1 | 3824 | 10 | 0 |
| 2 | 1719 | 6 | 18 |
| 3 | 1324 | 0 | 0 |
| 4 | 748 | 0 | 9 |
| 5 | 4085 | 6 | 16 |

| 零 件 编 号 | 切割长度/mm | 机械加工时间/min | 成形加工时间/min |
|---|---|---|---|
| 6 | 985 | 0 | 0 |
| 7 | 909 | 7 | 0 |
| 8 | 890 | 17 | 7 |
| 9 | 2985 | 15 | 12 |
| 10 | 671 | 13 | 10 |
| 11 | 4444 | 6 | 17 |
| 12 | 2661 | 0 | 7 |
| 13 | 1104 | 0 | 14 |
| 14 | 1459 | 18 | 0 |
| 15 | 3062 | 0 | 7 |
| 16 | 5975 | 9 | 23 |
| 17 | 449 | 5 | 0 |
| 18 | 2393 | 14 | 0 |
| 19 | 3711 | 6 | 28 |
| 20 | 1535 | 4 | 0 |
| 21 | 2410 | 15 | 21 |
| 22 | 3329 | 0 | 23 |
| 23 | 650 | 0 | 0 |
| 24 | 305 | 10 | 0 |
| 25 | 3007 | 14 | 7 |
| 26 | 1432 | 0 | 0 |
| 27 | 4036 | 18 | 9 |
| 28 | 3797 | 0 | 11 |
| 29 | 4487 | 15 | 24 |
| 30 | 4482 | 17 | 0 |

　　表 8-4 给出了没有考虑多种排料方案的生产调度问题和考虑多种排料方案的生产调度问题相关目标值的比较。如果采用传统的方法(不考虑多种排料方案),排料人员会根据自己的经验给出材料利用率比较高的排料方案,若采用该种排料方案,虽然材料利用率比较高,但其他目标(最大完工时间、最大负载)会非常差。与采用本章

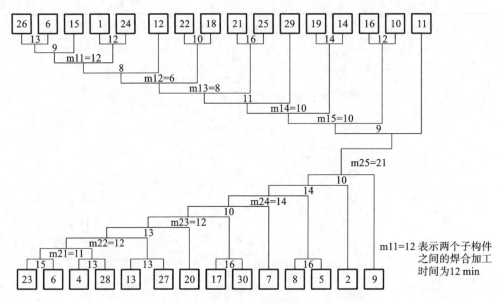

图 8-6　结构件焊接关系及焊合加工时间示意图

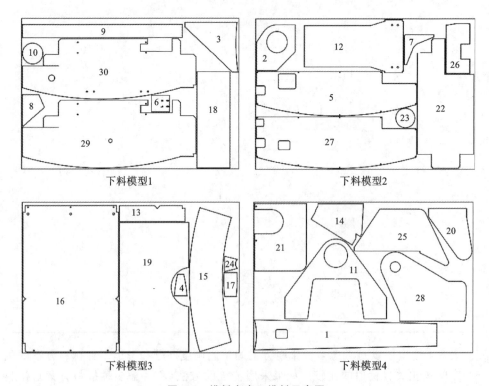

图 8-7　排料方案 1 排料示意图

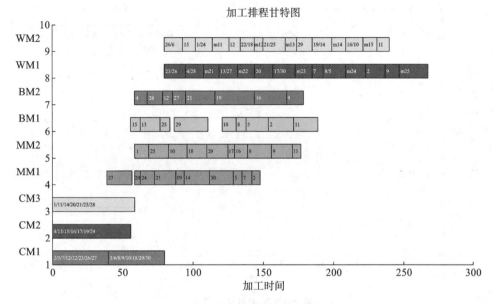

图 8-8　实例生产调度甘特图

提出的方法相比,材料利用率提高(材料利用率提升 0.7%)获得的利益并不能填补其他目标所损失的利益(最大完工时间增加 17%,最大负载增加 3%),这也说明并不是采用材料利用率越高的排料方案越好。所以要将排料方案选择和生产调度协同优化,更符合实际需求。

表 8-4　结果对照表

| 方　　案 | 选用排料方案 | 材料利用率 | 最大完工时间/min | 最大负载/min |
|---|---|---|---|---|
| 不考虑多种排料方案的生产调度问题 | 排料方案 2 | 74.5% | 328 | 831 |
| 考虑多种排料方案的生产调度问题 | 排料方案 1 | 73.8% | 271 | 806 |
| 两种方法比较增量 | | 0.7% | 17.4% | 3% |

图 8-9 给出了采用 ACO 算法选择排料方案和随机选择排料方案两种方法的最小最大完工时间进化曲线。从该图得知,若采用 ACO 算法选择排料方案,蚁群-递阶遗传算法迭代次数达到 31 次时,目标函数值变得稳定并趋于收敛,程序运行过程耗时 4.8 s;若未采用 ACO 算法选择排料方案,而是随机选择排料方案,递阶遗传算法迭代次数达到 80 次时,目标函数值才变得稳定并趋于收敛,程序运行过程耗时8.7 s。通过对这两种方法的比较得知,采用蚁群-递阶遗传算法求解多种排料方案下的生产调度问题比采用递阶遗传算法求解该问题的效率提高了近一倍。

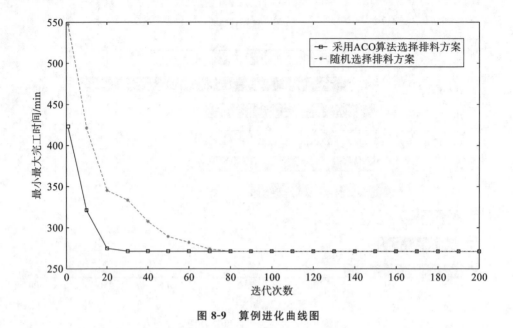

图 8-9　算例进化曲线图

# 8.5　本章小结

本章对多种排料方案下的生产调度优化问题展开了研究。针对金属结构件生产过程中多任务混合下料与生产调度优化问题,提出考虑多种排料方案的带工艺约束的多目标生产调度优化模型,并设计了一种蚁群-递阶遗传算法来求解该模型。该算法首先利用蚁群算法选择一种排料方案,然后利用递阶遗传算法的选择、交叉、变异等操作求解作业加工顺序及机器选择问题。最后通过实例验证了上述算法的有效性,说明该算法可以有效解决金属结构件生产过程中考虑多种排料方案的生产调度优化问题。

## 本章参考文献

[1]　王晓娟. 多目标柔性作业车间调度方法研究[D]. 武汉:华中科技大学,2011.

[2]　邢文讯,谢金星. 现代优化计算方法[M]. 北京:清华大学出版社,1999.

[3]　温录亮. 多目标优化方法与应用[D]. 广州:暨南大学,2009.

[4]　DORIGO M. Optimization, learning and natural algorithms [M]. Italy: Politecnico di Milano,1992.

[5]　DORIGO M,GAMBARDELLA L. Ant colony system:a cooperative learning

approach to the traveling salesman problem [J]. IEEE Transactions on Evolutionary Computation,1997,1(1):53-66.

[6]　DORIGO M,STÜTZLE T. Ant colony optimization[M]. Cambridge, MA: MIT Press,2004.

[7]　MAN K F,TANG K S,KWONG S. Genetic algorithms for control and signal processing[C]//Industrial Electronics,Control and Instrumentation,IECON 23rd International Conference,1997,4:1541-1555.

[8]　FONSECA C M, FLEMING P J. Genetic algorithms for multiobjective optimization:formulation discussion and generalization[C]//Proceedings of the Fifth International Conference on Genetic Algorithms,1993:416-423.

[9]　BAUER A, BULLNHEIMER B, HARTL R F, et al. An ant colony optimization approach for the single machine total tardiness problem[C]// Proceedings of the 1999 Congress on Evolutionary Computation, 1999: 1445-1450.

[10]　DORIGO M,GAMBARDELLA L M. Ant colonies for the traveling salesman problem[J]. BioSystems,1997,43(2):73-81.

[11]　MERKLE D, MIDDENDORF M. An ant algorithm with a new pheromone evaluation rule for total tardiness problems [J]. Proceedings of the EvoWorkshops,2000,1803:287-296.

[12]　周辉仁.递阶遗传算法理论及其应用研究[D].天津:天津大学,2008.

[13]　LEUNG T W,CHAN C K,TROUTT M D. Application of a mixed simulated annealing genetic algorithm heuristic for the two-dimensional orthogonal packing problem[J]. European Journal of Operational Research,2003,145: 530-542.

[14]　TANG K S,MAN K F,KWONG S,et al. Design and optimization of IIR filter structure using hierarchical genetic algorithms[J]. IEEE Transaction on Industrial Electronics,1998,45(3):481-487.

[15]　LAI K K,CHAN W M. Developing a simulated annealing algorithm for the cutting stock problem[J]. Computers and Industrial Engineering, 1997, 32 (1):115-127.

# 第 9 章　金属结构件制造优化平台开发与应用

一般金属结构件车间/工厂的大致生产流程如下：车间/工厂接收生产订单后，工艺技术部门对该订单进行图纸评审和制造工艺设计，然后将生产订单下达给制造部门，制造部门进行计划排程，制订车间各工段（包括下料、加工、成形和焊接等工段）生产作业计划，并下发给相关部门；工艺技术部门根据切割下料任务进行套料优化与切割数控（NC）编程；各工段根据生产计划进行生产任务安排并组织生产，并实时将相关生产信息（如产品质量信息、在制品的数量等）反馈给制造部门，由相关管理人员适时对生产系统进行调整。在生产过程中由生产保障部门负责设备维护管理和钢板原材料等物品供应，以保障生产过程的正常进行；工艺技术部门对产品及其制造过程进行质量管理，以保证产品质量。

针对上述金属结构件生产过程，由于传统的由人工管理完成的方式存在钢材综合利用率低、制造成本高、生产效率低、产品交付周期长且产品质量难以保证等问题，迫切需要一个涵盖金属结构件生产全过程的数字化生产优化与管控平台来支持数字化与智能化生产，以适应现代制造环境和满足市场需求。

## 9.1　优化平台开发

基于本书介绍的有关核心技术研究，我们开发出一个用于金属结构件生产的制造优化平台，简称 SmartPlatform，其主界面如图 9-1 所示。该平台功能覆盖了金属结构件生产制造诸多环节的生产管理与运行优化，包括产品管理、订单管理、计划管理、切割下料管理、加工管理、成形管理、焊接管理、设备管理、板材管理、成本管理、质量管理，以及排料与切割优化、生产计划与车间调度优化、材料与成本优化等，并可与企业 PDM、ERP 等信息系统集成，为金属结构件生产提供完整数字化解决方案。

下面分别介绍该优化平台的总体架构、工作流程、网络结构及车间部署、主要功能模块等。

### 9.1.1　平台总体架构

SmartPlatform 采用 C/S 分布式系统架构，如图 9-2 所示，是一套完整的生产管控与制造运行优化解决方案，可对金属结构件生产全过程进行信息化管理和运行优

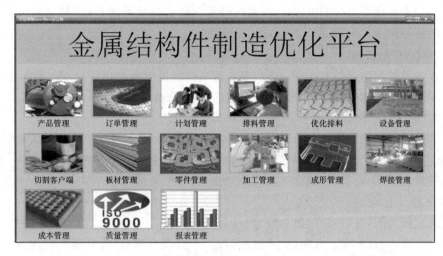

**图 9-1　金属结构件生产的制造优化平台(SmartPlatform)主界面**

化。其核心理念是通过对原材料的综合管控和利用来提高材料利用率,降低产品成本;通过对生产计划与车间调度的优化来缩短金属结构件的制造周期,提高其制造效率,并降低其制造成本。

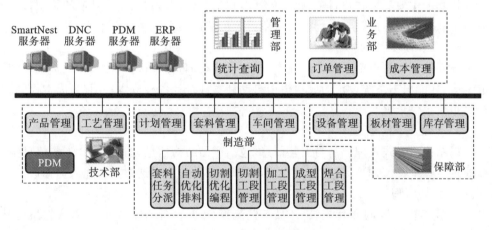

**图 9-2　SmartPlatform 总体架构**

### 1. 服务器

服务器端包含如下四个服务器:SmartPlatform(SmartNest)服务器、DNC 服务器、PDM 服务器和 ERP 服务器。

1) SmartPlatform 服务器

作为数据库服务器,SmartPlatform 服务器集中存储和统一管理整个系统的下料数据,包括切割零件数据、板材数据、余料数据、生产计划数据、切割任务数据、排料图数据、NC 程序数据、切割设备数据、切割工艺数据,等等。SmartPlatform 采用开放式数据库互连技术(ODBC),支持客户所需的任何数据库系统(如 SQL-Server、Oracle 等)。

2）DNC 服务器

作为设备网络通信服务器,DNC 服务器不仅能提供数控切割机 NC 程序通信等 DNC 网络基本功能,而且是许多扩展应用的基础,以满足 DNC 网络的现场需求。

**2. 客户端管理功能**

客户端管理功能包括:生产信息统计查询(支持 Web 远程访问)、订单管理、成本管理、产品管理、工艺管理、计划管理、套料管理、车间管理(包括切割工段管理、加工工段管理、成形工段管理、焊合工段管理)、设备管理、板材管理、库存管理等。

1）统计查询

通过该功能,公司领导(如总经理)可以随时查询公司的各种动态生产信息和生产统计报表,如订单完工状态、生产进度信息、产品质量状态、设备运行情况、板材消耗与材料利用率、公司运营成本等。该功能支持 Web 远程访问与异地办公,出差在外的公司领导只需上网访问 Internet 就可以随时追踪订单状况,即时了解生产活动信息。

2）订单管理

该功能主要负责客户订单管理,包括客户信息、订单内容、交货日期的管理,以及对订单状态的全程追踪与查询等。订单内容可从产品管理中动态生成。

3）成本管理

该功能主要管理产品的生产成本,包括设备折旧费用、材料费用、加工费用、工时成本等,并能根据系统设定的成本模型自动计算和统计各种成本费用,为成本控制和产品报价提供依据。

4）产品与工艺管理

以结构树方式管理产品与工艺信息,包括产品结构信息、图形信息、工艺信息等。可通过 Excel 表从 PDM 数据库中导入产品结构信息,亦可通过人工输入与修改。

5）计划管理

根据订单内容、订单优先级、产品工艺流程、车间设备产能与负荷、库房物品情况等信息,综合制订各工段的生产计划,如下料计划、加工计划、成形计划、焊合计划等,并能对生产计划执行情况进行追踪与查询。计划内容可从订单管理中动态生成。

6）套料管理

对生产计划中需要下料的零件按材质板厚、下料工艺特征等进行自动分类,形成套料分组和套料任务,对套料任务进行指派、追踪与查询,自动优化套料,对套料切割图进行审核与下发。

7）车间管理

车间管理主要负责车间各工段生产计划的执行与监控。对切割下料工段,如果采用 DNC 系统,则提供与 DNC 系统的接口功能,通过 DNC 系统对切割下料生产信息进行实时采集与管理;如果没有采用 DNC 系统,则可通过切割客户端人工输入相关生产信息(如钢板切割开始、切割完成信息)。对加工、成形、焊合等工段,分别提供产品上线管理和产品下线管理功能,动态采集、追踪和监控各工段产品的在制情况。

(1) 切割工段管理。

如果切割工段采用 DNC 系统,则直接通过 DNC 客户端对切割工段进行管理,包括实时数据采集、生产过程监控、NC 程序管理与生产统计等;如果暂不采用 DNC 系统,则通过 SmartPlatform 提供的切割客户端完成相应的管理功能。

(2) 加工工段管理。

针对机械加工工段,提供加工零件上下线管理功能,通过一个或两个客户端实时采集进入加工工段和离开加工工段的零件信息,包括批次、品种、数量以及质量信息等,这样就将加工工段也纳入整个生产管理系统中。

(3) 成形工段管理。

针对折弯成形工段,提供加工产品上下线管理功能,通过一个或两个客户端实时采集进入成形工段和离开成形工段的零件和产品信息,这样就将成形工段也纳入整个生产管理系统中。

(4) 焊合工段管理。

针对焊合工段,提供加工产品上下线管理功能,通过一个或两个客户端实时采集进入焊合工段和离开焊合工段的产品信息,这样就将焊合工段也纳入整个生产管理系统中。

8) 设备管理

主要提供对下料切割设备的管理,主要管理各切割设备的工艺性能、生产能力、在制负荷、设备利用率统计等,并可以排料切割图分类管理方式对产品下料成套性进行控制,以甘特图形式对各切割设备的切割任务进行分配与监控。

9) 板材管理

对板材及其余料进行出入库台账管理、领用控制、信息查询、分类统计等。

10) 库存管理

对成品、在制品、下料零件、预投件等各类库存进行管理,包括入库、收料、出库、统计、查询等功能。

## 9.1.2　工作流程

SmartPlatform 总体工作流程如下(见图 9-3)。

(1) 技术部和保障部进行各类基础数据创建与维护,包括产品管理(如产品结构树创建或导入)、设备管理(如设备工艺性能设定)、库存管理(如现有各类物品库存盘点)、板材管理(如各类规格板材盘点)等。

(2) 业务部接收并管理客户订单。

(3) 制造部针对客户订单,综合考虑在制任务、库存信息和设备状况等制订生产

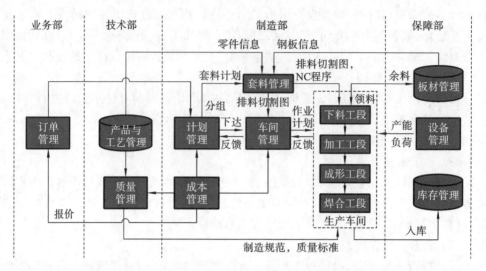

图 9-3　SmartPlatform 工作流程图

计划。

（4）通过套料管理对下料件进行自动分类成组，并通过优化排料功能生成排料切割图。

（5）通过车间管理对车间各工段生成作业计划。

（6）各工段执行作业计划，并向车间管理器实时反馈执行情况。对切割工段，系统通过 DNC 系统或切割客户端采集生产现场信息；对其他工段则通过上下线管理器采集信息。这些信息包括产品批次、品种、数量、质量状况等。

（7）保障部通过库存管理功能进行收料入库。

（8）各级管理部门动态追踪和查询生产全过程。

### 9.1.3　网络结构及车间部署

SmartPlatform 网络结构如图 9-4 所示。

设置 1 台网络交换机（Switch）和 4 个网络集线器（Hub）。

Hub1 用于连接 3 台服务器：SmartNest 服务器、PDM 服务器、Web 服务器。可部署在 IT 中心机房。

Hub2 用于连接 3 个公司管理客户端：统计查询、订单管理和成本管理。可分别部署在总经理室、商务部和管理部。

Hub3 用于连接 8 个生产管理客户端：生产计划、车间管理、套料管理、产品管理、质量管理、板材管理、库存管理和设备管理。可分别部署在制造部、技术部和保障部。

Hub4 用于连接车间现场的若干个客户端：预留工段切割客户端、加工工段上下线管理客户端、成形工段上下线管理客户端、焊合工段上下线管理客户端。

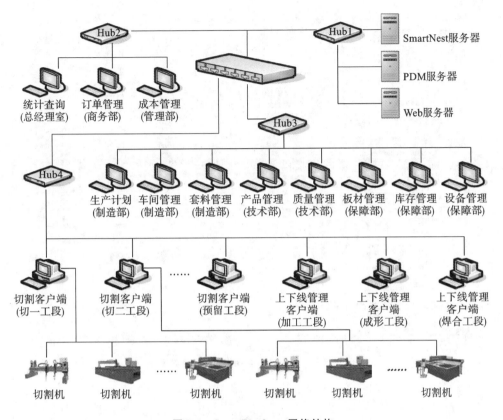

图 9-4 SmartPlatform 网络结构

### 9.1.4 主要功能模块

SmartPlatform 优化平台的主要功能模块有产品管理、材料管理、订单管理、计划管理、套料与切割管理、套料与切割优化、设备管理、车间生产过程管理等。

**1. 产品管理**

该模块以结构树方式管理产品信息,包括产品结构信息、图形信息、工艺信息等。可通过 Excel 表从 ERP 或 PDM 数据库中导入产品结构信息,也可通过人工输入与修改。主要功能包括:产品导入,零件图形导入,产品 BOM 及其属性的修改、编辑与维护管理,产品工艺管理等。其中,产品工艺包括产品加工工艺流程、下料工艺、加工工艺、成形工艺、焊合工艺等,产品工艺流程将控制零部件在整个结构件制造车间的流转。图 9-5 所示为 SmartPlatform 产品管理界面。

**2. 材料管理**

该模块对钢板、型材、管材及其余料等金属结构件制造所需的原材料进行管理,包括出入库管理、台账管理、使用状态管理等。SmartPlatform 材料管理界面如图9-6所示。

**3. 订单管理**

该模块主要负责客户订单管理,包括客户信息、订单内容、交货日期的管理,以及对

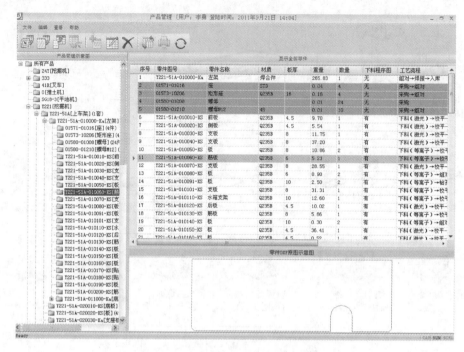

图 9-5　SmartPlatform 产品管理界面

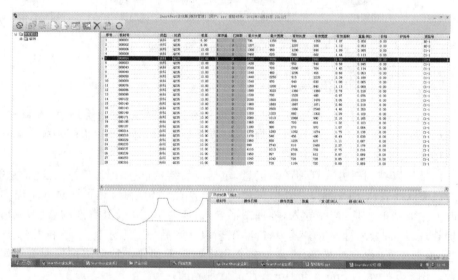

图 9-6　SmartPlatform 材料管理界面

订单状态的全程追踪与查询等。订单内容可从产品管理中动态生成;订单状态通过不同的颜色标识,非常直观,便于管理。订单具有如下不同状态:工号生成、计划生成、任务下达、缺料中、排料中、排料完成、切割开始、切割中、切割完成、收料入库等。各种状态及其颜色显示可由用户自定义。SmartPlatform 订单管理界面如图 9-7 所示。

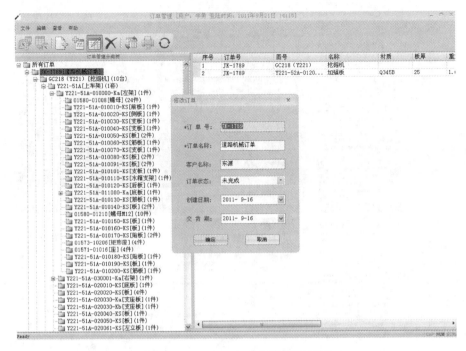

图 9-7　SmartPlatform 订单管理界面

**4. 计划管理**

该模块根据订单内容、订单优先级、产品工艺流程、车间设备产能与负荷、库房物品情况等信息综合制订各切割工段的生产计划,具有计划下达功能,并能对生产计划执行情况进行追踪与查询。计划内容可从订单管理中动态生成,计划状态管理与订单管理类似。SmartPlatform 计划管理界面如图 9-8 所示。

**5. 套料与切割管理**

该模块对生产计划中需要切割下料的零件按材质板厚、下料工艺特征等进行自动分类,形成套料分组和套料任务,对套料任务进行指派、追踪与查询,自动优化套料,对套料切割图进行审核与下发。SmartPlatform 套料与切割管理界面如图 9-9 所示。

**6. 套料与切割优化**

根据套料管理模块分配的套料任务,通过套料与切割优化模块进行自动套料、切割轨迹优化与数控切割机 NC 编程。

SmartPlatform 针对不同的需求提供多种自动排样算法,包括真实形状自动排样、矩形包络自动排样、矩形件通裁通剪自动排样、同种零件阵列式自动排样等,此外还提供单张钢板逐一排样、多张钢板自动批量排样、多割炬自动排样、大批量零件可复制式排样、余料钢板排样等多种排样方式。该模块还提供人机协作套料功能,支持快捷方便的交互排料功能,对自动排料结果进行修正和调整,进一步提高材料利用率。

为提高切割效率、保证切割质量,该模块提供零件切割轨迹全自动优化及人机交互设计功能,可实现零件切割顺序、切割起点、切割方向和切割引线的自动/交互式设

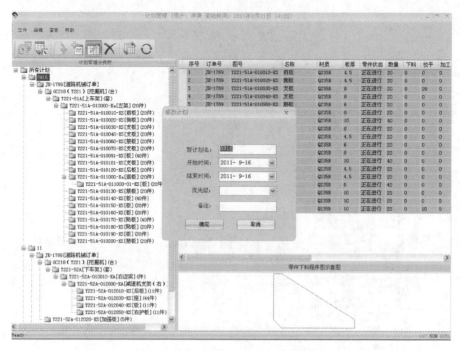

图 9-8　SmartPlatform 计划管理界面

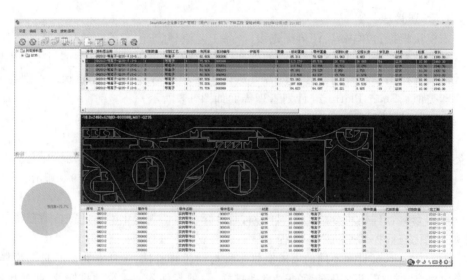

图 9-9　SmartPlatform 套料与切割管理界面

计,并提供多零件连接、搭桥、共边、轮廓微连接等高级编辑功能,实现特殊切割工艺优化。

最后,对套料与切割优化形成的切割图进行数控切割机 NC 编程,并将自动生成的 NC 程序提交给设备管理模块,进行切割任务的下发与执行。

SmartPlatform 套料与切割优化界面如图 9-10 所示。

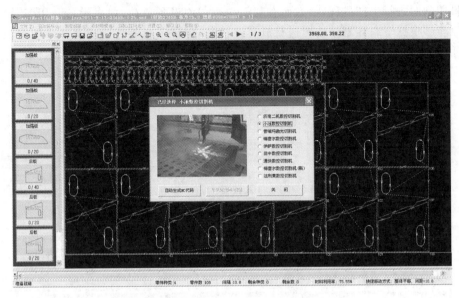

图 9-10　SmartPlatform 套料与切割优化界面

### 7. 设备管理

如图 9-11 所示，设备管理模块负责对各类设备（包括数控切割机、加工机床、折弯机、焊接机等）的工艺性能、生产能力、实时状态、在制负荷、设备利用率等设备参数及状态信息进行管理。

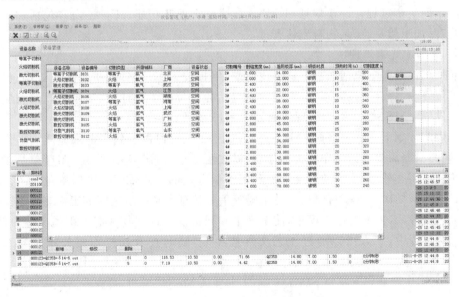

图 9-11　SmartPlatform 设备管理界面

切割设备管理是 SmartPlatform 的特色功能之一,可以根据设备产能与负荷对排料切割图进行生产排程,一方面有利于均衡切割设备负荷、提高设备利用率,另一方面能够根据下料计划结构树进行成套性控制,保证下料零件的成套性。切割设备管理界面如图 9-12 所示。

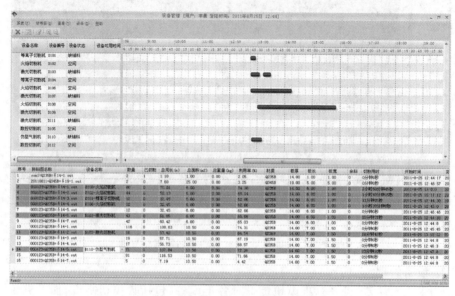

**图 9-12 切割设备管理界面**

### 8. 车间生产过程管理(MES 终端机)

车间生产过程管理模块通过 MES 终端机实现其功能,其管控内容包括加工终端管理、加工质量管理、物料流转管理。

1)加工终端管理

加工终端类型包括切割下料工位终端、钢板校平工位终端、折弯工位终端、机加工工位终端、焊合工位终端等,管理内容包括各工位的工作计划、工序单以及相应工艺文件等。MES 加工终端管理界面如图 9-13 所示。

生产计划下达后,在每个 MES 终端机上,工人都可以看到当前未完成的工作计划,同时根据需要自行打印相关的计划,以方便工作。如图 9-14 所示,工序单是工艺流转的主要文档,是生产的进度追踪和工作量考核的主要依据。工序单包含工艺路线、操作者、批次、工序单条码、工件条码等重要信息。某一道工序的工人完成该工序的生产任务后,需要打印工序单,使工序单和同批次工件实物一起向下道工序流转。在生产过程中,工人可以通过工艺文件选项卡,随时查看或打印相关零件的工艺文件。

例如,生产计划下发到下料工位后,工人登录 MES 终端机,可查看已经排好的排料图。工人完成切割后,可在终端报告切割的进度。同时,一张板料切割完成后,工人可以打印出排料图清单,对照该清单进行收料工作,从而减少差错,提高工作效率。

**图 9-13　MES 加工终端管理界面**

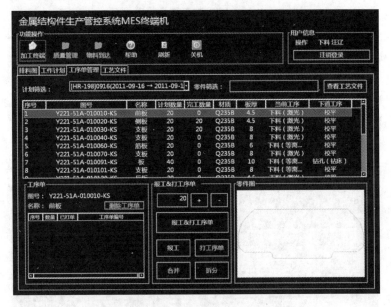

**图 9-14　MES 加工终端工序单管理界面**

2）加工质量管理

某些工序需要进行质量检验，这时工序单将流转到质量检验工位，由质检员对工件进行质量检查，对合格品将放行，对不合格品则要求返工（修）或报废。质检员通过扫描工序单条码进行合格品的放行，大大减少了工作量，同时，系统也自动对质检信息进行了记录，便于以后的质量追踪或追溯。

图 9-15 所示为 MES 加工质量管理界面。

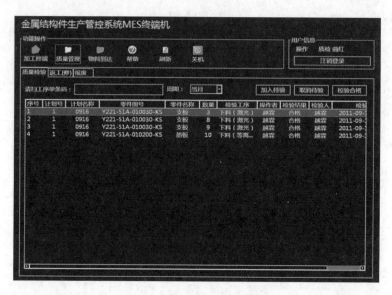

**图 9-15　MES 加工质量管理界面**

3）物料流转管理

管理各工段的物料到达与流转情况。加工完成且质检通过的批次，由物料员将其转移到下一工位，新工位的工人需要对物料到达进行确认，确认过程也是通过扫描工序单条码进行的。上道工序质检完成后，工序票跟物料一起流转至下一道工序，点击物料到达选项，扫描工序票上的条形码，完成上线操作。上线后标明该零件（在制品）已流入该工段。通过上线操作及报工操作可以跟踪在制品的位置及状态。

图 9-16 为 MES 物料流转管理界面。

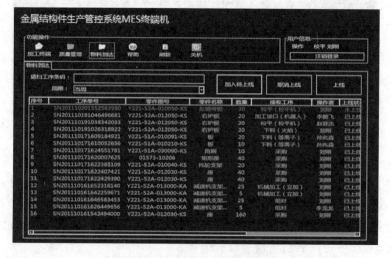

**图 9-16　MES 物料流转管理界面**

# 9.2　SmartPlatform 应用案例一

本节介绍 SmartPlatform 在工程机械制造行业中的一个典型应用案例。

国内某大型工程机械企业是全球建设机械制造商 50 强、中国制造业 500 强,其产品覆盖推土机、道路机械、混凝土机械、装载机、挖掘机等十余类主机产品及工程机械配套件。该企业下属的材料成形事业部为其各类主机产品配套生产结构件配件。该材料成形事业部从 2011 年开始全面应用 SmartPlatform 进行数控切割下料优化与结构件生产过程管控,成为国内技术领先、成效显著的数字化下料与金属结构件制造工厂。

## 9.2.1　应用背景介绍

该材料成形事业部分为制造部、保障部、技术部、管理部和商务部五大部门。其中:商务部主要负责物资采购与市场营销;管理部负责公司的运营管控和成本控制等;技术部负责产品设计、制造工艺与质量控制等;制造部负责制造管理,包括生产计划与调度和切割下料、金属加工与成形等工段的生产过程管理;保障部主要负责设备管理和物品管理,为高效、安全生产提供保障。

材料成形事业部的生产工艺流程大致如图 9-17 所示。

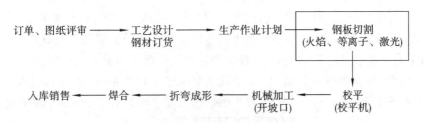

**图 9-17　材料成形事业部的生产工艺流程**

商务部接收生产订单后,由技术部对订单产品进行图纸评审并进行制造工艺设计,同时由管理部对该订单进行成本预测并将计算结果反馈给商务部,用于订单评估和报价;公司将接受的生产订单下达给制造部,由制造部根据实际情况来制订生产计划、安排各工段的生产(包括下料、加工、成形);在生产过程中由保障部负责设备维护管理和板材等物品供应,以保障生产过程的正常进行,同时由技术部对产品及其制造过程进行质量管理,以保证生产出合格的产品。在上述工艺流程中,钢板下料生产的效率与材料的优化利用率对最终产品的成本有着重要的影响。该事业部负责为整个企业集团所有的主机产品生产金属结构件,每年消耗钢板达 10 万吨以上,采用 40 余台各类数控切割机进行切割下料。在引入 SmartPlatform 制造优化平台之前,该事业部主要采用传统的人工制造管理模式进行生产过程管控,订单的平均交付周期达

45天,而且制造成本居高不下。比如,在切割下料工段采用国外某软件进行排料编程,由于该软件功能有限,智能化程度低,基本还是靠人工拼样排料,不仅效率低,而且材料利用率不高(只有71％左右),直接导致主机产品成本的增加,影响了产品的市场竞争力。在计划排程方面完全依赖计划员的经验,生产运行的优化性难以保证,比如无法做到数控切割机群的产能均衡,设备利用率低下,虽然一再购买新的机器,但仍难以满足实际产能需求。

在上述背景下,迫切需要采用数字化、智能化生产管控技术,对该事业部的材料成形生产(金属结构生产)进行统一的生产管控。首先采用智能优化套排料技术,在材料成形事业部内对整个企业的金属结构件进行集中下料,对多种类下料零件进行混合套排以大大提高钢材利用率,从而降低原材料成本;同时,需要采用切割优化技术来进一步提高生产效率,并降低切割生产成本;此外,还需要通过对金属结构件生产全过程的高级计划排程与精细化管控,从技术和管理双重环节来实现材料综合利用率和整体生产效率的提升。

### 9.2.2 基于 SmartPlatform 的解决方案

本案例企业针对其实际状况与需求,引入 SmartPlatform 金属结构件制造优化平台,形成"从智能套料与切割优化技术的应用和数字化生产过程管控(PMC)的实施双重环节来解决其材料利用率问题,同时改善整个金属结构件生产系统的效率与成本"的材料成形数字化制造解决方案——SmartPlatform-ST。如图 9-18 所示,该方案包含订单管理、计划管理、统计查询、质量管理、成本管理、库存管理等功能模块和车间生产管理等子系统。此外,将下料生产管理子系统分解和扩展成套料管理(分解)和车间管理(扩展)两个子系统;将设备与切割管理子系统扩展成包含非切割设备(加工、成形、焊合等工序设备)的整个设备管理子系统,并对切割设备引入 DNC 联网与监控子系统;将下料终端子系统扩展成包含非下料终端的 MES 终端系统。

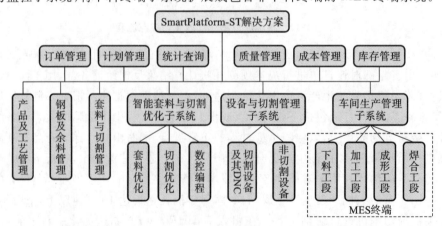

图 9-18 案例企业材料成形数字化制造解决方案(SmartPlatform-ST)

SmartPlatform-ST 解决方案的系统架构与软件部署方案如图 9-19 所示。该方案在具体实施中分成三个层面来进行。

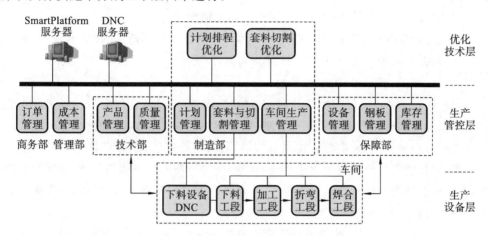

**图 9-19　SmartPlatform-ST 解决方案的系统架构与软件部署方案**

1）优化技术层

解决整个结构件车间的生产计划排程优化、钢板套料与切割优化两大类优化问题。采用智能套料与切割优化技术进行集中混合套料和切割 NC 编程，提高工作效率，优化材料利用，提高材料利用率；采用高级计划与排程技术（APS）进行金属结构件生产计划制订与下料、加工、折弯、焊合工段的作业调度优化。

2）生产管控层

解决生产管控流程问题。构建涵盖切割下料、机械加工、成形与焊合工段全工艺流程的生产管控信息化平台（PMC）及生产过程管控终端（MES），对下料资源及生产过程进行统一管控，提高整个事业部的生产效率。该层面包含订单管理、成本管理、产品管理、质量管理、计划管理、套料与切割管理、车间生产管理、设备管理、钢板管理、库存管理等功能模块或子系统。

3）生产设备层

解决车间设备管理问题，重点解决下料设备运行监控问题。搭建下料设备 DNC 系统，实时获取车间现场信息，实现 ERP/PMC/DNC 集成，实现下料生产过程的设备监控。

基于 SmartPlatform-ST 解决方案的金属结构件数字化制造系统的总体信息流程如下。

（1）部署在技术部的"产品管理"客户端事先建立和维护本事业部此前已经生产过的各类产品的金属结构件物料清单（BOM）及其制造工艺信息，并通过 SmartPlatform 数据库服务器为其他各个客户端所共享。

（2）通过部署在商务部的"订单管理"客户端接收生产订单，由技术部"产品管理"客户端对订单内容进行评审（并对新的产品类型进行 BOM 构建及制造工艺设计），同时由部署在管理部的"成本管理"客户端对该订单进行成本预测，并将预测结果反馈给商务部"订单管理"客户端，用于订单评估和报价。

（3）商务部将通过订单评估的生产订单下达给部署在制造部的"计划管理"客户端，由其根据车间生产任务的实际情况来对订单进行生产排程，制订车间每个工段（包括下料、加工、成形等）的生产计划。

（4）制造部将各工段的生产计划下达给"车间生产管理"客户端进行各工段作业计划的安排与执行。对于下料生产计划，还必须通过"套料与切割管理"客户端进行套料任务管理与分派，并由部署在制造部的"套料与切割管理"客户端与"智能套料"客户端（即智能套料与切割优化子系统）互动，通过智能套料与切割优化，完成套料任务，生成一系列套料切割图和 NC 程序，并将其以下料作业指导书的形式下发到下料工段 MES 终端，以辅助下料生产计划的执行。

（5）车间作业计划的执行过程管理由部署在车间各工段的 MES 终端系统来完成。在此过程中，由部署在保障部的"设备管理"客户端进行设备维护管理（下料切割设备则由 DNC 系统负责监控和管理）。工序及产品质量则由部署在技术部的"质量管理"客户端负责管控。

（6）部署在保障部的"库存管理"客户端负责最终成品的入库管理。

### 9.2.3 应用效果与优化实例

SmartPlatform 自 2012 年 4 月在本案例企业正式上线以来，已得到全面应用，将该企业的材料成形事业部打造成名副其实的数字化车间（工厂），产生了较大的经济效益和社会效益。截至 2018 年 12 月，该企业的综合材料利用率从 71% 提升到 76.8%，提高了将近 6 个百分点。除此之外，排料效率提高了 50%，切割效率提高了 20%，切割成本降低了 10%，设备产能提高了 10%，制造周期缩短了 15%。图 9-20 所示为该案例企业应用实景。

(a) 套料优化　　　　　　　　　　　　(b) 调度优化

**图 9-20　案例企业应用实景**

(c) 生产报工　　　　　　　　　　(d) 物料流转

(e) 钢板库存　　　　　　　　　　(f) 成品库存

续图 9-20

图 9-21 至图 9-24 是该案例企业的自动套料实例。

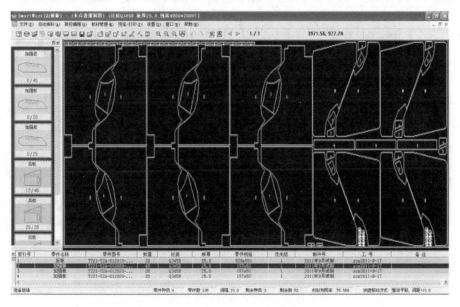

图 9-21　案例企业自动套料实例一

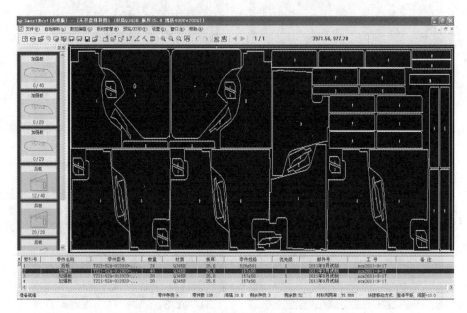

图 9-22 案例企业自动套料实例二

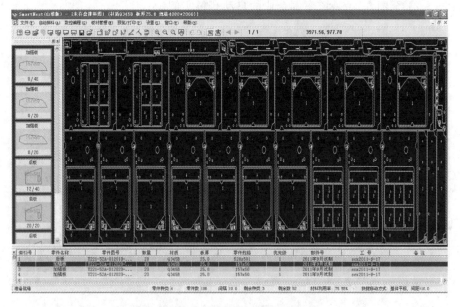

图 9-23 案例企业自动套料实例三

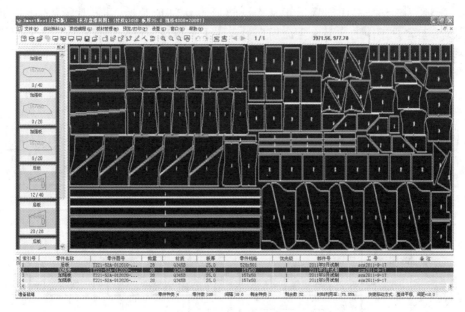

图 9-24 案例企业自动套料实例四

# 9.3 SmartPlatform 应用案例二

本节以某企业盾构机结构件生产为例,针对其自制件的切割车间、机加工车间和焊接车间,分析其车间生产流程及存在的问题;通过 SmartPlatform 优化平台,收集车间实际生产数据,基于相关优化理论求解车间实际生产调度问题。调度员在接收到生产计划安排后,利用该平台对各车间的生产进行调度安排,包括各机器上加工板材(零件/焊接件)的顺序,以提高车间生产效率,改善其产品在生产过程中的零部件齐套性,降低生产成本,满足企业实际生产需求。

## 9.3.1 应用背景介绍

某盾构机生产企业是一家集高端地下装备、轨道设备、特种装备和大型养路机械研究、设计、制造、服务于一体的专业化大型企业。该企业主要生产非标、特种、个性化、定制化的高端装备产品,并规划形成了掘进机、特种装备、轨道系统、大型养路机械、轨道交通装备、高端农业机械六大战略性新兴产业板块,其中全断面硬岩隧道掘进机和大直径盾构机市场占有率稳居国内第一,成为国产第一品牌。该企业生产的设备非常复杂,生产周期较长,且重复性较低,生产模式具有典型的单件小批量生产特点。

虽然重型金属结构件制造类企业的生产订单业务大多具有相似性,但是具体到每个企业,又有其各自不同的特点。经过调研,该案例企业的生产订单业务流程如图

9-25 所示。该流程图详细展示了从企业接到设备订单开始,到设计图纸、生产、装配、发货至客户手中的产品全生命周期过程。本节讨论的部分为虚线内的流程,针对盾构机自制结构件主要的生产过程,对处于该部分状态的加工对象进行排产调度。

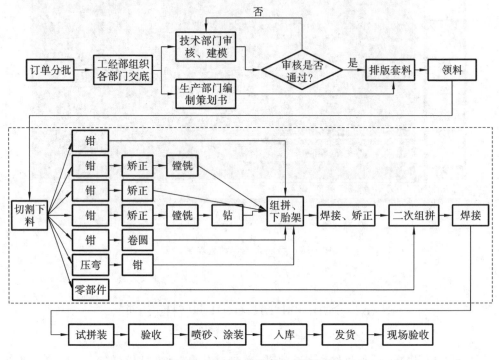

**图 9-25　案例企业订单业务流程图**

　　该企业的结构件相对多样,工序流转比较复杂。使用 SmartPlatform 优化平台以前,车间生产管理比较混乱,调度员根据以往生产经验安排车间的调度,生产周期不好预估,影响订单的接收;生产安排不合理,也会影响订单的交付。通常情况下,在生产过程中必须等一批板类零件全部加工完毕后,才能进行车间之间的转序。由于零配件数量非常大,常造成加工产品不配套情况,零部件的齐套性难以控制。此外,生产车间完工数量统计不及时、不准确,会造成生产待件时间较长,生产工期延误,最终导致交货延期,而且各车间责任不好划分,生产管理难度较大。

　　为了能让车间生产管理有序可控,减少人为原因造成的损失,让构件工序透明化、易追溯,作业人员和设备日工作量更加明确可控,须尽快实现车间数字信息化管理,最终实现依据工程项目的三维数据展现加工进程及预测生产周期的目标,让生产管理更加简单明确。为此,该企业引入 SmartPlatform 金属结构件制造优化平台,进行车间生产过程优化管控。该平台采用分布式架构,结合与 ERP、PLM、CAD 等系统的无缝集成方式,提供任务接收、智能套料、生产调度、车间生产过程管理到成品管理的整个生产过程的闭环式管理与优化功能。

### 9.3.2　总体应用架构及主要功能模块

该案例企业基于 SmartPlatform 优化平台的总体应用架构如图 9-26 所示,包括用户权限管理、成品库存管理、钢板及余料管理、智能套料与切割优化、生产调度优化、车间生产过程管理以及系统接口集成等功能模块或子系统。

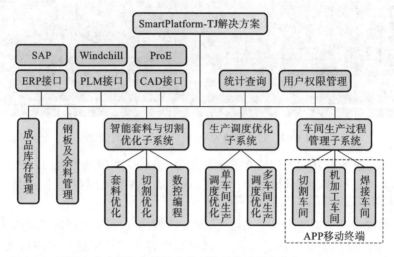

**图 9-26　案例企业金属结构件数字化制造总体应用架构(SmartPlatform-TJ)**

**1. 系统接口**

(1) ERP 接口集成。从 SAP 系统获取仓库材料库存信息,包括材料重量、外形尺寸、材质属性等;从 SAP 系统获得生产派工单信息,包括生产订单号、件号、件名、图号、工序号、数量、重量、工艺路线以及项目、部件与工号信息等。

(2) PLM 接口集成。从 Windchill 中提取 MBOM 套料信息,同时支持 Excel 表格文件或文本文件的 MBOM 导入。MBOM 具体引入信息为零件图号、零件名称、材料、单重、总重、装配数量、工艺路线等。

(3) CAD 接口集成。从 Windchill 中提取 ProE CREO 三维零件模型信息,或提取 AutoCAD 二维零件模型信息,生成下料零件轮廓外形图。

**2. 智能套料与切割优化子系统**

该子系统功能与应用案例一的不同之处是除支持常规的 2D 图形零件套料外,还支持 3D 零件图形自动套料(见图 9-27)。通过三维 CAD 接口功能自动识别零件的表面轮廓与厚度,并将其转化为二维图形后进行自动套料。上述功能提高了整个平台系统的自动化与智能化水平。

**3. 生产调度优化子系统**

案例企业的金属结构件生产流程包括切割下料、机械加工、构件焊接等,分别在切割车间、机加工车间和焊接车间完成。该企业金属结构件生产批量小、种类多,生产过程中零件加工与装配制造并存,产生的中间零部件规格繁多,任何中间零部件的

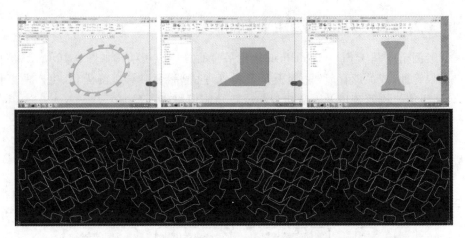

**图 9-27　基于三维 CAD 设计平台的套料优化**

生产缺失都会导致与其配套的所有零部件滞留,造成生产现场混乱、成品生产延期,因此有必要进行科学合理的协同生产调度,从而减少在制品库存,缩短产品总完工时间,提高生产效率。

生产调度优化子系统由单车间生产调度模块和多车间生产调度模块组成。当派工单下达到车间时,根据实际需求情况,既可以由各车间分别进行工序调度,也可以由多车间生产调度模块进行多车间协同工序调度。

图 9-28 所示为案例企业通过 ERP 接口下达到车间的生产派工单实例。

### 掘进机制造总厂生产派工单

| 项目号 | BLS07 | 项目名称 | | 所属图号 | 图号 | 地铁舱其盾构2# | | 工号 | SZS0T02 | 一级部件 | 02920200000000 | | 部件名 | | 刀盘/组件 | |
|---|---|---|---|---|---|---|---|---|---|---|---|---|---|---|---|---|
| 生产订单号 | 件号 | 件名 | 所属图号 | 图号 | 工序号 | 工艺路线 | 本工序 | 数量 | 单重 | 操作者 | 工时 | 下道班组 | 下道道签收 | 检验签收 | 条码 | 等级 |
| 6100040439 | 02920201013000 | 焊拖支腿/焊操作 | 02920201010000 | 0010 | | 铲焊-退火-铲铁-铲焊 | 铲焊 | 6 | 5TT | | | 0 | | | | | |
| 6100040449 | 02920201013010 | 支腿板1/钢板8# Q345C | 02920201013000 | 0030 | | 割-铲-矫正-刨-铲焊 | 铲正 | 6 | 114 | | | 0 | | | | | |
| 6100040450 | 02920201013020 | 支腿板2/钢板8# Q345C | 02920201013000 | 0030 | | 割-铲-矫正-铲焊 | 铲正 | 6 | 193 | | | 0 | | | | | |
| 6100040451 | 02920201013030 | 支腿板3/钢板8# Q345C | 02920201013000 | 0030 | | 割-铲-矫正-刨-铲焊 | 铲正 | 6 | T3 | | | 0 | | | | | |
| 6100040452 | 02920201013040 | 支腿板4/钢板8# Q345C | 02920201013000 | 0030 | | 割-铲-矫正-铲焊 | 铲正 | 6 | 198 | | | 0 | | | | | |

制单人: 　　　　　　　　打印时间: 2017-12-14　　　　　　　　下达时间: 2017-12-05

**图 9-28　案例企业使用的生产派工单实例**

### 4. 车间生产过程管理子系统

该子系统主要完成零部件物料流转管理,支持 App 移动客户端(手机)管理模式。图 9-29 所示为切割套料与零件管理信息流程图。图 9-30 所示为切割下料零件管理界面。

生产转序单是贯穿整个金属结构件生产过程、实现信息流转的重要依据。各车间根据 ERP 下达的派工单,应用生产调度优化功能模块进行工序调度,并根据实际的排程结果组织生产。各车间设有专门的理料员,理料员根据 ERP 的原始表单把每

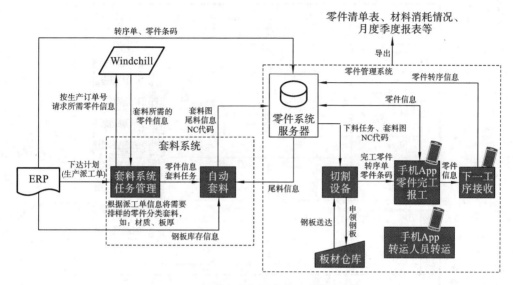

图 9-29　切割套料与零件管理信息流程图

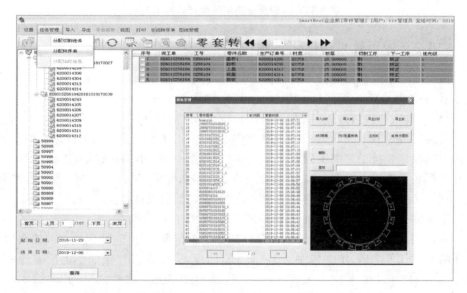

图 9-30　切割下料零件管理界面

个生产任务对应的零部件物料收集到一起,打印生成一张带条码的生产转序单(见图 9-31),用手机扫描生产转序单后信息进入平台,物料转运人员负责把物料转运到下一道工序,下一道工序的工作人员接收后,把这批物料的条码扫一下表示接收,这批物料就完成了转运。

　　基于 SmartPlatform 平台,通过上述派工单与生产转序单,完成金属结构件生产过程管理。

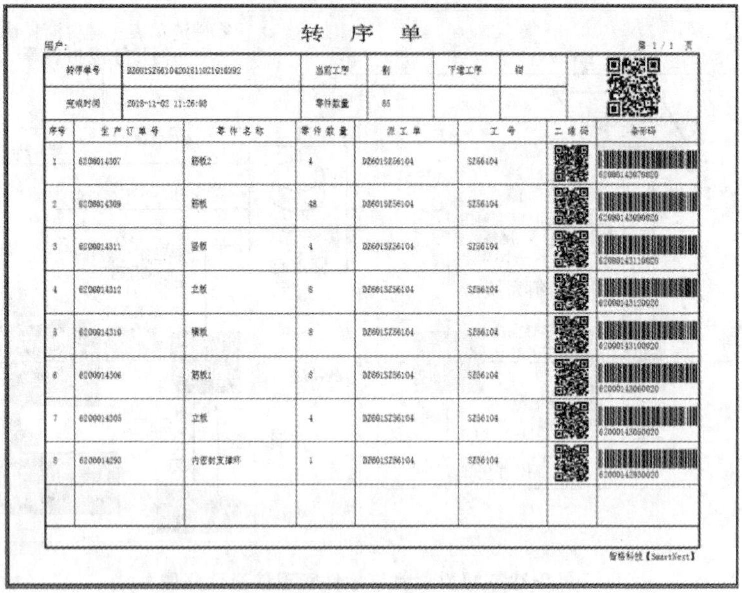

转 序 单

用户: 第 1/1 页

| 转序单号 | DZ601SZ56104201811021018392 | 当前工序 | 割 | 下道工序 | 钳 |
|---|---|---|---|---|---|
| 完成时间 | 2018-11-02 11:26:08 | 零件数量 | 85 | | |

| 序号 | 生产订单号 | 零件名称 | 零件数量 | 派工单 | 工号 | 二维码 | 条形码 |
|---|---|---|---|---|---|---|---|
| 1 | 6200014307 | 筋板2 | 4 | DZ601SZ56104 | SZ56104 | | 62000143070020 |
| 2 | 6200014309 | 筋板 | 48 | DZ601SZ56104 | SZ56104 | | 62000143090020 |
| 3 | 6200014311 | 竖板 | 4 | DZ601SZ56104 | SZ56104 | | 62000143110020 |
| 4 | 6200014312 | 立板 | 8 | DZ601SZ56104 | SZ56104 | | 62000143120020 |
| 5 | 6200014310 | 横板 | 8 | DZ601SZ56104 | SZ56104 | | 62000143100020 |
| 6 | 6200014306 | 筋板1 | 8 | DZ601SZ56104 | SZ56104 | | 62000143060020 |
| 7 | 6200014305 | 立板 | 4 | DZ601SZ56104 | SZ56104 | | 62000143050020 |
| 8 | 6200014293 | 内密封支撑环 | 1 | DZ601SZ56104 | SZ56104 | | 62000142930020 |

智格科技【SmartNest】

图 9-31　案例企业使用的生产转序单实例

## 9.3.3　应用效果与优化实例

该企业切割下料车间有 4 台数控切割机，其中 3 台为火焰切割机，主要用于切割中厚板，1 台为等离子切割机，主要用于切割中薄板。机加工车间共有 6 台加工设备，分别完成压弯、钳、矫正、镗铣、卷圆、刨等 6 道工序，但是每个零件的加工一般情况下只需要经过其中的几道工序，卷圆和压弯两个工序也只是个别工件才有的工序。焊接车间根据焊接工艺的不同分为外缝焊接、内缝焊接、小零件焊接、端面焊接。其中外缝焊接需要组立机和吊装机，均仅有 1 台，需要考虑上机(组立机)和下机时间。此案例仅考虑切割机器数量固定的情况，且为了与其他设备描述统一，将上述 4 步焊接所用机器分别描述为焊接机 1、焊接机 2、焊接机 3、焊接机 4。

在使用该平台之前，车间的生产是以部件为单位顺序排产的，完成该部件在切割车间的所有任务之后，统一转序到下一车间，同理，完成该部件机加工的所有任务之后才能转序到焊接车间。三车间生产总耗时非常长，导致总工期较长。采用 SmartPlatform 平台提供的多车间生产调度协同优化算法进行生产排程，取得了良好的优化效果。目前该平台已经在该企业盾构机的智能制造厂区投入试用，与使用该平台之前相比，车间管理更加规范，车间排产更加迅速有序。以某刀盘自制构件生产为例，原有调度生产耗时为 3000～3500 min，通过该平台的协同调度优化，加工时间可以缩短 50%以上，减少产品的在制总时长，大幅度提升生产效率。

图 9-32 所示为案例企业生产实景。

图 9-33 至图 9-35 所示是案例企业针对某刀盘自制构件生产应用中的一组协同调度优化实例。

(a) 切割套料

(b) 切割下料

(c) 机械加工

(d) 构件焊接

**图 9-32 案例企业生产实景**

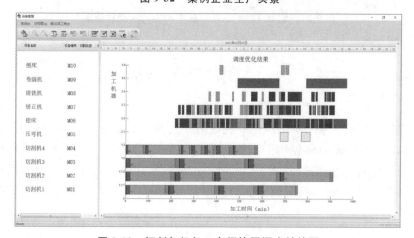

**图 9-33 切割与机加工车间协同调度甘特图**

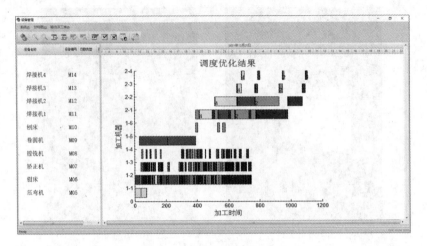

**图 9-34　机加工与焊接车间协同调度甘特图**

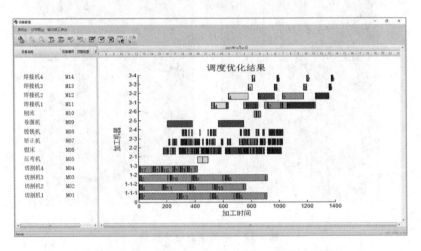

**图 9-35　切割-机加工-焊接三车间协同调度甘特图**

## 9.4　本章小结

　　本章首先介绍了基于本书理论研究成果开发的用于金属结构件生产的制造优化平台 SmartPlatform,具体说明了该优化平台的架构、工作流程、网络结构和部署方式及其主要功能模块;然后介绍了 SmartPlatform 优化平台在工程机械制造行业中的 2 个典型应用案例,包括案例企业的应用背景、总体应用解决方案、应用效果及优化实例等。